建筑施工组织设计

主　编　嵇晓雷
副主编　杨国平
参　编　宗莉娜　刘为平

U0347288

北京理工大学出版社
BEIJING INSTITUTE OF TECHNOLOGY PRESS

内 容 提 要

本书依据《建筑施工组织设计规范》（GB/T 50502—2009）、《工程网络计划技术规程》（JGJ/T 121—2015）、《施工现场临时建筑物技术规范》（JGJ/T 188—2009）、《建设工程施工现场供用电安全规范》（GB 50194—2014）、《建设工程施工现场消防安全技术规范》（GB 50720—2011）等相关规范，参考国内大型建筑施工企业的实际项目案例编写而成。全书共分为六章，包括施工组织设计基础知识、流水施工原理、网络计划技术、单位工程施工组织设计、施工组织总设计、BIM技术的工程应用等内容。本书将BIM信息化技术和装配式建筑技术融入施工组织管理，内容先进实用、层次清晰、图文并茂、可操作性强，注重对学生实践应用能力的培养。

本书可作为高等院校土木工程类相关专业的教材，也可作为建筑企业工程技术管理人员自学、培训的参考资料。

图书在版编目（CIP）数据

建筑施工组织设计 / 嵇晓雷主编. —北京：北京理工大学出版社，2020.12
ISBN 978-7-5682-9326-6

Ⅰ.①建… Ⅱ.①嵇… Ⅲ.①建筑工程－施工组织－设计 Ⅳ.①TU721

中国版本图书馆CIP数据核字（2020）第252411号

出版发行 / 北京理工大学出版社有限责任公司
社　　址 / 北京市海淀区中关村南大街5号
邮　　编 / 100081
电　　话 / (010)68914775(总编室)
　　　　　(010)82562903(教材售后服务热线)
　　　　　(010)68948351(其他图书服务热线)
网　　址 / http://www.bitpress.com.cn
经　　销 / 全国各地新华书店
印　　刷 / 北京紫瑞利印刷有限公司
开　　本 / 787毫米 × 1092毫米　1/16
印　　张 / 15.5　　　　　　　　　　　　　　　　　责任编辑 / 封　雪
字　　数 / 370千字　　　　　　　　　　　　　　　文案编辑 / 封　雪
版　　次 / 2020年12月第1版　2020年12月第1次印刷　责任校对 / 刘亚男
定　　价 / 65.00元　　　　　　　　　　　　　　　责任印制 / 边心超

前　言

　　建筑产品的施工过程是一项复杂的组织活动和生产活动过程，是多工种、多专业、多设备交叉的综合系统工程。要做到保证工程质量、节省施工工期、降低工程成本和实现绿色施工，就必须对工程施工全过程进行科学化的组织和协调。建筑施工组织设计作为指导建筑工程施工全过程的技术经济文件，是根据建筑产品及其生产的特点，按照产品生产规律，运用先进合理的施工技术和管理的基本理论与方法，实现有组织、有计划的连续均衡生产，实现工期短、质量好、成本低的目标。

　　建筑施工组织设计是高等院校土木工程类相关专业的一门核心课程。本书在编写过程中强调理论与实践相结合，内容上以"必需、够用"为标准，以"讲清概念、强化应用"为重点，并且按照高等院校建筑施工组织设计课程教学大纲的要求编写，以适应施工管理岗位需求为目标。本书综合了目前建筑施工组织中常用的基本原理、方法、步骤、技术，并将BIM信息化技术和装配式建筑技术融入施工组织管理中，具有显著的适用性和前瞻性。

　　本书内容分为六章，包括施工组织设计基础知识、流水施工原理、网络计划技术、单位工程施工组织设计、施工组织总设计、BIM技术的工程应用。本书内容先进实用、层次清晰、图文并茂、可操作性强，注重对学生实践应用能力的培养。通过本书的学习，学生可熟悉施工组织设计的基本概念，掌握流水施工的原理和不同形式的流水施工组织方法及应用；熟悉网络计划的原理，掌握双代号网络图、单代号网络图、双代号时标网络图的绘制及时间参数的计算，了解网络计划优化方法；了解施工组织总设计的内容及编制方法，掌握单位工程施工方案、单位工程进度计划、各项资源计划的编制方法，掌握施工现场平面图的绘制方法以及主要技术经济措施的编制方法；熟悉BIM信息化技术的基本概念，掌握BIM信息化技术在工程管理中的应用。本书有助于学生系统掌握施工组织设计的编制，培养组织现场施工和管理的能力，从而保证工程施工任务按计划完成。

　　本书的编写适应高等教育教学的特点和需要，较好地体现了高等教育教学改革的特点，在保证系统性的基础上，体现了内容的先进性，并通过相关习题加强对学生应用能力的训练，便于组织教学和培养学生分析问题、解决问题的能力。

　　本书由江苏城市职业学院嵇晓雷担任主编，由南京城市职业学院杨国平担任副主编，江苏城市职业学院宗莉娜、刘为平参与编写。具体分工为：嵇晓雷编写第1章、第4章、第5章及第2章和第3章部分内容，杨国平编写第6章，宗莉娜编写第3章部分内容，刘为平编写第2章部分内容。嵇晓雷负责全书统稿。

　　本书在编写过程中得到了部分建筑施工企业及相关高等院校的支持，参考了国内同行同类教材和相关的文献资料，引用了相关施工项目的工程施工组织设计资料以及相关的规范和标准，同时部分高等院校教师也提出了很多宝贵意见，在此一并表示衷心的感谢！

　　由于编者的专业水平和实践经验有限，本书编写过程中，虽经推敲核证，但仍难免存在疏漏或不妥之处，恳请同行和广大读者批评指正。

编　者

目录
CONTENTS

第1章 施工组织设计基础知识

1.1 施工组织设计概论

■ 1.1.1 基本建设及其内容

基本建设是固定资产的建设，是指建造、购置和安装固定资产的活动及其与此相联系的其他工作。基本建设的范围包括新建、扩建、改建、恢复和迁建各种固定资产的建设工作。

基本建设包括以下内容。

1. 固定资产的建造和安装

固定资产的建造和安装包括建筑物和构筑物的建造和机械设备的安装。建筑工程包括各种建筑物(如工业厂房、员工宿舍、住宅小区、写字楼等)和构筑物(如信号发射塔、烟囱、水塔、高压电塔等)的建造工程；安装工程包括工厂管道、电气设备、通风采暖、工业设备的安装调试等。

固定资产的建筑和安装工作，必须通过施工活动才能实现，是创造物质财富的生产性活动，是基本建设的重要组成部分。

2. 固定资产购置

固定资产购置包括各种机械、设备、工具和器具的购置。

3. 其他基本建设工作

其他基本建设工作主要是指工程勘察设计、土地征收、拆迁补偿、建设方管理等工作。

■ 1.1.2 基本建设项目及其组成

基本建设项目又称建设项目。按一个总体设计组织施工，建成后具有完整的系统，能够独立形成生产能力或发挥效益的建设工程，称为一个建设项目。在工业建设中，通常以一个具有完整生产功能的企业为一个建设项目，例如一个汽车制造厂等。在民用建设中，一般以一个工作单位为一个建设项目，例如一所学校、一所医院等。如果建筑项目特别大，需要分批次进行建设，通常按照建设进度分为若干个建设项目。

一个建设项目，按其复杂程度，由下列工程内容组成。

1. 单项工程

具有独立设计文件，竣工验收合格后能够独立发挥生产能力或者生产效益的工程称为单项工程。一个建设项目，可由一个或者多个单项工程组成。例如，工业建设项目中，单个厂房、仓库等，民用建设项目中，住宅楼、酒店、办公楼等，可称为一个单项工程。

2. 单位工程

能够按照独立设计文件进行独立施工，但施工完成后不能独立发挥生产能力和生产效益的工程称为单位工程。若干个单位工程构成一个单项工程，例如：一栋住宅楼，由主体工程、设备安装工程、装饰工程等单位工程组成。

3. 分部工程

一个单位工程由若干个分部工程组成。例如，一幢房屋的土建工程，按结构可划分为基础工程、主体工程、屋面工程等分部工程，按工种可划分为混凝土工程、钢筋工程、模板工程等分部工程。

4. 分项工程

一个分部工程由若干个分项工程组成。可以根据施工方法进行细化，例如基础分部工程，可划分为挖土、垫层、基础施工、回填土等分项工程。

■ 1.1.3 基本建设程序和施工程序 ·····································

1. 基本建设程序

基本建设程序就是建设项目在整个建设过程中从可行性研究、决策、设计、施工到竣工验收、投入生产等各项工作必须遵循的先后顺序，是我国基本建设工作实践经验的科学总结，是建设项目在建设过程中必须遵循的客观规律，是建设项目科学决策和顺利进行的重要保证。

基本建设程序分为决策阶段、项目招投标阶段、项目实施及交付使用阶段和项目后评价阶段四个阶段。

第一阶段：决策阶段。

这个阶段是根据国民经济中长期发展规划，编制项目建议书，进行建设项目的可行性研究，对建设项目进行决策，编制建设项目的计划任务书。其主要工作包括调查研究，投资论证，选择与确定建设项目的地址、规模和工期要求等。

第二阶段：项目招标投标阶段。

这个阶段是根据批准的计划任务书，进行勘察设计，做好建设准备，安排建设项目进度计划等相关工作。具体工作包括工程地质勘察、进行初步设计、技术设计和施工图设计，编制设计概算，征地拆迁，编制项目的投资和建设计划。

第三阶段：项目实施及交付使用阶段。

这个阶段是工程根据设计图纸进行施工，施工准备工作完成后，施工单位按照设计文件内容完成项目合同规定的内容。在施工过程中要严格按照国家和行业施工标准进行施工，工程完工后，根据工程质量验收评定标准和工程验收规范进行工程质量验收，竣工验收合格后工程才可交付使用。

第四阶段：项目后评价阶段。

工程项目运营一段时间后进行项目后评价，是对工程项目的立项决策、设计施工、竣工投产及运营进行全寿命周期评价的一种技术经济活动。这个阶段是固定资产投资的一项重要内容，起到经验总结、吸取教训、提出建议、优化工作，不断提升工程项目决策水平和投资效果的作用。项目后评价按照三个层次进行，即建设单位的自我评价、项目所属行业(或地区)的评价和各级政府主管部门的评价。

基本建设程序的四个阶段，前两个阶段是建设项目的前期工作，后两个阶段是建设项目的后期工作，前三个阶段可分为六个步骤，其内容如下：

(1)建设项目可行性研究阶段。其包括选择建设项目的地址、规模，编写可行性研究报告，项目相关政府审批等，项目审批完成后实现项目立项，编制项目任务书。

(2)勘察设计工作阶段。根据项目规模进行勘察设计，规模大的项目在初步设计及设计总概算批准后，进一步做技术设计和施工图设计。规模小的项目在初步设计完成后进行施工图设计，施工图设计完成后，进行施工图预算。

(3)项目建设的准备阶段。工程设计批准完成后，建设单位进行建设项目的施工准备等相关工作。

(4)建设项目的建设投资计划编制阶段。其包括分年度的建设投资，将当年的基建投资列入建筑安装工程年度计划之内。

(5)工程项目施工阶段。建设工程项目质量目标的实现过程即在工程项目施工阶段。该阶段工作内容主要由施工单位完成。为确保建设项目按时竣工投产使用，施工单位应保证工程质量符合国家验收规范的要求。

(6)竣工验收、交付使用阶段。该阶段是建设项目工作程序的最后一步，也是检验工程项目从决策、计划、设计转化为施工的重要一步。验收合格后，标志着投资价值的实现。

上述六个步骤，就是基本建设的程序，即基本建设各项工作的先后顺序，这个顺序不允许颠倒。但各工作之间会有交叉，如图 1-1 所示。

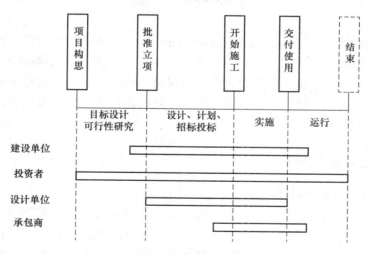

图 1-1　基本建设程序

2. 施工程序

工程项目施工程序可分为三个阶段，即前期决策阶段、项目实施阶段和交付使用阶段。工程项目的施工程序是拟建工程项目在施工阶段必须遵循的先后次序，是工程施工须遵循的客观规律，是整个建设程序中最重要的部分。施工程序也具有明显的阶段性，一般来说，前一阶段的活动为后一阶段的工作提供必要的前提和基础。

根据施工组织与管理的需要，按照项目工程量的大小，施工程序一般可分为以下四个阶段。

(1)任务承揽阶段。施工任务承揽的方式有三种，第一种是根据招标文件进行投标，中标后签订施工合同；第二种是建设单位直接委托进行施工；第三种是政府下拨施工项目。任何一种承接方式均应签订施工合同。

(2)施工准备阶段。签订施工合同后，施工单位应全面开展施工准备工作，这一阶段的重点工作是编制施工组织设计。根据工程项目的特点，先编制施工组织总设计，施工组织总设计有可能是建设单位编制，也有可能是建设单位委托施工总承包单位编制。施工单位根据批准后的施工组织总设计，编制单位工程施工组织设计。施工组织设计应明确工程概况、施工方案、施工技术组织措施、施工质量安全保证措施、施工进度计划、资源供应计划、施工现场平面布置，并落实执行各项施工任务的责任人和组织机构。施工组织设计经相关人员批准后，施工单位根据施工组织设计进行各项施工准备工作，落实劳动力、材料、施工机具及现场的"七通一平"等工作，具备开工条件后，提出开工报告并经相关部门审查验收批准后进入工程施工阶段。

(3)工程施工阶段。工程施工阶段是施工管理的重点阶段，应按照施工组织设计进行施工。从广义上讲，施工管理工作应涉及施工全过程。从狭义上讲，施工管理工作是为落实施工组织设计，针对具体的施工活动进行协调、检查、监督、控制等指挥协调的工作。一方面，应从施工现场的全局出发，加强施工参与单位、项目管理各部门的配合与协作，协调解决施工过程中遇到的各类问题，使施工活动能够按计划进行，同时，要加强技术、质量、安全、进度等各项管理工作，严格执行质量、安全检查制度，落实施工单位的经济责任制，全面做好施工单位内部的各项经济核算与管理工作。该阶段的最终目标是完成合同规定的相关内容。

(4)竣工验收阶段。竣工验收是施工程序的最后阶段。在竣工验收前，施工单位应先进行工程预验收，检查评定各分部、分项工程的质量，整理各项竣工验收的技术经济资料。在预验收合格的基础上，施工单位向建设单位提出工程竣工验收，由建设单位组织相关单位共同参与进行工程竣工验收，由各参与单位一致同意后竣工验收方可合格，竣工验收合格后方可进行工程交付使用。

■ 1.1.4 施工准备工作 ··

1. 施工准备工作的重要性

施工准备工作的基本任务是为拟建工程的施工建立必要的技术和物质条件，统筹安排施工力量和合理布置施工现场。施工准备工作是施工企业搞好目标管理，推行技术经济承包的重要前提，同时施工准备工作还是工程施工顺利进行的根本保证。因此，认真做好施工准备工作，对于发挥施工企业优势、合理供应资源、加快施工速度、提高工程质量、降低工程成本、增加企业经济效益等均具有十分重要的意义。

2. 施工准备工作的分类

(1)按施工准备工作的范围分类。按施工准备工作范围的不同，一般可分为全场性施工准备、单位工程施工准备和分部(分项)工程作业条件准备三种。

1)全场性施工准备是以一个建筑项目为对象而进行的各项施工准备。施工准备工作的目的、内容都是为建设项目全场性施工服务的，不仅要为整个建设项目的施工活动创造有利条件，还要兼顾各个单位工程施工条件的准备。

2）单位工程施工准备是以一个建筑物或构筑物为对象进行的施工准备工作。该准备工作的目的、内容都是为单位工程施工服务的，它不但要为该单位工程在开工前做好相关准备，而且要为分部（分项）工程做好施工准备工作。

3）分部（分项）工程作业条件准备是以一个分部（分项）工作或季节性施工为对象进行的作业条件准备。

（2）按拟建工程所处的施工阶段分类。按拟建工程所处的施工阶段不同，一般可分为开工前的施工准备和各分部分项工程施工阶段前的施工准备两种。

1）开工前的施工准备是在拟建工程正式开工之前所进行的总体施工准备工作。其目的是为拟建工程正式开工创造必要的施工条件，它既可能是全场性的施工准备，又可能是单位工程施工条件的准备。

2）各分部分项工程施工阶段前的施工准备是在拟建工程开工之后，各分部分项工程施工阶段正式开工前所进行的相关施工准备工作。其目的是为各分部分项工程施工阶段正式施工创造必要的施工条件。

综上所述，不仅在拟建工程开工之前要做好施工准备工作，而且随着工程施工的进展，在各分部分项工程施工阶段施工之前也要做好相应的施工准备工作。施工准备既要有阶段性，又要有连贯性。

3. 施工准备工作的内容

施工准备工作的内容通常包括技术准备、物资准备、劳动组织准备、施工现场准备和其他施工准备。

（1）技术准备。

1）熟悉、审查设计图纸。

①审查拟建工程的地点、建筑总平面图同国家、城市或地区规划是否一致，以及建筑物或构筑物的设计功能和使用要求是否符合绿色环保、消防及城市可持续发展等方面的要求。

②审查设计图纸是否完整、齐全，以及是否符合国家有关工程建设的设计、施工方面的方针和政策。

③审查设计图纸与说明书在内容上是否一致，以及设计图纸与其各组成部分之间有无矛盾和错误。

④审查建筑总平面图与其他结构图在几何尺寸、坐标、标高、说明等方面是否一致，技术要求是否合理。

⑤审查工业项目的生产工艺流程和技术要求，掌握配套投产的先后顺序和相互关系，以及设备安装图纸与其相配套的土建施工图纸上的坐标、标高是否一致，掌握土建施工设计是否满足设备安装的要求。

⑥审查地基处理与基础设计同拟建工程地点的工程水文、地质等条件是否一致，以及建筑物或构筑物与地下建筑物或构筑物、管线之间的关系。

⑦明确拟建工程的结构形式和特点，复核主要承重结构的强度、刚度和稳定性是否满足要求，审查设计图纸中复杂、施工难度大和技术要求高的分部分项工程或新结构、新材料、新工艺。

⑧明确建设期限、分期分批投产或交付使用的顺序和时间，以及工程所用的主要材料、设备的数量、规格、来源和供货日期。

⑨明确建设、设计和施工等单位之间的协作、配合关系，以及建设单位可以提供的施工条件。

2) 原始资料的调查分析。

①自然条件的调查分析。建设地区自然条件调查分析的主要内容有：地区水准点和绝对标高等情况；地质构造、土的性质和类别、地基土的承载力、地震级别和烈度等情况；河流流量和水质、最高洪水位和枯水期的水位等情况；地下水水位的高低变化情况，含水层的厚度、流向、流量和水质等情况；气温、雨、雪、风和雷电等情况；土的冻结深度和冬、雨季的相关情况等。

②技术经济条件的调查分析。建设地区技术经济条件调查分析的主要内容有：当地建筑施工企业的状况，施工现场的动迁状况，当地可利用的相关建筑材料生产情况，地方能源和交通运输情况，当地建筑劳动力和工艺技术水平情况，当地生活供应、教育、医疗卫生、消防治安状况等。

3) 编制施工图预算和施工预算。

①编制施工图预算。施工图预算是技术准备工作的重要组成部分，是根据设计图纸计算出的工程量和施工组织设计的内容，依据预算定额、工程所在地的取费标准，由施工单位编制确定的建筑安装工程造价的经济文件。施工图预算是按《房屋建筑与装饰工程工程量计算规范》(GB 50854—2013)计价的中标合同价进行计算，即招标人提供工程量清单，投标人采用综合单价报价，综合单价是指完成工程量清单中一个规定计量单位项目所需的人工费、材料费、机械使用费、管理费和利润，并考虑风险因素。施工图预算是施工企业进行成本核算、加强经营管理等方面工作的重要依据。

②编制施工预算。施工预算是根据施工图预算、工程设计图纸、施工组织设计、企业施工定额等文件进行编制的综合性的经济文件。施工图预算是施工企业内部控制各项成本支出、编制作业计划、编制成本计划、考核工程劳动量、进行"两算"对比、签发施工任务单、限额领料及内部各部门进行经济核算的依据。

4) 编制施工组织设计。编制施工组织设计是施工准备工作的重要工作。施工组织设计是指导工程施工的全过程的规划性的、全局性的技术、经济和组织的综合性文件。合理的施工组织设计能够保证工程按合同要求保质保量地完成任务，通过工程竣工验收。

(2) 物资准备。

1) 物资准备工作的主要内容。

①建筑材料的准备。

②装配式预制构件和成品材料的加工准备。

③施工机械和机具的准备。

④生产工艺设备的准备。

2) 物资准备工作的程序。

①根据施工预算、施工工艺和施工进度的安排，拟订建筑材料、装配式预制构件和成品材料、施工机具和工艺设备等物资的需要量计划。

②根据各种物资需要量计划，组织货源，确定加工、供应地点和供应方式，签订物资供应合同。

③根据各种物资的需要量计划和合同，拟订物资运输方案。

④按照施工现场总平面图的要求，统筹安排物资的进场顺序，以及现场存放的位置，确保物资供应满足工程施工的要求。

物资准备工作程序如图1-2所示。

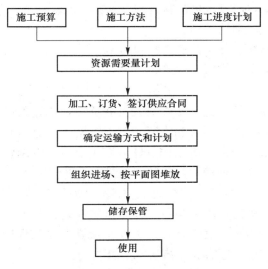

图1-2 物资准备工作程序

(3)劳动组织准备。

1)组建项目经理部。项目经理部是施工组织的核心，项目经理部组建要遵循以下原则：根据工程的规模、结构特点和复杂程度，确定项目经理部的人员构成，坚持合理分工与密切协作相结合的原则，选择施工经验丰富、有创新精神、工作效率高的人员组成项目经理部领导机构，按照各尽其能的原则确定项目经理部人员岗位。

2)组建精明高效的作业班组。根据工程项目特点和进度要求编制劳动力需要量计划，项目经理部根据劳动力计划安排相关劳务作业人员。

3)组织劳动力进场。项目经理部确定之后，按照开工日期和劳动力需要量计划，组织劳动力进场。工人进入施工现场要进行进公司、进项目、进班组的三级安全教育，确保施工项目安全。

4)安全技术交底。施工项目技术负责人或施工组织设计编制人员将拟建工程的设计内容、施工计划以及施工重点和难点等，仔细向施工现场管理人员和操作作业人员进行安全技术交底，并签字存档，这是落实安全生产责任制的必要措施。

5)建立健全各项管理制度。工程项目的各项管理制度是否健全有效，直接影响着各项施工活动的顺利进行。项目管理制度通常包括设计图纸会审制度、技术责任制度、技术交底制度、工程技术档案管理制度、建筑材料与构(配)件检查验收制度、材料出入库制度、机具使用保养制度、职工考勤和考核制度、安全生产制度、安全隐患排查治理制度、工程质量检查与验收制度、项目及班组经济核算制度、绿色文明施工管理制度等。

（4）施工现场准备。

1）确定施工场地的测量控制网。

2）完成"七通一平"。

3）完成施工现场的补充勘探。

4）完成临时设施搭建。

5）组织施工机具进场、组装和保养。

6）建立建筑材料、构（配）件和成品材料储存堆放计划。

7）提供建筑材料的试验申请计划。

8）完成新技术、新材料、新工艺的试验和相关验证程序。

9）完成季节性施工准备工作。

（5）其他施工准备。

1）资金准备。建设项目的实施需要耗费大量的资金，在施工过程中可能会遇到资金不到位的情况，包括资金的时间不到位和金额不到位，施工企业认真做好资金使用计划，确保资金供应满足施工要求。资金准备工作具体内容主要有：编制资金收入计划，编制资金支出计划，筹集资金，掌握资金贷款、利息、利润、税收等信息。

2）做好分包工作。土石方工程、结构安装工程、脚手架工程以及相关施工安全防护工程等，若需实行分包的，则需在施工准备工作中依据调研报告有关信息，选定适合的分包单位。根据分包工程的工程量、完工日期、工程质量要求和工程造价等内容，签订分包合同。进行工程分包必须按照国家有关法律法规要求执行。

3）向主管部门提交开工申请报告。在进行相应施工准备工作的同时，若具备开工条件，应该及时填写开工申请报告，并上报建设主管部门以获得批准。

4. 施工准备工作计划

为了落实各项施工准备工作，加强检查和监督，必须根据各项施工准备工作的内容、时间和人员，编制施工准备工作计划，见表1-1。

表1-1　施工准备工作计划

序号	施工准备类型	简明内容	负责单位	负责人	起止时间		备注
					月　日	月　日	

综上所述，各项施工准备工作不是分离的、独立的，而是相辅相成、互为补充的。为了提升施工准备工作的效果，提高施工准备工作的速度，必须加强建设单位、设计单位、监理单位和施工单位之间的协调工作，建立健全施工准备工作的责任制度和检查制度，使施工准备工作有目标、有组织、有计划地分期分阶段地进行，贯穿于工程施工全过程。

■ 1.1.5　组织工程施工的基本原则 ·····························

根据我国工程施工长期积累的经验和工程施工的特点，为全面完成工程项目施工的既定目标，实现项目的经济效益和社会效益，组织工程施工过程中一般遵循以下九项基本原则。

1. 熟悉工程基本建设程序

根据基本建设的客观规律，确定工程基本建设的程序为策划、计划、设计、施工四个主要阶段。我国基本建设多年经验表明，只有遵循上述程序时，基本建设才能顺利进行，当违反上述程序时，不但会造成施工过程的混乱，影响工程质量，甚至还会造成严重的资源浪费，导致工程事故的发生。在实际工程施工过程中需严格按照工程基本建设程序进行施工，确保工程按计划实施。

2. 保证重点，统筹安排

保证施工项目顺利进行，统筹安排建筑施工企业和建设单位的根本目的是保质保量地完成拟建工程的建设任务，使其竣工验收合格投产交付使用，发挥基本建设投资效益。施工项目部需要根据工程项目的合同要求进行统筹安排，施工过程中要兼顾主体工程和配套工程、设备安装工程、安全设施工程之间的施工任务分配，从而使投资效益最大化。

3. 遵循工程施工工艺和技术客观规律

坚持合理的施工程序和施工顺序、施工工艺及其技术规律，是工程施工固有的客观规律。分部(分项)工程施工中的任何一道工序都不能省略或颠倒。

施工程序和施工顺序是项目产品生产过程中阶段性的固有规律和分部(分项)工程的先后次序。工程产品生产活动是在同一场地不同空间，同时交叉搭接地进行，前面的工作不完成，后面的工作就不能开始。这种前后顺序必须符合建筑施工程序和施工顺序，交叉则体现争取时间的主观努力。

4. 采用流水施工方法和网络计划技术组织施工

采用流水施工方法组织施工，能使拟建工程的施工有节奏、均衡和连续地进行，同时还能带来显著的技术、经济效益。网络计划技术是当代计划管理的最新方法，通过应用网络图表达进度计划中各项工作的相互关系，逻辑严密、层次清晰、关键问题明确，可以进行计划方案优化、控制和调整，有利于计算机在计划管理中的应用，目前在各种计划管理中得到了广泛应用。

5. 科学地安排季节性施工项目，保证全年生产的连续性和均衡性

工程施工一般都是露天作业，受天气影响较大，冬期和雨期都不利于工程正常施工。随着施工新技术的发展，形成了保证冬、雨期正常施工的措施，但这些措施的使用会增加施工成本。因此，应具体考虑实际工程，合理安排施工工期，尽量减少冬、雨期对施工的影响。

6. 贯彻工厂预制和现场预制相结合的方针，提高工程项目产品工业化程度

随着建筑产业化的发展，对于建筑工业化要求越来越高，采用预制装配式构件是建筑工业化的必要条件，提高建筑预制率和装配率是建筑产业化发展的必由之路。预制构件生产要根据建筑项目和预制构件生产厂家的特点，尽可能减少预制构件的种类，增加单一构件的数量，有效减少装配式建筑的成本，同时，将现浇结构与预制结构相融合，使项目投资利益最大化。

7. 充分利用现有机械设备，提高机械化程度

随着工业机械化水平的发展，大量的工程机械应用于工程施工中，提高工程施工机械化水平，是现代工程施工的发展方向。大面积平整场地、大型土石方工程、大批量装卸和运输、大型钢筋混凝土构件或钢结构构件的制作和安装等繁重施工过程必须使用机械化施

工，从而改善施工现场劳动环境，有效提高劳动生产率，获得显著的经济效益。工程施工过程中，要根据当地的工业化发展程度和工程项目的特点，统筹利用各种型号的工程机械，扩大机械化施工范围，提高机械化施工程度。同时要充分发挥机械设备的作用，保持其作业的连续性，提高机械设备的利用率。

8. 科学采用国内外先进的施工技术和科学管理方法

将先进的施工技术与科学的施工管理手段结合起来，是提升工程施工企业和施工项目经理部的生产经营管理能力、提高劳动生产率、保证工程质量、节省工期、降低工程成本的重要途径。编制施工组织设计时，应广泛地采用国内外先进施工技术和科学的施工管理方法。

9. 减少临时设施，科学地布置施工现场平面图

临时设施在施工完工后需要及时拆除，因此，在组织工程项目施工时，对临时设施的用法、数量和施工方式等方面，要进行技术经济的可行性研究，在满足施工需要的前提下，尽量选择工具式临时设施，提高临时设施的转运率，有效地节约工程成本。

施工现场所需要的材料、构(配)件、制品等种类繁多，数量庞大，各种物资的储存数量、方式都必须科学合理。对物资库存采用 ABC 分类法和经济订购批量法，在保证正常供应的前提下，减少现场材料存放、降低工程成本、提高工程项目的经济效益。

严格控制工程材料的运输费，要尽量采用当地资源，减少其运输量。同时应选择最优的运输方式、工具和线路，使其运输费用最低。施工现场总平面图在满足施工需求的前提下，尽可能使其紧凑与合理，节约施工临时用地。

综合上述原则，施工组织设计既是建筑产品建设的客观需要，又是加快施工速度、缩短工期、保证工程质量、降低工程成本、提高施工企业和工程项目建设单位的投资效益的需要。所以，必须在组织工程项目施工中认真贯彻执行。

1.2　施工组织设计的作用与分类

施工组织设计是根据施工的预期目标和施工条件，选择最合理的施工方案，指导拟建工程施工全过程中各项活动的技术、经济和组织的综合性文件。它的任务是对拟建工程，在人力和物力、时间和空间、技术和组织上，做出全面而合理的安排，进行科学的管理，以达到提高工程质量、加快工程进度、降低工程成本、确保工程安全的目的。

■ 1.2.1　施工组织设计编制的重要性 ···

施工组织设计在工程施工中的重要性主要表现在以下三个方面。

1. 工程产品及其生产特点方面

不同项目的施工有不同的施工方法，即使是相同的工程项目，也会因为建造地点、时间的不同，而采用不同的施工方法。因此，没有完全统一的、固定不变的施工方法可供使用，在拟建工程开工之前，施工项目部要根据工程特点和施工现场条件编制合理的施工组织设计。

2. 工程施工在整个工程建设过程中的地位方面

工程施工阶段的投资占建设总投资的 60% 及以上，高于项目其他各阶段投资的总和。因此，施工阶段是基本建设中最为重要的阶段。认真编制好施工组织设计，对于保证工程施工顺利进行，实现投资效益最大化非常重要。

3. 施工企业的生产经营管理方面

(1) 施工企业的生产计划与施工组织设计的关系。施工企业的生产计划是根据国家或地区基本建设计划的要求，以及企业对行业的科学预测及已建项目的情况，结合本企业的实际情况而制定的不同时期的生产经营计划；施工组织设计是为某一个拟建工程合同要求而编制的指导项目施工的综合性文件。项目施工组织设计是企业生产计划的基础，施工组织设计的编制需要服从企业的总体生产计划，两者之间有着相互而又不可分割的关系。

(2) 施工企业生产的投入、产出与施工组织设计的关系。施工企业生产经营管理目标的实施过程，实质上就是对企业所承包的各个工程从承担任务开始到竣工交付全过程中的投入、产出进行计划、组织、控制和管理的过程，其基础就是各个工程的施工组织设计。所以，每一个项目的施工组织设计是统筹安排企业生产的投入、产出的关键。

(3) 施工企业的现代化管理与施工组织设计的关系。施工企业的现代化管理水平主要体现在经营管理能力和经营管理水平两个方面，经营管理能力包括竞争能力、应变能力、赢利能力、技术研发能力和可持续发展的能力等；经营管理水平包括计划与决策、组织与指挥、控制与协调、教育与激励等职能的水平。企业经营管理的素质及经营管理机构的职能，都必须通过施工组织管理机构来体现，通过施工组织设计的编制、贯彻、检查和调整来实施，这充分体现了施工组织设计对施工企业现代化管理的重要性。

■ 1.2.2　施工组织设计的作用 ……………………………………………………………………

施工组织设计是连接工程设计和施工之间的桥梁，它既要体现基本建设的要求，又要符合施工活动的客观规律，对建设项目、单位工程的施工全过程起到施工部署和施工安排的双重作用，并统一规划和协调复杂的施工活动。施工生产的特点表现为综合性和复杂性，施工前必须对各种施工条件、生产要素和施工过程进行精心安排，周密计划，需要把工程的设计与施工、技术与经济、施工企业的全面生产与各具体工程项目的施工更紧密地结合起来，可以把施工单位与协作单位及各部门、各阶段、不同过程之间的关系更好地进行协调，确保拟建工程的顺利进行。

施工组织设计是对拟建工程的施工全过程实行科学管理的重要手段，也是指导拟建工程从施工准备到施工完成的组织、技术、经济的一个综合性的设计文件，对施工全过程起到指导作用。工程施工的全过程是在施工组织设计的指导下进行的，即在工程的实施过程中，要根据施工组织设计来组织现场的各项施工活动，对施工的进度、质量、成本、技术、安全等各方面进行科学的管理，以保证拟建工程在各方面达到预期的要求并能按期交付使用。

施工组织设计是施工准备工作的重要组成部分，也是及时做好其他有关施工准备工作的依据，施工组织设计明确了其他有关施工准备工作的内容和要求，使施工现场工作人员有序地进行工作。施工组织设计根据工程特点和施工条件科学地拟定施工方案，确定施工顺序、施工方法和相应的技术组织措施，安排施工进度计划。施工人员可以根据这些施工方法，在进度计划的控制下组织施工，预见施工中可能发生的矛盾和风险，采取相应的对策。从而实现施工生产的节奏性、均衡性和连续性，使各项工作均能够顺利完成。

施工组织设计是实现施工活动科学化管理的重要途径，在现代施工企业管理中占有十分重要的地位。它是编制工程概预算的依据之一，是施工企业整个生产管理工作的重要组成部分，是编制施工生产计划和施工作业计划的主要依据。

编好施工组织设计，按科学的程序组织施工，建立正常的施工秩序，有计划地开展各项施工活动，及时做好各项施工准备工作，保证劳动力和各种技术物资的供应，协调各施工单位之间、各工种之间、各种资源之间的关系，使平面与空间以及时间上的安排更加科学合理，为保证施工的顺利进行、保证质量按期完成施工任务、取得良好的经济效益起到重要的作用。

■ 1.2.3 施工组织设计的分类 ···

1. 按设计阶段分类

施工组织设计的各阶段是与工程设计的各阶段相对应的，根据设计阶段的不同，可分为施工组织总设计、单位工程施工组织设计和分部(分项)工程施工方案。一般情况下，大型工程项目应先编制施工组织总设计，作为对整个建设工程施工的指导性文件。在此基础上编制单位工程施工组织设计，根据工程需要，还可以编制重要、复杂的分部分项工程施工方案，用以指导具体施工。

(1)施工组织总设计。施工组织总设计是以建设项目为对象进行编制，是根据批准的初步设计或扩大初步设计进行编制，目的是对整个建设项目施工进行全面考虑，统一规划。一般由建设单位负责，也可以委托施工总承包单位负责，建设单位、监理单位、设计单位和施工分包单位参与，共同编制。

(2)单位工程施工组织设计。单位工程施工组织设计是以单位工程为对象进行编制，用以直接指导单位工程施工。在施工组织总设计的指导下，由直接组织施工的施工单位根据施工图设计进行相关施工组织设计的编制，是施工单位编制分部分项工程施工方案和月、旬施工计划的依据。

(3)分部(分项)工程施工方案。对于工程规模大、技术复杂或施工难度大或缺乏施工经验的分部(分项)工程，在编制单位工程施工组织设计之后需要编制具体的分部分项工程施工方案，用以指导具体施工。

2. 按中标前后分类

施工组织设计按中标前后的不同可分为投标前的施工组织设计(简称标前施工组织设计)和中标后的施工组织设计(简称标后施工组织设计)两种。

投标前的施工组织设计是在投标前编制的施工组织设计，是对项目各目标实现的组织与技术保证，标前施工组织设计的目的是竞争承揽工程任务。中标后施工组织设计是签订工程承包合同后，依据标前设计、施工合同、施工计划，在开工前由中标后成立的项目经理部负责编制的详细的中标后的施工组织设计，目的是保证合约和承诺的实现。因此，两者之间有先后次序和单向制约的关系，其区别见表1-2。

表 1-2　标前、标后施工组织设计的区别

种类	服务范围	编制时间	编制者	主要特性	主要追求目标
标前组织	投标与中标	投标前	企业管理层	规划性	中标与经济效益
标后组织	施工全过程	签约后开工前	项目管理层	作业性	施工效率与效益

另外，对于大型项目、总承包的"交钥匙"工程项目，需要根据工程项目设计的深入而编制不同广度、深度和作用的施工组织设计。例如，当项目按三阶段设计时，在初步设计完成后，可编制施工组织设计大纲；技术设计完成后，可编制施工组织总设计；在施工图设计完成后，可编制单位工程施工组织设计。当项目按两阶段设计时，对应于初步设计和施工图设计，分别编制施工组织总设计和单位工程施工组织设计。施工组织设计按编制内容的繁简程度不同，可划分为完整的施工组织设计和简明的施工组织设计。对于小型和熟悉的工程项目，可编制具体施工方案。

1.3　施工组织设计的主要内容及编制程序

■ 1.3.1　施工组织设计的编制原则 ···

施工组织设计要正确指导施工，必须要体现施工过程的规律性、组织管理的科学性、技术的先进性和方案的可行性，因此，组织施工应遵循以下五项基本原则。

1. 保证施工项目重点、统筹安排

工程施工的根本目的就是按照建设单位的要求及合同约定的内容，把工程项目保质保量按期完成，并通过竣工验收后交付生产或使用，因此，应根据拟建项目的具体情况和施工条件，对工程项目进行统筹安排。

2. 科学合理地安排施工顺序，优化施工方案

施工的先后顺序反映了客观要求，施工顺序科学、合理，能够使施工过程在时间、空间上得到统筹安排。施工顺序随工程性质、施工条件不同而变化，但优化施工方案，合理安排施工顺序，是达到高效、优质完成施工任务的根本保证。

(1)先准备，后施工。准备工作满足施工条件方可开工，保证工程施工现场有序开展工作。

(2)先全场，后单项。先进行全场性工程施工，然后再进行各个单位工程施工。

(3)先临设，后施工。施工前应先完成施工期间必须使用的临时设施(如宿舍、办公、食堂、材料堆场等)的建设，确保施工项目顺利进行。

(4)先土建，后设备。土建工程要为设备安装和试运行创造条件，并要考虑满足设备试运行的要求。

(5)平行流水，立体交叉同时考虑。在考虑各工种的施工顺序的同时，还要考虑空间顺序，既解决各工种在时间上搭接的问题，又解决流水施工的相关问题，保证各专业、各工

种能够不间断、按顺序持续地进行施工。

总之，在保证施工质量和施工安全的前提下，尽量做到施工的连续性、均衡性、紧凑性，充分利用时间、空间上的优势，发挥其最大的经济效益。

3. 确保工程质量和施工安全

质量直接影响工程项目的使用寿命和效益，要严格按照施工图设计的要求组织施工，按施工规范进行操作，确保工程质量符合验收规范的要求。安全是顺利开展工程施工的前提，施工过程要确保不发生安全事故。所有的施工过程必须建立在保证质量和安全的基础上，缺一不可。树立安全第一、保证质量的施工理念，建立健全相关规章制度，质量、安全检查和管理要常态化，做到以预防为主、综合治理。

4. 加快施工进度，缩短工期

建筑产品必须是项目建成投产后才能发挥效益，因此，减少工程建设周期是提高效益的重要保证。在施工过程中，合理使用人工、机械设备，在保证质量和安全的前提下寻求最合理的工期。

5. 采用先进科学技术，发展工业化生产，采用先进的施工工艺

先进的科学技术是提高劳动生产率、加快施工速度、降低工程成本、保证工程质量的重要途径。建筑工业化生产是先进科学技术在施工中的一种体现，由于建筑产品的固定性和生产的流动性，多种作业在有限空间内流动作业，造成工效降低、工期延长，要改变这种状况，必须采用先进的施工工艺，提高工程施工效率。

■ 1.3.2　施工组织设计的编制依据 ··

施工组织设计根据不同的施工对象、现场条件、施工条件等因素，在充分调研和相关数据分析的基础上进行编制。不同类型的施工组织设计，其编制依据既有共同之处，又有不同之处，如施工组织总设计是编制单位工程施工组织设计的依据，而单位工程施工组织设计又是编制分部或分项工程施工方案的依据，具体依据有以下几点：

（1）设计文件，包括已批准的初步设计、扩大初步设计、施工设计图纸和设计说明书等。

（2）国家和地区有关现行的技术规范、规程、定额标准等资料。

（3）自然条件资料，包括建设场地的地形情况、工程地质、水文地质、气象等资料。

（4）技术经济资料，包括项目所在地区的建筑材料生产状况、交通运输、资源供应、供水、供电和生产、生活基地设施等资料。

（5）施工合同规定的有关指标，包括质量要求、工期要求和采用新结构、新技术的要求，以及有关的技术经济指标等。

（6）施工中施工企业可能提供的劳动力、机械设备、其他资源等资料，以及施工单位的技术状况、施工经验等资料。

■ 1.3.3　施工组织设计的内容 ··

1. 施工组织设计的基本内容

施工组织设计的编制内容，根据工程规模和特点的不同而有所差异，但无论何种施工

组织设计，一般都应具备以下基本内容：

(1)工程概况。工程概况包括建设工程的名称、性质、建设地点、建设规模、建设期限、自然条件、施工条件、资源条件、建设单位的要求等。

(2)施工方案。应根据拟建工程的特点，结合人力、材料、机械设备、资金等条件，全面安排施工程序和顺序，并从该工程可能采用的几个施工方案中选择最佳方案。

(3)施工进度计划。施工进度计划反映了最佳施工方案在时间上的安排，应采用先进的计划理论和计算方法，综合平衡进度计划，使工期、成本、资源等通过优化调整达到既定目标。在此基础上，编制相应的人力和时间安排计划、资源需要量计划、施工准备计划。

(4)施工现场总平面布置图。施工现场总平面布置图是施工方案和施工进度计划在空间上的全面安排，包括主要投入的各种材料、构件、机械、运输，工人的生产、生活场地及各种临时设施的位置，都必须进行合理的布置，才能使施工活动有序开展。

(5)主要技术组织措施。主要技术组织措施是为保证工程质量、保障施工安全、降低工程成本、防止环境污染等，从组织、技术上所采取的各项切实可行的措施，以确保施工顺利进行。

(6)主要技术经济指标。技术经济指标包括工期指标、劳动生产率指标、质量指标、降低成本率指标、主要材料节约指标、机械化程度指标等，用以衡量组织施工的水平，它是对施工组织设计文件的技术经济效益进行的全面评价。

2. 各类施工组织设计的具体内容

由于不同类型的施工组织设计的编制对象不同，其编制内容也不同。各类施工组织设计应包括的具体内容如下：

(1)施工组织设计大纲，包括：工程概况，施工目标，项目管理组织机构，施工部署，施工进度计划，施工现场总平面图设计，施工质量、成本、安全、环保等措施，施工风险防范。

(2)施工组织总设计，包括：建设项目概况，施工管理组织机构，全场性施工准备工作计划，施工总部署及主要建筑物或构筑物的施工方案，施工总进度计划，各项资源需要量总计划，施工现场总平面图设计，各项技术经济指标及措施。

(3)单位工程施工组织设计，包括：工程概况，施工方案，单位工程施工准备工作计划，单位工程施工进度计划，资源需要量计划，单位工程施工平面图设计，质量、安全、成本、环保及季节性施工等技术组织措施，主要技术经济指标。

(4)分部(项)工程施工方案，包括：分部分项工程概况及其施工特点分析，施工方法及施工机械的选择，分部分项工程施工准备工作计划，分部分项工程施工进度计划，劳动力、材料和机具等需要量计划，作业区施工平面图设计，质量、安全和成本等技术组织保证措施。

■ **1.3.4 施工组织设计的编制程序** ··

(1)施工组织总设计的编制程序如图 1-3 所示。

(2)单位工程施工组织设计的编制程序如图 1-4 所示。

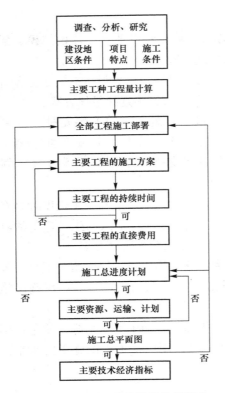

图 1-3 施工组织总设计的编制程序

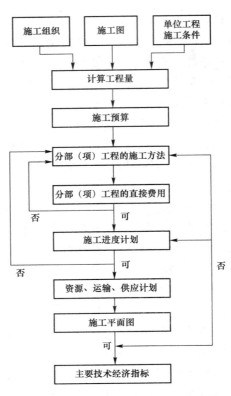

图 1-4 单位工程施工组织设计的编制程序

（3）分部分项工程施工方案的编制程序如图 1-5 所示。

可以看出，编制施工组织设计时，既要采用正确的编制方法，还要遵循科学的编制程序。其编制过程由粗到细，反复协调进行，最终达到优化施工组织设计的目的。

■ **1.3.5 施工组织设计的检查和调整** …………

施工组织设计的编制，只是为拟建工程实施提供了一个可行的工程管理和技术文件，这个文件的效果必须通过实践去检验。施工中最重要的是在施工过程中要认真贯彻、执行施工组织设计，并建立和完善各项管理制度，以保证施工顺利实施。施工组织设计贯彻的目的，就是把一个静态的平衡方案，在变化的施工过程中不断实践，进行动态的管理，并考核其效果和检查其优劣，以达到预定的目标。同时，根据施工组织设计的执行情况，在检查中发现问题并对其原因进行分析，不断拟定改进施

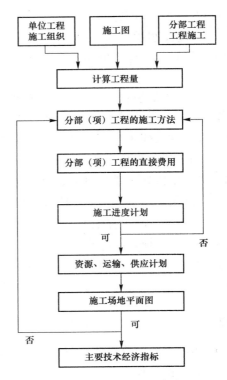

图 1-5 分部分项工程施工方案的编制程序

工措施或方案，对施工组织设计的有关部分或指标逐项进行调整，使施工组织设计在新的基础上实现新的平衡。施工组织设计的贯彻、检查和调整是一项经常性的工作，必须随着施工的进展情况，根据反馈信息及时地进行，而且要贯穿工程项目施工的全过程。施工组织设计的贯彻、检查、调整程序如图 1-6 所示。

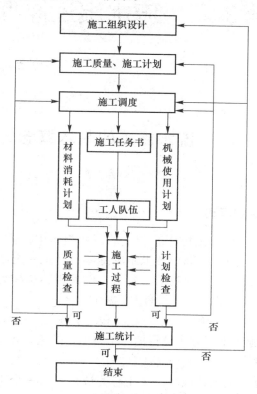

图 1-6　施工组织设计的贯彻、检查、调整程序

复习思考题

1. 简述建设项目的组成。
2. 简述建筑项目产品及其施工的特点。
3. 简述基本建设程序和施工程序。
4. 施工准备工作的重要性有哪些？
5. 施工准备工作的主要内容有哪些？
6. 何谓施工组织设计？它的任务和作用有哪些？
7. 简述施工组织设计的分类。
8. 标前施工组织设计和标后施工组织设计有何区别？

第2章 流水施工原理

2.1 流水施工的基本概念

■ 2.1.1 流水施工的组织方式

流水作业法是一种建立在分工协作基础上的高效组织生产方式，在工程施工过程中，将劳动力、机具和材料在时间和空间位置上不断地移动，把一定数量的材料和半成品在某个部位上加工或装配，使之成为建筑物的一部分，然后再转移到另外的部位，不断重复同样的工作，从而使建筑生产过程具有连续性和均衡性。

工程施工中，一般采用依次施工、平行施工和流水施工三种组织方式。

(1)依次施工。依次施工组织方式是将拟建工程项目的整个建造过程分解成若干个施工过程，按照一定的施工顺序，依次完成施工任务的一种组织方法。即前一个施工过程完成后，后一个施工过程才开始施工，或前一个工程完成后，后一个工程才开始施工，这是一种最简单的施工组织方式。

【例 2-1】 有 4 栋房屋的基础，每栋的施工过程及工程量等见表 2-1，试组织依次施工。

表 2-1   4 栋房屋的施工过程及工程量

施工过程	工程量/m³	产量定额 /(m³·工日⁻¹)	劳动量/工日	班组人数/人	延续时间/d	工种
土方开挖	240	8	30	30	1	普工
混凝土垫层	60	3	20	20	1	混凝土工
砌砖基础	80	2	40	40	1	砖瓦工
回填土	200	10	20	20	1	灰土工

【解】 如组织成依次施工，如图 2-1 所示。

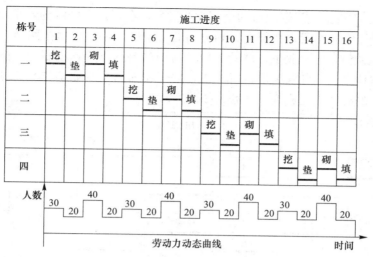

图 2-1　依次施工

1)特点：工期长($T=16$ d)，劳动力、材料、机具投入量小。

2)适用于：场地小、资源供应不足、工期要求不高的情况下组织施工。

(2)平行施工。在拟建工程任务十分紧迫、工作面允许以及资源保证供应的条件下，可以组织几个相同的施工工作队，在同一时间、不同的空间上同时进行施工，这样的施工组织方式称为平行施工，如图 2-2 所示。

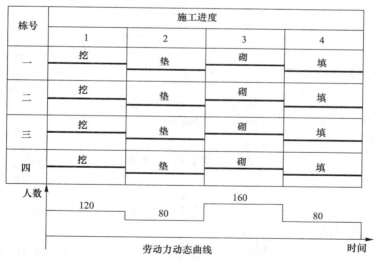

图 2-2　平行施工

1)工期：$T=4$ d。

2)特点：工期短；资源投入集中；施工现场临时设施和材料存储多，施工费用高。

3)适用于工期要求高时的紧急情况。

4)充分利用工作面，工期短。

5)工作队不能实现专业化，不利于提高工程质量和劳动生产率。

6)施工现场的组织管理复杂。

（3）流水施工。将拟建工程项目的全部建造过程，在工艺上分解为若干个施工过程，在平面上划分为若干个施工段，在竖向上划分为若干个施工层，然后按照施工过程组建相应的专业工作队（或组），各专业工作队的人数、使用材料和机具基本不变，按规定的施工顺序，依次、连续地投入到各施工层进行施工，并使相邻两个专业工作队，尽可能合理地平行搭接，在规定的时间内完成施工任务，如图 2-3 所示。

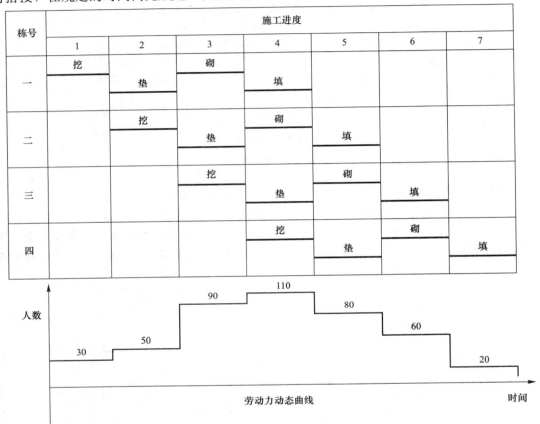

图 2-3　劳动力动态曲线

1）工期：$T=7$ d。

2）充分利用了工作面，有效利用时间，工程工期较短，在工程中如果能合理进行平行搭接，工期将进一步缩短。

3）能实现专业化生产，有利于改进操作技术，保证工程质量和提高劳动生产率。

4）各工作队能够连续作业，不致产生窝工现象。

5）单位时间内投入的资源量较为均衡，有利于资源的组织供应。

6）易于进行现场的施工组织和管理，为文明施工和科学管理，创造有利条件。

流水施工体现了连续、均衡的施工特点，有效地利用了施工平面和空间，是目前采用最多的施工组织方式。

■ 2.1.2　流水施工的概念

流水施工是在依次施工和平行施工的基础上产生的，兼顾两者的优点。流水施工在工艺划分、时间排列和空间布置上都是一种科学、先进和合理的施工组织方式，具有显著的技术经济效果。主要表现在以下几点：

（1）科学地安排施工进度，并可合理地安排搭接施工，减少了因组织不善而造成的停工、窝工损失，合理地利用时间和空间，能有效地缩短施工工期，使项目发挥其效益。

（2）按专业工种建立劳动组织，实现专业化施工，有利于改进施工工艺技术和施工机具，有利于保证工程质量，提高劳动生产率，从而降低工程成本。

（3）由于流水施工具有节奏性、均衡性和连续性，使得劳动消耗、物资供应、机械设备利用都处于相对均衡的状态，有利于发挥施工管理水平，减少材料的损失，减少工程成本，提高施工单位的经济效益。

■ 2.1.3 流水施工的分类

根据流水施工组织的范围不同，通常可分为以下四类。

1. 群体工程流水

群体工程流水又称大流水，它是在若干单位工程之间组织的流水施工，是为完成工业或民用建筑群而组织起来的全场性的综合流水，反映在进度计划上是一个工程项目的施工总进度计划。

2. 单位工程流水

单位工程流水又称综合流水，是在一个单位工程内部，各分部工程之间组织的流水施工。例如，基础工程、主体工程、屋面工程、装饰工程等工程之间的流水施工。在项目施工进度计划表上，它是若干个分部工程的进度指示线段，并由此构成一张单位工程施工进度计划。

3. 分部工程流水

分部工程流水又称专业流水，是在一个分部工程内部，各分项工程之间组织的流水施工。例如，混凝土结构工程中支模板、扎钢筋、浇筑混凝土等工艺之间的流水施工。在项目施工进度计划表上，它由一组标有施工段或工作队编号的水平指示线段或斜向指示线段表示。

4. 分项工程流水

分项工程流水又称细部流水，即在一个专业工种内部组织的流水施工。例如，基坑开挖过程中各工序之间的流水。分项工程流水是范围最小的流水，在项目施工进度计划表上，它是一条标有施工段或工作队编号的水平指示线段或斜向指示线段。

2.2 流水施工的主要参数

在组织项目流水施工时，用以表达流水施工在施工工艺、空间布置和时间排列方面开展状态的参量，统称为流水参数，包括工艺参数、空间参数和时间参数三类。

■ 2.2.1 工艺参数

在组织流水施工时，用以表达流水施工在施工工艺上的开展顺序及其特性的指标，称为工艺参数。具体是指在组织流水施工时，将拟建工程项目的整个建造过程分解成的各施工过程的种类、性质和数目的总称，通常包括施工过程和流水强度。

1. 施工过程

在工程项目施工中，施工过程所包含的施工范围可大可小，既可以是分部工程，也可以是分项工程。根据工艺性质不同，它可分为制造类施工过程、运输类施工过程和建造安装类施工过程三种。施工过程的数目以 n 表示，是流水施工的基本参数之一。

(1)制造类施工过程。制造类施工过程是指为了提高建筑产品的装配化、工厂化、机械化和加工生产能力而形成的施工过程，如砂浆、混凝土、构配件和成品的制备过程。这些施工过程一般不占有施工项目空间，也不影响总工期，一般不列入施工进度计划，只有占有施工对象的空间并影响总工期时，才列入施工进度计划，如在拟建车间、试验室等场地内预制或组装的大型构件等。

(2)运输类施工过程。运输类施工过程是指将建筑材料、构配件、设备和制品等物资，运到施工工地仓库或施工对象加工现场而形成的施工过程。它一般不占有施工项目空间，不影响总工期，一般不列入施工进度计划，只在占有施工对象空间并影响总工期时，才必须列入施工进度计划，如随运随吊方案的运输过程。

(3)建造安装类施工过程。建造安装类施工过程是指在施工项目空间上，直接进行施工，形成最终建筑产品的过程，如地下工程、主体工程、屋面工程和装饰工程等施工过程。这些过程占有施工对象空间并影响施工工期，必须列入项目施工进度计划表，是项目施工进度计划表的主要内容。

通常，建造安装类施工过程，可按其在工程项目施工过程中的作用、工艺性质和复杂程度的不同进行分类。

1)主导施工过程和穿插施工过程。主导施工过程是指对整个工程项目起决定作用的施工过程，在编制施工进度计划时，必须重点考虑，如砖混结构的主体工程砌筑等施工过程；穿插施工过程则是与主导施工过程相搭接或平行穿插并严格受主导施工过程控制的施工过程，如安装门窗、设备安装、脚手架搭设等施工过程。

2)连续施工过程和间断施工过程。连续施工过程是指一道工序接着一道工序连续施工，不要求技术间歇的施工过程，如框架结构的混凝土工程的施工过程；间断施工过程则是指由材料性质决定，需要技术间歇的施工过程，如混凝土养护、油漆干燥等施工过程。

3)复杂施工过程和简单施工过程。复杂施工过程是指在工艺上由几个紧密相连的工序组合而形成的施工过程，如混凝土工程是由材料配比、搅拌、运输、振捣等工序组成；简单施工过程则是指在工艺上由一个工序组成的施工过程，整个施工过程中操作者、机具和材料都不变，如土方开挖、回填等施工过程。

上述施工过程的划分，仅是从研究施工过程某一角度考虑的。事实上，有的施工过程既是主导的，又是连续的，同时还是复杂的。因此，在编制施工进度计划时，必须综合考虑施工过程几个方面的特点，以便确定其在进度计划中的合理位置。

(4)施工过程数目(n)的确定。施工过程数目，主要依据项目施工进度计划在客观上的作用、采用的施工方案、项目的性质和建设单位对项目建设工期的要求等进行确定。

2. 流水强度

某施工过程在单位时间内所完成的工程量，称为该施工过程的流水强度。流水强度一

般以 V 表示，它可由式(2-1)或式(2-2)计算求得。

(1)机械作业流水强度。

$$V_i = \sum_{i=1}^{x} R_i S_i \tag{2-1}$$

式中　V_i——施工过程 i 的机械作业流水强度；

　　　R_i——投入施工过程 i 的某种施工机械台数；

　　　S_i——投入施工过程 i 的某种机械产量定额；

　　　x——投入施工过程 i 的施工机械种类。

(2)人工作业流水强度。

$$V_i = R_i S_i \tag{2-2}$$

式中　V_i——施工过程 i 的人工作业流水强度；

　　　R_i——投入施工过程 i 的专业工作队人数；

　　　S_i——投入施工过程 i 的专业工作队平均产量定额。

■ 2.2.2　空间参数

在组织项目流水施工时，用以表达流水施工在空间布置所处状态的参数，称为空间参数，包括工作面、施工段和施工层。

1. 工作面

专业工种工人在从事建筑产品施工过程中，必须具备的活动空间称为工作面。它是根据相应工种单位时间的产量定额、建筑安全工程施工操作规程和安全规程等的要求确定的。工作面确定合理与否，直接影响专业工种工人的生产效率。有关工种的工作面参考数据见表 2-2。

表 2-2　主要工作面参考数据表

工作项目	每个技工的工作量	单位	说明
砖基础	7.6	m/人	以 1.5 砖计 2 砖乘以 0.8 3 砖乘以 0.5
砌砖墙	8.5	m/人	以 1.5 砖计 2 砖乘以 0.8 3 砖乘以 0.5
毛石墙基础	3	m³/人	以 60 cm 计
毛石墙	3.3	m³/人	以 40 cm 计
混凝土柱、墙基础	8	m³/人	机拌、机捣
混凝土设备基础	7	m³/人	机拌、机捣
现浇钢筋混凝土柱	2.5	m³/人	机拌、机捣
现浇钢筋混凝土梁	3.2	m³/人	机拌、机捣
现浇钢筋混凝土墙	5	m³/人	机拌、机捣
现浇钢筋混凝土楼板	5.3	m³/人	机拌、机捣

工作项目	每个技工的工作量	单位	说明
预制钢筋混凝土柱	3.6	m³/人	机拌、机捣
预制钢筋混凝土梁	3.6	m³/人	机拌、机捣
预制钢筋混凝土屋架	2.7	m³/人	机拌、机捣
预制钢筋混凝土平板、空心板	1.91	m³/人	机拌、机捣
预制钢筋混凝土大型屋面板	2.62	m³/人	机拌、机捣
混凝土地坪及面层	40	m³/人	机拌、机捣
外墙抹灰	16	m²/人	
内墙抹灰	18.5	m²/人	
卷材屋面	18.5	m²/人	
防水水泥砂浆屋面	16	m²/人	
门窗安装	11	m²/人	

2. 施工段

为了有效地组织流水施工，通常把拟建工程项目在平面上划分成若干个劳动量大致相等的施工段。施工段的数目以 m 表示，它是流水施工的基本参数之一。由于专业施工队的施工能力有限，各专业施工队又不可能同时展开施工，因此，只有将工程量大的施工对象化整为零，按照合理的工作面要求及合理的划分原则进行施工段的划分，才能保证施工过程中连续、均衡地开展流水作业施工。

(1) 划分施工段的目的和原则。通常情况下，一个施工段内只安排一个施工过程的专业工作队进行施工。在一个施工段上，只有当前一个施工过程的专业工作队完成后提供足够的工作面，后一个施工过程的专业工作队才能进入该段从事下一个施工过程的施工。

划分施工段是组织流水施工的基础，建筑产品体形庞大决定了施工建造过程中需要划分施工段进行流水施工。在保证工程质量和安全的前提下，为专业工作队确定合理的空间活动范围，使其按流水施工的原理集中人力和物力，迅速地、依次地、连续地完成各施工段的任务，为相邻专业工作队尽早地提供工作面，达到缩短工期的目的。

施工段的划分，在不同的分部工程中，可以采用相同或不同的划分方法。在同一分部工程中最好采用统一的段数，但也不能排除特殊情况。如在工业厂房的预制工程中，柱和屋架的施工段划分就不一定相同，对于多栋同类型房屋的施工，允许以栋号为施工段组织大流水施工。

(2) 施工段数目(m)与施工过程数目(n)的关系。

【例 2-2】 某二层现浇钢筋混凝土工程，结构主体施工中对进度起控制性的有绑钢筋、支模板和浇混凝土三个施工过程，每个施工过程在一个施工段上的持续时间均为 2 d，当施工段数目不同时，流水施工的组织情况也有所不同。

1) 取施工段数目 $m=4$，$n=3$，$m>n$，流水施工进展情况如图 2-4 所示，各专业工作队在完成第一层的 4 个施工段的任务后，进入第二层继续施工。从施工段上专业工作队的作业情况来看，从第一层第一施工段完成所有三个施工过程到第二层第一施工段开始作业之间存在一段空闲时间，相应地，其他施工段也存在这种闲置情况。

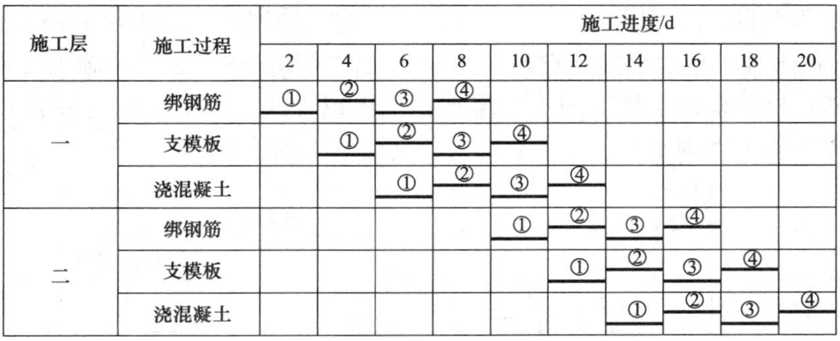

施工层	施工过程	施工进度/d									
		2	4	6	8	10	12	14	16	18	20
一	绑钢筋	①	②	③	④						
	支模板		①	②	③	④					
	浇混凝土			①	②	③	④				
二	绑钢筋					①	②	③	④		
	支模板						①	②	③	④	
	浇混凝土							①	②	③	④

图 2-4　流水施工进展情况($m>n$)

由图 2-4 可以看出，当 $m>n$ 时，流水施工呈现出的特点是：各专业工作队均能连续施工；施工段有闲置，这段时间可以用于技术间歇和组织间歇时间。

在项目实际施工中，若某些施工过程需要考虑技术间歇等，则可用式(2-3)确定每层的最少施工段数：

$$m_{\min} = n + \frac{\sum Z}{K} \qquad (2-3)$$

式中　$m_{\min}$——每层需划分的最少施工段数；

n——施工过程数或专业工作队数；

$\sum Z$——某些施工过程要求的技术间歇时间的总和；

K——流水步距。

如果流水步距 $K=2$，当第一层浇筑混凝土结束后，要养护 4 d 才能进行第二层的施工。

为了保证专业工作队连续作业，至少应划分的施工段数为 $m_{\min} = n + \dfrac{\sum Z}{K} = 3+4/2 = 5$，按 $m=5,n=3$ 绘制的流水施工进展情况如图 2-5 所示。

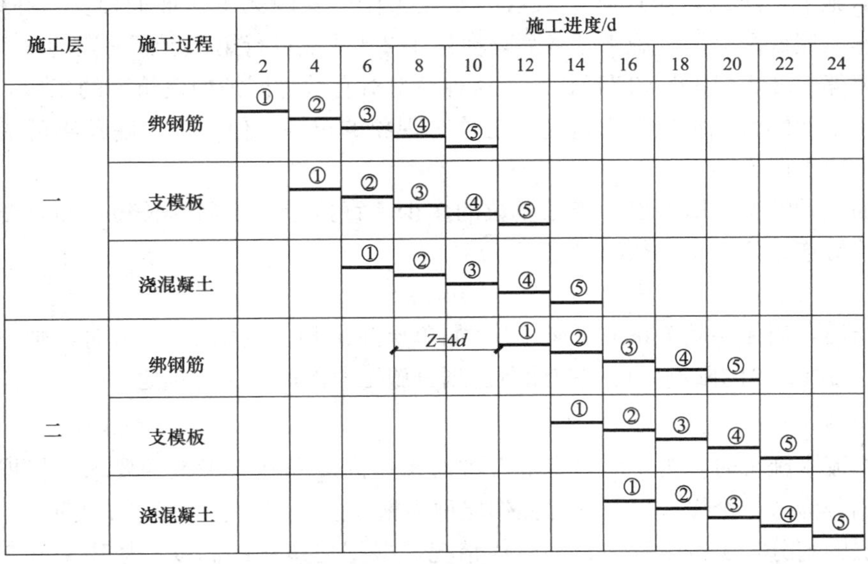

施工层	施工过程	施工进度/d											
		2	4	6	8	10	12	14	16	18	20	22	24
一	绑钢筋	①	②	③	④	⑤							
	支模板		①	②	③	④	⑤						
	浇混凝土			①	②	③	④	⑤					
二	绑钢筋					Z=4d		①	②	③	④	⑤		
	支模板							①	②	③	④	⑤	
	浇混凝土								①	②	③	④	⑤

图 2-5　流水施工进展情况($m>n$)

2)取施工段数目，$m=3$，$n=3$，$m=n$，流水施工进展情况如图 2-6 所示。可以发现，当 $m=n$ 时，流水施工呈现出的特点是：各专业工作队均能连续施工，施工段不存在闲置的工作面。显然，这是理论上最为理想的流水施工组织方式，如果采取这种方式，要求项目管理者必须提高施工管理水平，不能允许有任何时间上的拖延。

施工层	施工过程	施工进度/d							
		2	4	6	8	10	12	14	16
一	绑钢筋	①	②	③					
	支模板		①	②	③				
	浇混凝土			①	②	③			
二	绑钢筋				①	②	③		
	支模板					①	②	③	
	浇混凝土						①	②	③

图 2-6　流水施工进展情况 ($m=n$)

3)取施工段数目 $m=2$，$n=3$，$m<n$，流水施工进展情况如图 2-7 所示，各专业工作队在完成第一层第二个施工段的任务后，不能连续地进入第二层继续施工。这是由于一个施工段只能给一个专业工作队提供工作面，所以在施工段数目小于施工过程数的情况下，超出施工段数的专业工作队就会因为没有工作面而停工。从施工段上专业工作队的作业情况来看，从第一层第一施工段完成所有三个施工过程到第二层第一施工段开始作业之间没有空闲时间，相应地，其他施工段也紧密衔接。由此可见，当 $m<n$ 时，流水施工呈现出的特点是：各专业工作队在跨越施工层时，均不能连续施工而产生窝工，施工段没有闲置。但特殊情况下，施工段也会出现空闲，造成大多数专业工作队停工。因一个施工段只供一个专业工作队施工，所以，超过施工段数的专业工作队就因无工作面而停止。在图 2-7 中，支模板工作队完成第一层的施工任务后，要停工 2 d 才能进行第二层第一段的施工，其他队组相应也要停工 2 d，因此工期延长了。这种情况对有数幢同类型建筑物的工程，可通过组织各建筑物之间的大流水施工来避免上述停工现象的出现，但对单一建筑物的流水施工是不适合的，应加以避免。

从上面三种情况可以看出，施工段数的多少，直接影响工期的长短，而且要想保证专业工作队能够连续施工，必须满足式(2-4)：

$$m \geqslant n \tag{2-4}$$

应该指出，当无层间关系或无施工层(如单层建筑物、基础工程等)时，则施工段数不受式(2-3)和式(2-4)的限制，可按前面所述划分施工段的原则进行确定。

3. 施工层

在组织流水施工时，为了满足专业工种对操作高度和施工工艺的要求，将拟建工程项目在竖向划分为若干个操作层，这些操作层称为施工层，施工层一般以 j 表示。

施工层的划分，要按工程项目的具体情况，根据建筑物的高度、楼层来确定。如砌筑

施工层	施工过程	施工进度/d						
		2	4	6	8	10	12	14
一	绑钢筋	①	②					
	支模板		①	②				
	浇混凝土			①	②			
二	绑钢筋				①	②		
	支模板					①	②	
	浇混凝土						①	②

图 2-7　流水施工进展情况($m<n$)

工程的施工层高度一般为 1.5 m，室内抹灰、木装饰、油漆和水电安装等，可按楼层进行施工层划分。

■ **2.2.3　时间参数** ··

在组织流水施工时，用以表达流水施工在时间排列上所处状态的参数，称为时间参数，包括流水节拍、流水步距、技术间歇时间、组织间歇时间和平行搭接时间五种。

1. 流水节拍

在组织流水施工时，某个专业工作队在某个施工段上完成各自施工过程所必需的持续时间，均称为流水节拍。流水节拍以 t 表示，它是流水施工的基本参数之一。流水节拍反映流水速度快慢、资源供应量大小。根据流水节拍数值特征，一般流水施工又区分为等节拍流水、成倍节拍流水和无节奏流水等施工组织方式。

影响流水节拍的因素有：施工中采用的施工方案、各施工段投入的劳动力人数或施工机械台数、工作班次以及该施工段工程量的多少。为避免工作队转移时浪费工时，流水节拍在数值上应为半个班的整数倍，其数值可按下列方法确定。

（1）定额计算法。根据各施工段的工程量、能够投入的资源量（工人数、机械台数和材料量等），按式（2-5）进行计算：

$$t_i^j=\frac{Q_i^j}{S_i^j R_i^j N_i^j}=\frac{Q_i^j \cdot H_i^j}{R_i^j \cdot N_i^j}=\frac{P_i^j}{R_i^j \cdot N_i^j} \tag{2-5}$$

式中　t_i^j——专业工作队 j 在第 i 施工段的流水节拍；

　　　Q_i^j——专业工作队 j 在第 i 施工段要完成的工作量；

　　　S_i^j——专业工作队 j 的计划产量定额；

　　　R_i^j——专业工作队 j 投入的工人数或机械台数；

　　　H_i^j——专业工作队 j 的计划时间定额；

　　　N_i^j——专业工作队 j 的工作班次；

　　　P_i^j——专业工作队 j 在第 i 施工段的劳动量或机械台班数量。

计划产量定额和计划时间定额最好按照项目经理部的实际水平计算。

(2)经验估算法。经验估算法是根据施工经验进行估算的计算方法。一般为了提高准确程度，往往先估算出流水节拍最长、最短和正常（即最可能）三种时间，然后据此求出期望时间，作为专业工作队在某施工段上的流水节拍。因此，本法也称为三种时间估算法。一般按式(2-6)进行计算：

$$t_i^j = \frac{a_i^j + 4 \ c_i^j + b_i^j}{6} \tag{2-6}$$

式中　t_i^j——施工过程 j 在施工段 i 上的流水节拍；

　　　a_i^j——施工过程 j 在施工段 i 上的最短估算时间；

　　　b_i^j——施工过程 j 在施工段 i 上的最长估算时间；

　　　c_i^j——施工过程 j 在施工段 i 上的正常估算时间。

这种方法多适用于采用新工艺、新方法和新材料等没有定额可查的工程。

(3)工期计算法。对某些施工任务在规定日期内必须完成的工程项目，往往采用倒排进度法，具体步骤如下：

1)根据工期倒排进度，确定施工过程的工作延续时间。

2)确定施工过程在某施工段上的流水节拍。若同一施工过程的流水节拍不等，则用估算法；若流水节拍相等，则按式(2-7)进行计算：

$$t_j = \frac{t_j}{m_j} \tag{2-7}$$

式中　t_j——施工过程流水节拍；

　　　t_j——施工过程的工作持续时间；

　　　m_j——施工过程的施工段数。

2. 流水步距

在组织项目流水施工时，相邻两个专业工作队在保证施工顺序、满足连续施工、最大限度搭接和保证工程质量要求的条件下，相继投入施工的最小时间间隔，称为流水步距。流水步距以 $K_{j,j+1}$ 表示，它是流水施工基本参数之一。在施工段不变的情况下，流水步距越大工期越长。若有 n 个施工过程，则有 $n-1$ 个流水步距。每个流水步距的值是由相邻两个施工过程在各施工段上的流水节拍值确定的。

(1)确定流水步距的原则。

1)流水步距要满足相邻两个专业工作队在施工顺序上的相互制约关系。

2)流水步距要保证相邻两个专业工作队在各个施工段上都能够连续作业。

3)流水步距要保证相邻两个专业工作队在开工时间上实现最大限度和合理的搭接。

4)流水步距的确定要保证工程质量，满足安全生产。

(2)确定流水步距的方法。流水步距计算方法很多，简捷实用的方法主要有图上分析法、分析计算法和潘特考夫斯基法等。下面主要介绍潘特考夫斯基法。潘特考夫斯基法，也称为最大差法，即累加数列错位相减取其最大差。此法在计算等节奏、无节奏的专业流水中较为简捷、准确，其计算步骤如下：

1)根据专业工作队在各施工段上的流水节拍，求累加数列；

2)根据施工顺序，对所求相邻的两累加数列，错位相减；

3)根据错位相减的结果，确定相邻专业工作队之间的流水步距，即相减结果中数值最大者。

【例 2-3】 某工程由 4 个施工过程组成，它们分别由专业工作队Ⅰ、Ⅱ、Ⅲ、Ⅳ完成。该工程在平面上划分为 A、B、C、D 四个施工段，每个专业工作队在各个施工段上的流水节拍见表 2-3 所列。试确定专业工作队之间的流水步距。

表 2-3　各施工过程流水节拍

施工过程 ＼ 施工段	A	B	C	D
Ⅰ	2	2	2	5
Ⅱ	2	2	4	4
Ⅲ	3	2	4	4
Ⅳ	4	3	3	4

【解】 求各专业工作队的累加数列：

Ⅰ：2，4，6，11
Ⅱ：2，4，8，12
Ⅲ：3，5，9，13
Ⅳ：4，7，10，14

错位相减：

Ⅰ与Ⅱ

$$
\begin{array}{rrrrr}
2, & 4, & 6, & 11 & \\
- & 2, & 4, & 8, & 12 \\
\hline
2, & 2, & 2, & 3, & -12
\end{array}
$$

Ⅱ与Ⅲ

$$
\begin{array}{rrrrr}
2, & 4, & 8, & 12 & \\
- & 3, & 5, & 9, & 13 \\
\hline
2, & 1, & 3, & 3, & -13
\end{array}
$$

Ⅲ与Ⅳ

$$
\begin{array}{rrrrr}
3, & 5, & 9, & 13 & \\
- & 4, & 7, & 10, & 14 \\
\hline
3, & 1, & 2, & 3, & -14
\end{array}
$$

确定流水步距：

因流水步距等于错位相减所得结果中数值最大者，所以

$K_{Ⅰ,Ⅱ} = \max\{2, 2, 2, 3, -12\} = 3(d)$

$K_{Ⅱ,Ⅲ} = \max\{2, 1, 3, 3, -13\} = 3(d)$

$K_{Ⅲ,Ⅳ} = \max\{3, 1, 2, 3, -14\} = 3(d)$

3. 平行搭接时间

在组织流水施工时，为了缩短工期，在工作面允许的前提下，如果前一个专业工作队完成部分施工任务后，能够提前为后一个专业工作队提供工作面，使后者提前进入该施工

段，因而两者在同一施工段上平行搭接施工，这个平行搭接的时间，称为相邻两个专业工作队之间的平行搭接时间，以 $C_{j,j+1}$ 表示。

4. 技术间歇时间

在组织流水施工时，除要考虑专业工作队之间的流水步距外，有时根据建筑材料或现浇构件的工艺性质，还要考虑合理的工艺等待时间，称为技术间歇时间，并以 $Z_{j,j+1}$ 表示。如现浇混凝土和抹灰的养护时间、油漆层的干燥时间等。

5. 组织间歇时间

在组织流水施工时，除了施工技术原因造成的流水步距以外的间歇时间，称为组织间歇时间，并以 $G_{j,j+1}$ 表示。如不同工作面施工的转运时间，施工前的准备工作时间。

在组织流水施工时，项目经理部在编制施工组织设计时对技术间歇时间和组织间歇时间，可根据项目施工中的具体情况分别考虑或统一考虑。但两者的概念、内容和作用是不同的，必须结合项目实际情况灵活处理。

2.3 流水施工的组织方式

流水施工的前提是有节奏，没有节奏就无法组织流水施工，而是否有节奏是由流水施工的节拍决定的。由于工程项目的多样性，使得各分项工程的工程量差异很大，从而要把施工过程在各施工段的工作持续时间都调整到一样是不可能的，经常会遇到施工过程流水节拍不相等，甚至一个施工过程在各施工流水段上流水节拍都不相等，因此形成各种不同形式的流水施工。通常根据各施工过程的流水节拍不同，可分为无节奏流水施工和有节奏流水施工两大类，如图 2-8 所示。

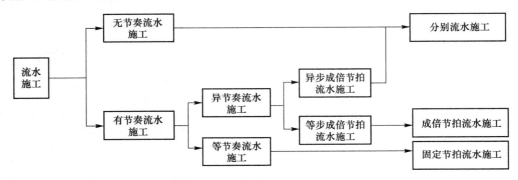

图 2-8 流水施工按流水节拍和步距的划分图

由图 2-8 可知，流水施工可分为无节奏流水施工和有节奏流水施工两大类，而工程流水施工中，常见的组织方式基本上可归纳为全等节奏流水施工、异节奏流水施工、成倍节拍流水施工和分别流水施工。

编制流水施工进度横道图，可以利用编制的工程明细表，按照图 2-9 所示步骤逐步深化，完成一个单位工程流水施工进度。

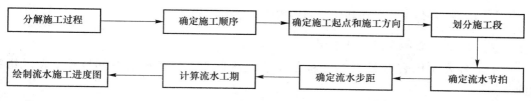

图 2-9 流水施工进度的编制步骤框图

■ 2.3.1 等节奏流水施工

等节奏流水施工也称为全等节拍流水施工或固定节拍流水施工，是指所有施工过程在各施工段上的流水节拍全相等的一种流水施工组织方式。这是一种比较理想的、简单的流水组织方式，但并不普遍。为此，在划分施工过程时，应先确定主要施工过程的专业施工队的人数，进而计算出流水节拍。对劳动量较小的施工过程进行合并，使各施工过程的劳动量尽量接近，其他施工过程则根据此流水节拍确定专业队的人数。进行上述调整时，还要考虑施工段的工作面和专业施工队的合理劳动组合，并适当加以调整，使其更加合理。

1. 等节奏流水施工的特点

(1)各施工过程的流水节拍均相等，有 $t_1 = t_2 = t_3 = \cdots = t_n =$ 常数。

(2)施工过程的专业施工队数等于施工过程数，因为每一施工段只有一个专业施工队。

(3)各施工过程之间的流水步距彼此相等，且等于流水节拍，即 $K_{i,i+1} = K = t$。

(4)专业施工队能够连续施工，没有闲置的施工段，使得施工在时间和空间上都连续。

(5)各施工过程的施工速度相等，均等于 mt。

2. 主要流水参数的确定

(1)流水步距等于流水节拍。

(2)施工段数 m 的划分。

1)以一层建筑为对象时，宜 $m = n$。

2)多层建筑，有楼层关系时：若无间歇时间，宜 $m = n$；若有间歇时间，为保证各施工过程的专业施工队都能连续施工，必须使 $m \geqslant n$。当 $m < n$ 时，每施工层内施工过程窝工数为 $m - n$，若施工过程持续时间为 t，则每层的窝工时间 w 为

$$w = (m-n)t = (m-n)K \tag{2-8}$$

若同一层楼内的各施工过程的技术和组织间歇时间为 T_{x1}，楼层间的技术和组织间歇时间为 T_{x2}，为保证施工专业队能连续施工，则必须使：

$$(m-n)K = T_{x1} + T_{x2} = \sum T_{j,i} + \sum T_{z,i} \tag{2-9}$$

由此可得出每层的施工段数的最小值，即

$$m_{\min} = n + \frac{T_{x1} + T_{x2}}{K} = n + \frac{\sum T_{j,i} + \sum T_{z,i}}{K} \tag{2-10}$$

(3)流水段工期计算。若以 T 作为流水段的施工工期，则有

$$T = (m+n-1)K + \sum T_{j,i} + \sum T_{z,i} - \sum T_{d,i} \tag{2-11}$$

式中 $\sum T_{j,i}$ ——各施工过程和楼层间的技术间歇时间之和；

$\sum T_{z,i}$——各施工过程和楼层间的组织间歇时间之和；

$\sum T_{d,i}$——各施工过程和楼层间的搭接时间之和。

提示：各公式代表符号下的下标 j 表示技术间歇；z 表示组织间歇；d 表示搭接时间。

3. 等节奏流水施工的组织步骤

(1)确定项目施工起点流向，分解施工过程。

(2)确定施工顺序，划分施工段(一般可取 $m=n$)。

(3)确定流水节拍和流水步距。

(4)计算流水施工工期。

(5)绘制流水施工横道图。

4. 等节奏流水施工的适用范围

等节奏流水施工比较适用于分部工程流水(专业流水)，不适用于单位工程，特别是大型的建筑群。因为等节奏流水施工虽然是一种比较理想的流水施工方式，能保证专业班组的工作连续，工作面充分利用，实现均衡施工。但由于等节奏流水要求划分的各分部、分项工程都采用相同的流水节拍，这对一个单位工程或建筑群来说，几乎不可能达到，在实际工程中很少使用。

5. 等节奏流水施工实例

【例 2-4】 某分部工程划分为绑钢筋(A)、支模板(B)、浇混凝土(C)、混凝土养护(D)4 个施工过程，每个施工过程分为 3 个施工段，各施工过程的流水节拍均为 4 d，试组织等节奏流水施工。

【解】 确定流水步距由等节奏流水的特征可知：

$$K=t=4 \text{ d}$$

计算工期：

$$T=(m+n-1)\times t=(3+4-1)\times 4=24(\text{d})$$

用横道图绘制流水进度计划，如图 2-10 所示。

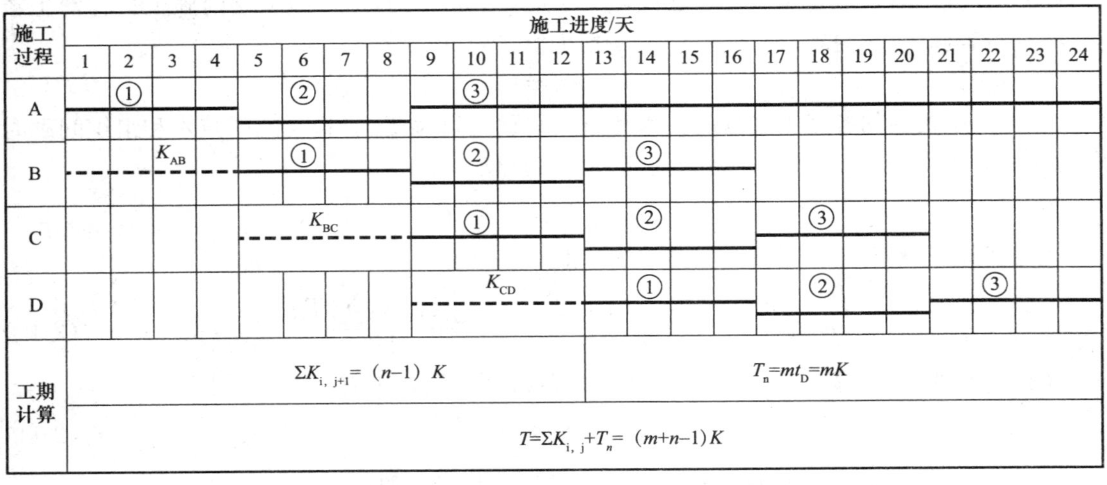

图 2-10 某分部工程无间歇等节奏流水施工进度横道图

【例 2-5】 某分部工程组织流水施工，它由绑扎钢筋、支模板、浇混凝土、混凝土养护4个施工过程组成，每个施工过程划分为5个流水段，流水节拍均为4天，无间歇时间。试确定流水段施工工期并绘制流水段施工进度横道图。

【解】 由题意可知：施工段数 $m=5$，施工过程数 $n=4$，流水节拍 $t=4$ d，流水步距 $K=t=T_i=4$ d；间歇及搭接时间 $\sum t_{j,i}=\sum t_{z,i}=\sum t_{d,i}=0$ d。

故计算工期：

$$T=(m+n-1)K+\sum t_{j,i}+\sum t_{z,i}-\sum t_{d,i}$$
$$=(5+4-1)\times 4+0+0-0$$
$$=32(\text{d})$$

按上述已知条件及解答可绘制成如图 2-11 所示的流水施工进度横道图。

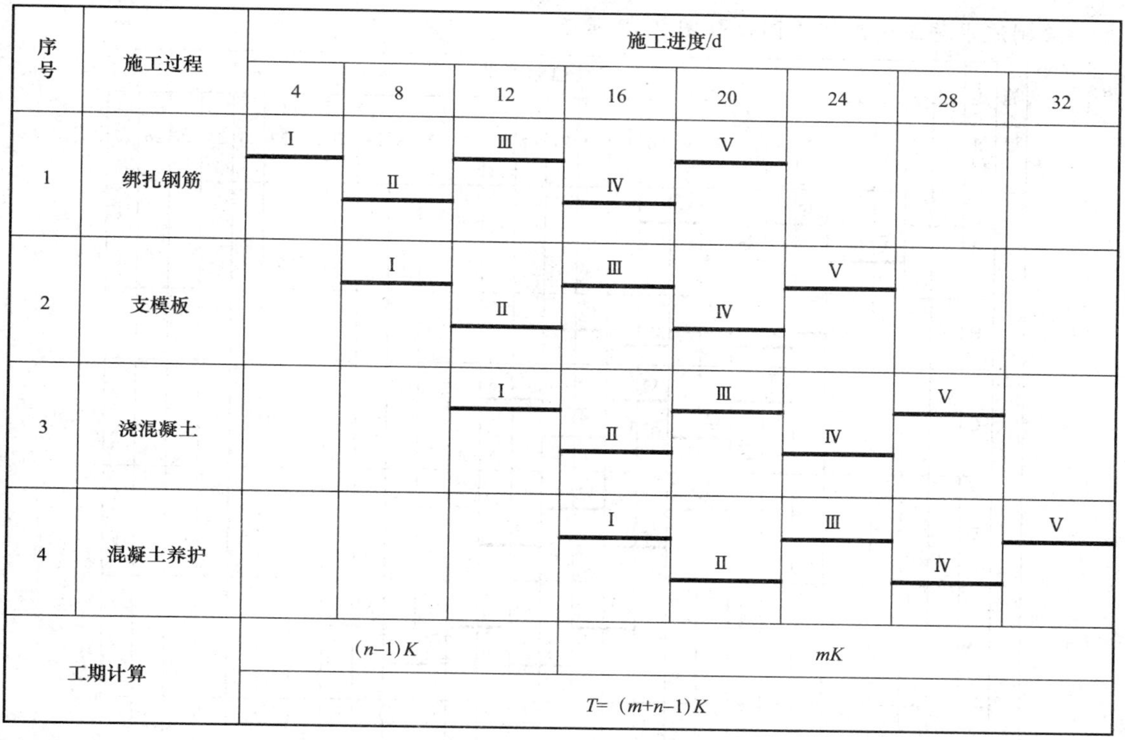

序号	施工过程	施工进度/d							
		4	8	12	16	20	24	28	32
1	绑扎钢筋	I	II	III	IV	V			
2	支模板		I	II	III	IV	V		
3	浇混凝土			I	II	III	IV	V	
4	混凝土养护				I	II	III	IV	V
工期计算		$(n-1)K$			mK				
		$T=(m+n-1)K$							

图 2-11 流水施工进度横道图

【例 2-6】 某分部工程组织流水施工，由 A、B、C、D 四个施工过程来完成，划分为两个施工层(即二层楼层)组织流水施工，因施工过程 A 为混凝土浇筑，完成后需养护 1 d，且需层间组织间歇时间 1 d，流水节拍为 2 d。试确定施工段数，计算流水施工工期并绘制流水施工进度横道图。

【解】 由题意可知：$t=K=2$ d，(混凝土养护)技术间歇 $t_j=1$ d，组织间歇 $t_z=1$ d，搭接时间 $t_d=0$，施工过程数 $n=4$。

确定施工段数目：

直接利用式(2-10)，代入已知数据得

$$m_{\min} = n + \frac{t_{x1} + t_{x2}}{K} = n + \frac{\sum t_{j,i} + \sum t_{z,i}}{K} = 4 + \frac{(1+1)}{2} = 5$$

计算流水施工工期：

按式(2-11)，因楼层数 r 为 2，有层间间歇，故变换式(2-11)得

$$T = (m + n \times r - 1)K + \sum t_{j,i} + \sum t_{z,i} - \sum t_{d,i} \qquad (2\text{-}12)$$

式中　r——楼层数目。

将各已知数据代入式(2-12)得

$$T = (m + n \times r - 1)K + \sum t_{j,i} + \sum t_{z,i} - \sum t_{d,i}$$
$$= (5 + 4 \times 2 - 1) \times 2 + 1 + 1 + 1 - 0$$
$$= 27(\text{d})$$

绘制流水施工进度横道图，如图 2-12 所示。

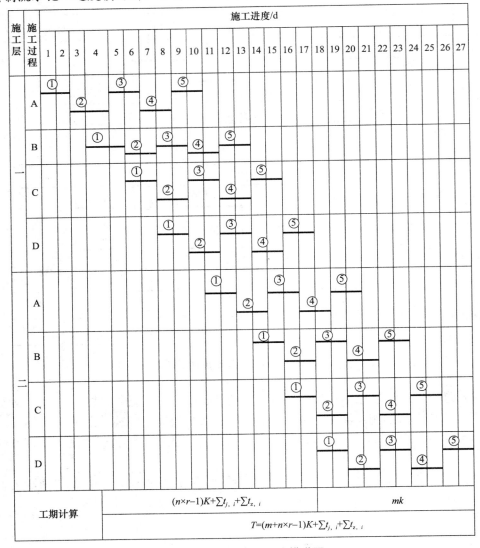

图 2-12　流水施工进度横道图

■ 2.3.2 异节奏流水施工

异节奏流水施工又称为异节拍流水施工，是指同一施工过程在各施工段上的流水节拍相等，但不同施工过程的流水节拍不完全相等的一种流水施工方式。

1. 异节奏流水施工的特点

（1）同一施工过程在各施工段上的流水节拍相等，而不同施工过程的流水节拍不完全相等。

（2）相邻施工过程的流水步距不一定相等。

（3）施工过程数就是专业施工队数。

（4）每个专业施工队都能够连续施工，施工段可能有空闲时间。

2. 主要流水参数的确定

（1）流水步距 $K_{i,i+1}$ 的确定，可由前述的累加数列错位法或图上分析法求得，也可用式（2-13）和式（2-14）求得，即

$$K_{i,i+1}=t_i（当t_i<t_{i,i+1}时）\tag{2-13}$$

$$K_{i,i+1}=mt_i-(m-1)t_{i+1}（当t_i\geq t_{i,i+1}时）\tag{2-14}$$

（2）工期计算 T：

$$T=\sum K_{i,i+1}+mt_n+\sum t_{j,i}+\sum t_{z,i}-\sum t_{d,i}\tag{2-15}$$

式中　m——施工段数；

t_n——最后一个施工过程的流水节拍。

其余符号同前。

3. 异节奏流水施工的适用范围

异节奏流水施工方式适用于单位或分部工程流水施工，它允许不同施工过程采用不同的流水节拍，因此，在进度安排上比全等节拍流水施工灵活，实际应用范围较广泛。

4. 异节奏流水施工实例

【例 2-7】　某基础工程中的基础挖槽、绑扎钢筋、浇混凝土、基础砌砖 4 个施工过程，每个施工过程划分为 4 个施工段，每个施工过程的流水节拍均相等，分别是 3 d、2 d、4 d、2 d。试确定流水段的施工工期并绘制流水施工进度横道图。

【解】　由题意可知：$m=4$，$n=4$，t_i 分别为 3 d、2 d、4 d、2 d，$\sum t_{j,i}=\sum t_{z,i}=\sum t_{d,i}=0$

计算流水步距，按式（2-13）与式（2-14）得

$K_{1-2}=mt_i-(m-1)t_{i+1}=4\times3-(4-1)\times2=6(d)$

$K_{2-3}=t_2=2(d)$

$K_{3-4}=mt_i-(m-1)t_{i+1}=4\times4-(4-1)\times2=10(d)$；

计算流水段施工工期，按式（2-15）得

$$T=\sum K_{i,i+1}+mt_n+\sum t_{j,i}+\sum t_{z,i}-\sum t_{d,i}$$
$$=(6+2+10)+4\times2+0+0-0$$
$$=26(d)$$

绘制流水施工进度横道图，如图 2-13 所示。

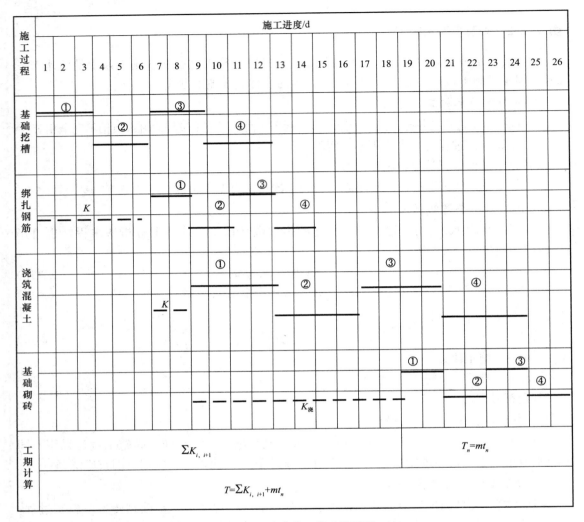

图 2-13 流水施工进度横道图

【例 2-8】 某工程划分为 A、B、C、D 四个施工过程分 3 个施工段组织施工，各施工过程的流水节拍分别为 $t_A=3$ d，$t_B=5$ d，$t_C=4$ d，$t_D=3$ d；施工过程 B 施工完成后有 2 d 的技术间歇时间，施工过程 D 与 C 搭接 1 d。试求各施工过程之间的流水步距及该工程的工期，并绘制流水施工进度横道图。

【解】 确定流水步距：

根据上述条件及相关公式，各流水步距计算如下：

因为 $t_A < t_B$，所以

$$K_{A,B} = t_A = 3 \text{ d}$$

因为 $t_B > t_C$，所以

$$K_{B,C} = mt_B - (m-1)t_C = 3 \times 5 - (3-1) \times 4 = 7(\text{d})$$

因为 $t_C > t_D$，所以

$$K_{C,D} = mt_D - (m-1)t_C = 3 \times 4 - (3-1) \times 3 = 6(\text{d})$$

流水工期：

$$T = \sum K_{i,i+1} + T_n + \sum Z_{i,i+1} - \sum C_{i,i+1}$$
$$= (3+7+6) + 3 \times 3 + 2 - 1$$
$$= 26(d)$$

绘制施工进度横道图，如图 2-14 所示。

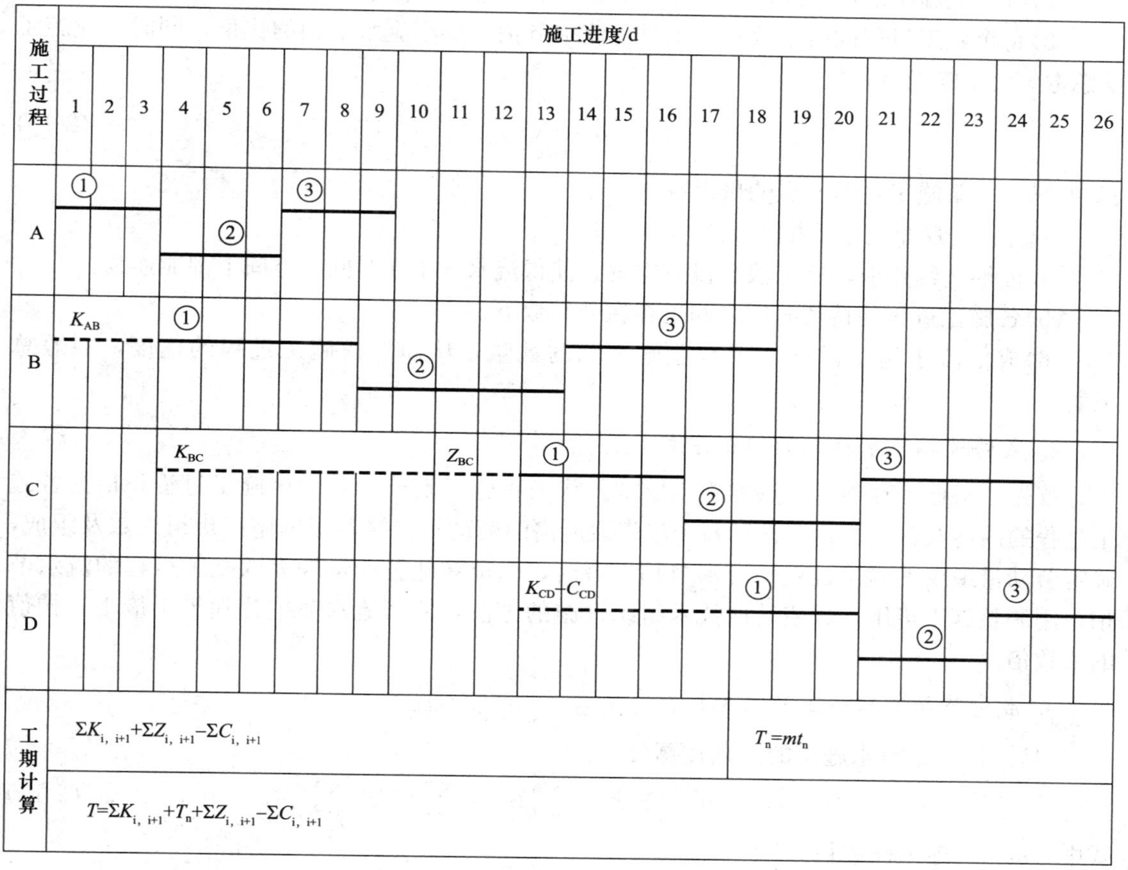

图 2-14　流水施工进度横道图

■ 2.3.3　成倍节拍流水施工

　　成倍节拍流水施工是固定节拍流水施工的一个特例，在组织全等节拍流水施工时，可能遇到非主导施工过程所需劳动力、施工机械超过了施工段上工作面所能容纳的数量的情况，这时非主导施工过程只能按施工段所能容纳的劳动力或机械的数量来确定流水节拍，从而可能会出现某些施工过程的流水节拍为其他施工过程的流水节拍的倍数，即形成两个或两个以上的专业施工队在同一施工段内流水作业，从而形成成倍节拍流水的情况。

　　成倍节拍流水是指同一施工过程在各施工段上的流水节拍相等，不同施工过程之间的流水节拍不完全相等，但各施工过程的流水节拍均为其中最小流水节拍的整数倍的流水施工方式。

1. 成倍节拍流水施工的特点

(1)同一施工过程在各施工段上的流水节拍均相等，即 $t_j = t_i$，不同施工过程在同一施工段上的流水节拍之间存在一个最大公约数，各流水节拍等于该最大公约数的不同整倍数，即 K＝最大公约数$(t_1, t_2, \cdots, t_n)$。

(2)各专业施工队伍之间的流水步距彼此相等，且等于流水节拍的最大公约数 K。

(3)每个施工过程的班组数等于本过程流水节拍与最小流水节拍的比值。同时专业施工队总数 n' 大于施工过程数 n。

$$b = \frac{t_i}{t_{\min}} \tag{2-16}$$

式中　　b——某施工过程所需的班组数；

$t_{\min}$——最小流水节拍。

(4)能够连续作业，施工段也没有空置，使得流水施工在时间和空间上都能连续。

(5)各施工过程的持续时间之间也存在公约数 K。

(6)成倍流水施工因增加了专业施工队的数量，从而加快施工过程的速度，缩短总工期。

2. 成倍节拍流水施工的组织方式

首先，根据工程项目特点和施工要求，将工程施工划分为若干个施工过程；根据各施工过程的内容及其工程量，计算每个施工段所需的劳动量；接着根据施工班组人数及组成，确定劳动量最少的施工过程的流水节拍；最后，确定其他劳动量较大的施工过程的流水节拍，用调整施工班组人数或其他技术组织措施的方法，使其流水节拍分别等于最小节拍值的整数倍。

3. 成倍节拍流水施工的工期计算

(1)成倍节拍流水施工的工期计算公式：

$$T = (m + n' - 1)K + \sum t_{j,i} + \sum t_{z,i} - \sum t_{d,i} \tag{2-17}$$

式中　　m——施工段数目；

n'——专业工作队总数目；

K——流水步距，流水步距等于流水节拍最大公约数。

其余符号同前。

当流水施工对象有施工层，并且上一层施工与下一层施工存在搭接关系，如第二层第一施工段的楼面施工完成后才能进行第三层第一施工段的墙体施工，则有施工层的成倍节拍流水施工的工期计算公式如下：

$$T = (N \cdot n' - 1)K + m \cdot t_n + \sum t_{j,i} + \sum t_{z,i} - \sum t_{d,i} \tag{2-18}$$

式中　　N——施工层数目；

t_n——最后一个施工过程的流水节拍；

其余符号同前。

其中，专业工作队总数目 n' 的计算步骤如下：

1)计算每个施工过程成立的专业工作队数目，即

$$b_j = \frac{t_j}{K} \tag{2-19}$$

式中　b_j——第 j 个施工过程的专业工作队数目；

　　　t_j——第 j 个施工过程的流水节拍。

2)计算专业工作队总数目：

$$n' = \sum b_j \tag{2-20}$$

(2)成倍节拍流水施工的工期计算的步骤如下：

第一步，确定施工段数目。

第二步，确定流水步距，流水步距等于流水节拍最大公约数。

第三步，确定各专业工作队数目。

第四步，确定专业工作队总数目 n'。

第五步，计算流水施工工期：

$$T = (m+n'-1)K + \sum t_{j,i} + \sum t_{z,i} - \sum t_{d,i}$$

4. 成倍节拍流水施工的适用范围

成倍节拍流水施工方式比较适合线型工程(如道路、河道等)的施工，也适用于一般房屋建筑工程的施工。

5. 成倍节拍流水施工的工期计算实例

【例 2-9】 某工程项目的分项工程由支模板、绑扎钢筋、浇筑混凝土三个施工过程组成，其流水节拍分别为 9 d、6 d、3 d，在平面上划分为 6 个施工段，采用成倍节拍流水施工组织方式。试确定该工程成倍节拍流水施工工期，并绘制其流水施工进度横道图。

【解】 由题意可知：$m=6$，$n=3$，t_j 分别为 9 d、6 d、3 d，$\sum t_{j,i} = \sum t_{z,i} = \sum t_{d,i} = 0$

确定流水步距：$K=$最大公约数$(9，6，3)=3(\text{d})$。

确定各专业工作队数目：

支模板：
$$B_1 = \frac{t_1}{K} = \frac{9}{3} = 3(\text{个})$$

绑扎钢筋：
$$B_2 = \frac{t_2}{K} = \frac{6}{3} = 2(\text{个})$$

浇筑混凝土：
$$B_3 = \frac{t_3}{K} = \frac{3}{3} = 1(\text{个})$$

确定专业工作队总数目：

$$n' = \sum b_j = 3+2+1 = 6（\text{个}）$$

计算流水施工工期：

$$
\begin{aligned}
T &= (m+n'-1)K + \sum t_{j,i} + \sum t_{z,i} - \sum t_{d,i} \\
&= (6+6-1) \times 3 + 0 + 0 - 0 \\
&= 33(\text{d})
\end{aligned}
$$

绘制该工程的成倍节拍流水施工进度横道图，如图 2-15 所示。

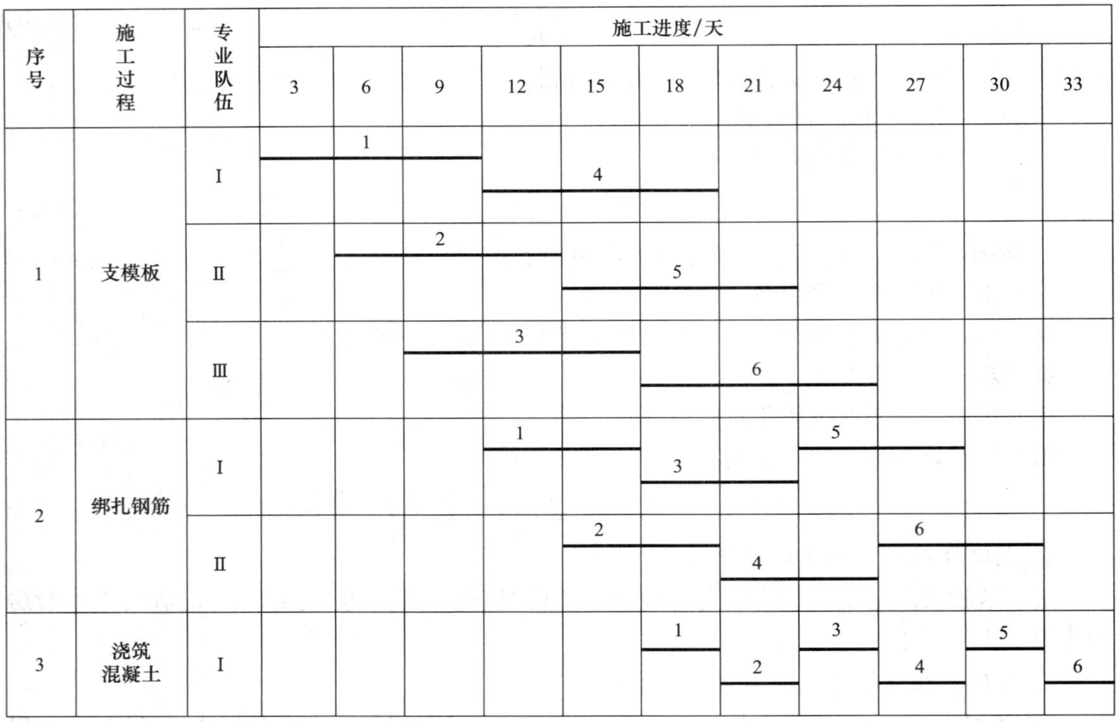

序号	施工过程	专业队伍	3	6	9	12	15	18	21	24	27	30	33
1	支模板	I		1			4						
		II			2			5					
		III				3			6				
2	绑扎钢筋	I				1		3		5			
		II						2	4		6		
3	浇筑混凝土	I						1	2	3	4	5	6

图 2-15 某工程的成倍节拍流水施工横道图

■ 2.3.4 无节奏流水施工

无节奏流水施工又称为分别流水施工，各施工过程在各施工段上的流水节拍不全相等，没有规律可循。由于没有固定节拍、成倍节拍的时间约束，因此进度安排上既灵活又自由，是在实际工程施工中最常见、应用最普遍的一种流水施工组织方式。

1. 无节奏流水施工的特点

(1)各施工过程在各施工段上的流水节拍不相等，无固定规律。

(2)各施工过程之间的流水步距一般均不相等，且差异较大。

(3)每个施工过程在每个施工段上均由一个专业施工队独立进行施工，即施工队数 n' 等于施工过程数 n。

(4)每个专业施工队均能连续施工，但施工段可能闲置。

2. 无节奏流水施工的适用范围

由上述特点可以看出，无节奏流水施工与固定节拍流水施工和成倍节拍流水施工不同，受到的约束比较小，允许流水节拍自由，从而决定了流水步距也较自由，又允许空间(施工段)的闲置，因此能够适应各种规模、各种结构形式、各种复杂工程的工程对象，所以也成为施工组织单位工程流水施工最常用的方式。

3. 流水步距的确定

在无节奏流水施工中，通常采用"累加数列错位相减取大值"计算流水步距。

4. 无节奏流水施工的工期计算

(1)无节奏流水施工的工期 T 计算公式如下：

$$T = \sum K + \sum t_n + \sum t_{j,i} + \sum t_{z,i} - \sum t_{d,i} \qquad (2\text{-}21)$$

式中　$\sum K$——所有流水步距之和，流水步距按"取大差"法计算；

　　　　$\sum t_n$——最后一个施工过程(或专业工作队)在各施工段上的流水节拍之和；

其余符号同前。

(2)无节奏流水施工的工期计算步骤如下。

第一步，求各施工过程流水节拍的累加数列。

第二步，相邻两个施工过程的累加数列进行错位相减求得差数列。

第三步，在差数列中取最大值求得流水步距。

第四步，根据分别流水施工工期计算公式进行工期的计算并绘制横道图。

5. 无节奏流水施工的工期计算实例

【例2-10】　某工程项目的分项工程由砌墙、抹灰、贴面砖 3 个施工过程组成，分为 4 个施工段进行流水施工，施工流向按施工段①至④的顺序进行，其流水节拍见表2-4。

表2-4　流水节拍

编号	施工过程	施工段			
		①	②	③	④
Ⅰ	砌墙	2	3	2	1
Ⅱ	抹灰	3	2	4	2
Ⅲ	贴面砖	3	4	2	2

试计算该工程的流水施工工期，并绘制其流水施工横道计划图。

【解】　计算各施工过程流水节拍的累加数列：

施工过程Ⅰ　　　2　5　7　8

施工过程Ⅱ　　　3　5　9　11

施工过程Ⅲ　　　3　7　9　11

相邻两施工过程的累加数列进行错位相减求得差数列：

施工过程Ⅰ—Ⅱ

```
      2     5     7     8
  −         3     5     9     11
  ──────────────────────────────
      2     2     2    −1    −11
```

相减结果为 2，2，2，−1，−11。(舍弃负数)取最大值得流水步距 $K_{Ⅰ-Ⅱ} = 2$。

施工过程Ⅱ—Ⅲ

```
      3     5     9     11
  −         3     7     9     11
  ──────────────────────────────
      3     2    −2    2,    −11
```

(舍弃负数)取最大值得流水步距 $K_{Ⅱ-Ⅲ} = 3$。

在差数列中取最大值分别求得流水步距(如上所求):

施工过程Ⅰ、Ⅱ的流水步距:$K_{I-II} = \max\{2, 2, 2, -1, -11\} = 2(d)$

施工过程Ⅱ、Ⅲ的流水步距:$K_{II-III} = \max\{3, 2, 2, 2, -11\} = 3(d)$

计算工期并绘制横道图:

$$T = \sum K + \sum t_n + \sum t_{j,i} + \sum t_{z,i} - \sum t_{d,i}$$
$$= (2+3) + (3+4+2+2) + 0 + 0 - 0$$
$$= 16(d)$$

无节奏流水施工横道图如图 2-16 所示。

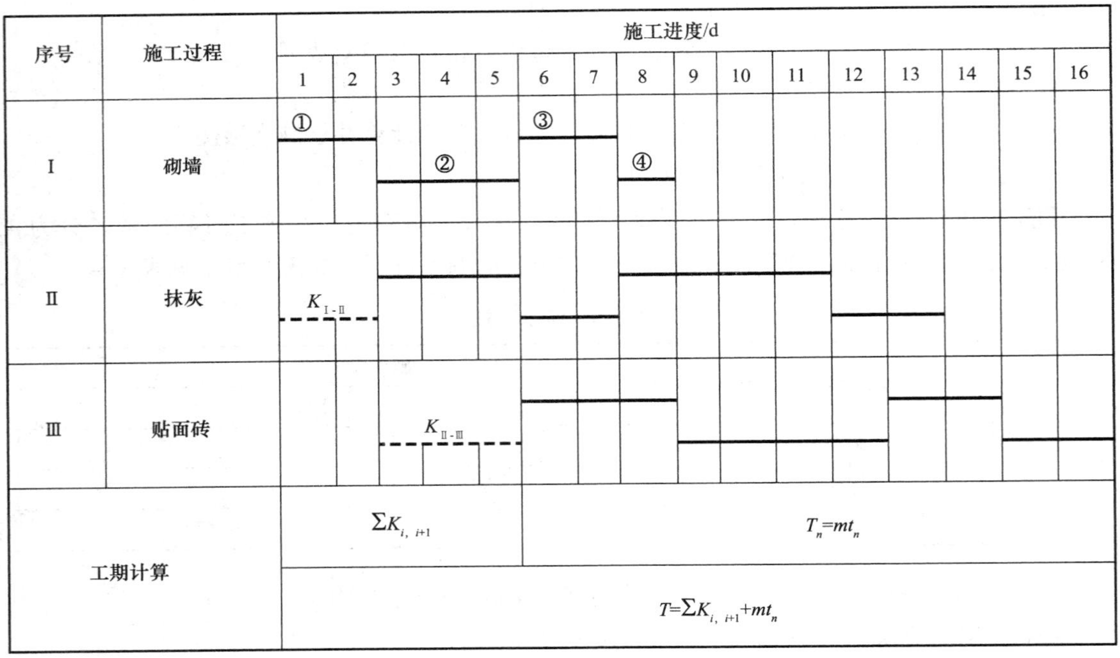

序号	施工过程	施工进度/d															
		1	2	3	4	5	6	7	8	9	10	11	12	13	14	15	16
Ⅰ	砌墙	①			②		③		④								
Ⅱ	抹灰	K_{I-II}															
Ⅲ	贴面砖				K_{II-III}												
工期计算		$\sum K_{i,\ i+1}$					$T_n = mt_n$										
						$T = \sum K_{i,\ i+1} + mt_n$											

图 2-16　无节奏流水施工横道图

2.4　横道图计划

■ 2.4.1　横道图的基本原理 ···

横道图又称甘特图,也称为条状图,它是在 1917 年由亨利·甘特发明的,并以甘特先生的名字命名,能以图示的方式通过活动列表和时间刻度形象地表示出任何特定项目的活动顺序与持续时间。其内在思想简单,基本是一条横道线,横轴表示时间,纵轴表示工程项目,横道线表示在整个施工期间计划和实际的活动完成情况。横道图直观地表明任务计划确切时间,以及实际进展与计划要求的对比。由于横道图形象简单,所示适合在简单项目进度管理中应用。

横道图具有简单、醒目和便于编制等特点，在企业管理工作中被广泛应用。横道图的优点：图形简单，通用技术，易于理解，中小型项目一般不超过 30 项活动；有专业软件支持，不需要担心复杂计算和分析。

横道图的局限：横道图仅能反映项目管理的三个方面的约束（时间、成本和工程量），其中应用最广泛的是时间进度管理。

■ 2.4.2 横道图的基本形式

在横道图中，横轴方向表示时间，纵轴方向表示工作（施工过程、工序）的名称。图表内以线条、数字、文字代号等来表示计划（实际）所需时间、计划（实际）产量、计划（实际）开工或完工时间等。

横道图主要有两种表示流水施工进度计划的表达方式。

1. 水平指示图表

在流水施工水平指示的表达方式中，横坐标表示流水施工的持续时间；纵坐标表示开展流水施工的施工过程、专业工作队的名称、编号和数目；呈梯形分布的水平线段表示流水施工的开展情况。

2. 垂直指示图表

在流水施工垂直指示图表的表达方式中，横坐标表示流水施工的持续时间；纵坐标表示开展流水施工所划分的施工段编号；n 条斜线段表示各专业工作队或施工过程开展流水施工的情况。

■ 2.4.3 横道图表示进度计划的方法

在项目管理中，横道图主要是用水平横道线表示项目中各项任务和活动所需要的时间，以便有效地控制项目进度。其是可以用于展示项目进度或者完成任务所需要的具体工作的最普遍的方法。

横道图是一个二维平面图，横向维度表示进度或活动时间，纵向维度表示工作内容，如图 2-17 所示。

图 2-17 中的横道线清晰显示每项工作的开始时间和结束时间，横道线的长度表示该项工作的持续时间。横道图的时间维决定着项目计划粗略的程度，根据项目计划的需要，可以小时、天、周、月、年等作为度量项目进度的时间单位。

横道图最大的优势是容易理解和改变，能够一目了然地看出工作什么时间开始，什么时间结束。横道图是表述项目进度的最简单方式，而且容易显示其提前或者滞后的具体因素。在项目控制过程中，它可以清楚地显示活动的进度是否落后于计划，如果落后于计划能明确落后于计划的时间节点。

但是，横道图只能对整个项目或者把项目作为系统来看的一个粗略简单的描述。其存在三个缺陷：第一，虽然它可以被用来方便地表述项目活动的进度，但是却不能表示出这些活动之间的相互关系，因此也不能表示活动的逻辑关系；第二，不能表示活动如果较早开始或者较晚开始而带来的结果；第三，无法显示项目活动执行过程中的不确定性，因此没有敏感性分析。这些缺陷严重制约了横道图的进一步应用，因此横道图一般只适用于比较简单的小型项目。

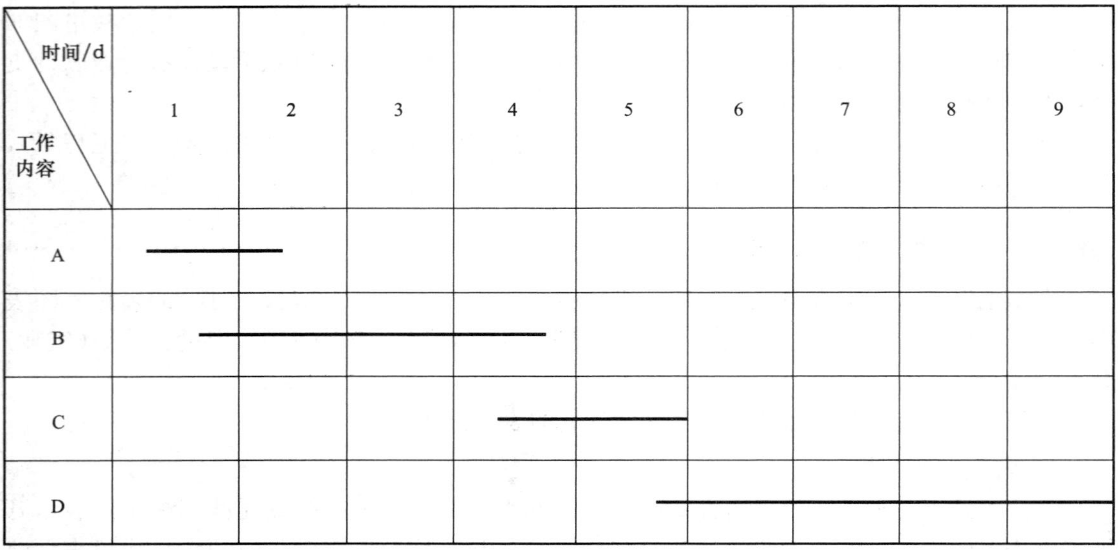

时间/d
工作内容
1
2
3
4
5
6
7
8
9
A
B
C
D

图 2-17　项目进度横道图

在实际工程项目管理中，可将网络图与横道图相结合，使横道图应用得到了不断的改进和完善。除了传统横道图以外，还有带有时差的横道图。

网络计划中，在不影响工期的前提下，某些工作的开始和完成时间并不是唯一的，往往有一定的机动时间，即时差。这种时差在传统的横道图中并未表达，而在改进后的横道图中可以表达出来，如图 2-18 所示。

时间/d
工作内容
1
2
3
4
5
6
7
8
9
10
11
A
B
C
D
工作进度
工作进度时差

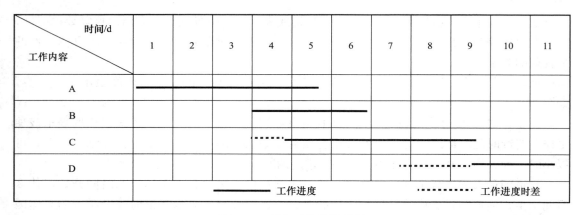

图 2-18　带有时差的横道图

复习思考题

一、思考题

1. 组织施工有哪几种方式？各自有哪些特点？
2. 组织流水施工的要点和条件有哪些？
3. 流水施工中，主要参数有哪些？试分别叙述它们的含义。

4. 施工段划分的基本要求是什么？如何正确划分施工段？

5. 流水施工的时间参数如何确定？

6. 流水节拍的确定应考虑哪些因素？

7. 流水施工的基本方式有哪几种，各有什么特点？

8. 如何组织全等节拍流水？如何组织成倍节拍流水？

9. 什么是无节奏流水施工？如何确定其流水步距？

二、单选题

1. 下列叙述中，不属于顺序施工特点的是( )。

A. 工作面不能充分利用

B. 专业队组不能连续作业

C. 施工工期长

D. 资源投入量大，现场临时设施增加

2. 当某项工程参与流水的专业队数为5个时，流水步距的总数为( )个。

A. 3   B. 4   C. 5   D. 6

3. 某基础工程由挖基槽、浇垫层、砌砖基础、回填土4个施工过程组成，在5个施工段组织全等节拍流水施工，流水节拍为4 d，要求砖基础砌筑2 d后才能进行回填土，该工程的流水工期为( )d。

A. 24   B. 26   C. 28   D. 34

4. 某工程A、B、C各施工过程的流水节拍分别为$t_A=2$ d，$t_B=4$ d，$t_C=6$ d，若组织成倍流水，则C施工过程有( )个施工队参与施工。

A. 1   B. 2   C. 3   D. 4

5. A在各段上的流水节拍分别为3 d、2 d、4 d，B的节拍分别为3 d、3 d、2 d，C的节拍分别为2 d、2 d、4 d，则能保证各队连续作业时的最短流水工期为( )d。

A. 16   B. 20   C. 25   D. 30

三、多选题

1. 流水施工按节奏分类，包括( )。

A. 有节奏流水   B. 无节奏流水

C. 变节奏流水   D. 综合流水

E. 细部流水

2. 组织流水施工时，划分施工段的主要目的是( )。

A. 可增加更多的专业队

B. 保证各专业队有自己的工作面

C. 保证流水的实现

D. 缩短施工工艺与组织间歇时间

E. 充分利用工作面、避免窝工，有利于缩短工期

3. 划分施工段时应考虑的主要问题有( )。

A. 各段工程量大致相等   B. 分段大小应满足生产作业要求

C. 段数越多越好   D. 有利于结构的完整性

E. 能组织等节奏流水

4. 下列不属于等节奏流水施工基本特征的是(　　)。

A. 流水节拍不等但流水步距相等　　　B. 流水节拍相等但流水步距不等

C. 流水步距相等且大于流水节拍　　　D. 流水步距相等且小于流水节拍

E. 流水步距相等且等于流水节拍

5. 无节奏流水施工的特征是(　　)。

A. 相邻施工过程的流水步距不尽相等

B. 各施工过程在各施工段的流水节拍不尽相等

C. 各施工过程在各施工段的流水节拍全相等

D. 专业施工队数等于施工过程数

E. 专业施工队数不等于施工过程数

四、计算题

1. 某工程有 A、B、C 三个施工过程，每个施工过程均划分为四个施工段，设 $t_A = 2$ d，$t_B = 4$ 天，$t_C = 3$ d。试分别计算依次施工、平行施工及流水施工的工期，并绘出各自的施工进度计划。

2. 已知某工程任务划分为 A、B、C、D、E 五个施工过程，分五段组织流水施工，流水节拍均为 4 d，在 B 施工过程结束后有 2 d 的技术与组织间歇时间，试计算其工期并绘制进度计划。

3. 某工程项目由 Ⅰ、Ⅱ、Ⅲ 三个分项工程组成，它划分为六个施工段。各分项工程在各个施工段上的持续时间依次为：4 d、2 d 和 4 d，试编制成倍节拍流水施工方案。

4. 某地下工程由挖基槽、做垫层、砌基础和回填土四个分项工程组成，它在平面上划分为六个施工段。各分项工程在各个施工段上的流水节拍依次为：挖基槽 6 d，做垫层 2 d，砌基础 4 d，回填土 2 d。做垫层完成后，其相应施工段至少应有技术间歇时间 2 d。为了加快流水施工速度，试编制工期最短的流水施工方案。

5. 某施工项目由 Ⅰ、Ⅱ、Ⅲ、Ⅳ 四个施工过程组成，它在平面上划分为 6 个施工段。各施工过程在各个施工段上的持续时间依次为：6 d、4 d、4 d 和 2 d，施工过程完成后，其相应施工段至少应有组织间歇时间 1 d。试编制工期最短的流水施工方案。

6. 某现浇钢筋混凝土工程由支模板、绑钢筋、浇筑混凝土、拆模板和回填土 5 个分项工程组成，它在平面上划分为六个施工段。各分项工程在各个施工段上的施工持续时间见表 2-5。在混凝土浇筑后至拆模板必须有 2 d 养护时间。试编制该工程流水施工方案。

7. 某施工项目由 Ⅰ、Ⅱ、Ⅲ、Ⅳ 四个分项工程组成，它在平面上划分为六个施工段。各分项工程在各个施工段上的持续时间见表 2-6。分项工程Ⅱ完成后，其相应施工段至少有技术间歇时间 2 d；分项工程Ⅲ完成后，它的相应施工段至少应有组织间歇时间 1 d。试编制该工程流水施工方案。

8. 某项目经理部拟承建一工程，该工程包括 Ⅰ、Ⅱ、Ⅲ、Ⅳ、Ⅴ 五个施工过程。施工时在平面上划分为四个施工段，每个施工过程在各个施工段上的流水节拍见表 2-7。规定施工过程Ⅱ完成后，其相应施工段至少要养护 2 d；施工过程Ⅳ完成后，其相应施工段要留有 1 d 的准备时间，为了尽早完成，允许施工过程Ⅰ与Ⅱ之间搭接施工 1 d。试编制该工程流水施工方案。

表 2-5 某现浇钢筋混凝土工程施工持续时间表

分项工程名称	持续时间/d					
	①	②	③	④	⑤	⑥
支模板	2	2	3	3	2	3
绑钢筋	3	3	4	4	3	3
浇筑混凝土	2	1	2	2	2	2
拆模板	1	1	2	1	2	1
回填土	3	2	3	2	2	2

表 2-6 某施工项目施工持续时间表

分项工程名称	持续时间/d					
	①	②	③	④	⑤	⑥
I	3	2	2	3	3	3
II	2	3	2	4	3	2
III	4	4	2	2	4	2
IV	3	2	4	3	3	3

表 2-7 某工程施工过程流水节拍参数表

流水节拍/d		施工过程				
		I	II	III	IV	V
施工段		3	1	2	3	4
		2	1	4	2	4
		2	2	4	3	2
		4	4	3	2	1

9. 某单层建筑分为四个施工段,有 3 个专业队进行流水施工,他们在各段上的流水节拍见表 2-8。要求甲队施工后须间歇至少 2 d 乙队才能施工。试按分别流水法组织施工并绘制流水施工进度表,要求保证各队连续作业。

表 2-8 各作业队在各段上的流水节拍   d

施工过程＼施工段	第一段	第二段	第三段	第四段
甲队	2	3	3	3
乙队	3	2	2	2
丙队	2	3	2	2

10. 试组织某三层房屋由 I、II、III、IV 四个施工过程组成的分项工程流水作业。流水节拍分别为 9 d、3 d、6 d、6 d。已知 I-II 和 III-IV 施工过程之间有技术间歇时间各为 1 d,层间技术间歇时间为 2 d,试确定流水步距、工作队数、施工段数、总工期,并绘制流水施工横道计划图。

11. 试根据表 2-9 所列数据，计算：

(1)各相邻施工过程之间的流水步距。

(2)总工期，并绘制流水施工进度计划图。

表 2-9　工期表　　　　　　　　　　　　d

施工过程＼施工段	I	II	III	IV
A	3	4	2	2
B	2	2	3	1
C	5	6	1	3
D	4	5	2	5

第3章　网络计划技术

3.1　概述

网络计划技术是一种有效的系统分析和优化技术，它来源于工程技术和管理实践，广泛地应用于军事、航天和工程管理、科学研究等领域，并在保证工期、降低成本、提高效率等方面取得了显著的成效。除国防科研领域外，我国引进和应用网络计划理论在工程建设领域应用最早，并且进行了有组织的推广、总结和研究。

■ 3.1.1　网络计划由来 ··

20世纪50年代，在美国相继研究并使用了两种进度计划管理方法，即关键线路法和计划评审技术。我国从20世纪60年代中期，在华罗庚教授倡导下，开始应用网络计划技术，1992年颁布《工程网络计划技术规程》(JGJ/T 1001—1991)，又于2015年重新修订和颁布了《工程网络计划技术规程》(JGJ/T 121—2015)。该规程的重新修订和颁布，使得工程网络技术在计划编制和控制管理的实际应用中有了一个可以遵循的、统一的技术标准。

网络计划技术的优点如下：能全面而明确地反映出各工序之间相互制约和相互联系的关系，清楚地表明施工计划是否合理。网络计划可以通过时间参数计算，能够在工作繁多、错综复杂的计划中，找出影响工程进度的关键工作，便于管理人员集中精力抓住施工中的主要矛盾，确保工程按期竣工。能够利用网络计划反映出各工作机动时间，更好地进行运用和调配人力与设备，节约人力、物力，达到降低成本的目的。通过对计划的优劣比较，在若干可行性方案中选择最优方案。网络计划执行过程中，通过时间参数计算预先明确各工作提前或推迟对整个计划的影响程度，管理人员可采取技术和组织措施对计划进行有效的控制和监督，利用计算机进行时间参数的计算和优化、调整，从而加强工程施工管理。网络计划的缺点是从图上很难清晰地看出流水作业的情况，也难以根据一般网络图算出人力及资源需要量的变化情况。

网络计划的基本原理：首先，利用网络图的形式表达一项工程计划方案中各项工作之间的相互关系和先后顺序关系；其次，通过计算找出影响工期的关键工序和关键线路；再次，通过不断调整网络计划，寻求最优方案并付诸实施；最后，在计划实施过程中采取有效措施对其进行控制，以合理使用资源，高效、优质、低耗地完成预定任务。随着科学技术的迅猛发展、管理水平的不断提高，网络计划技术也在不断发展，最近十几年欧美一些国家大力开展研究能够反映各种搭接关系的新型网络计划技术，取得了许多成果。搭接网络计划技术可以大大简化图形和计算工作，特别适用于庞大而复杂的计划。

国际上，工程网络计划有很多名称，如 CPM、PERT、CPA、MPM 等。工程网络计划的类型有如下四种划分方法。

1. 按工作持续时间特点划分

(1)肯定型问题的网络计划；

(2)非肯定型问题的网络计划；

(3)随机网络计划。

2. 按工作和事件在网络图中的表示方法划分

(1)事件网络：以节点表示事件的网络计划；

(2)工作网络。

1)以箭线和两个节点表示工作的网络计划称为双代号网络计划；

2)以单个节点表示工作的网络计划称为单代号网络计划。

3. 按有无时间坐标划分

(1)时标网络计划：带时间坐标的网络计划。

(2)非时标网络计划：不以时间坐标为尺度绘制的网络计划。

4. 按工作衔接特点划分

(1)普通网络计划：工作间关系按首尾衔接关系绘制，如单代号、双代号网络计划。

(2)搭接网络计划：按照各种规定的搭接时距绘制。

(3)流水网络计划：充分反映流水施工的特点。

3.2　双代号网络计划

以箭线(工作)及其两端节点的编号表示工作的网络图称为双代号网络图。在双代号网络图中，箭线和两个节点代表工作(工序、活动或施工过程)，通常将工作名称写在箭线的上边(或左侧)，将工作的持续时间写在箭线的下边(或右侧)，在箭线前后的衔接处画上用圆圈表示的节点并编上号码，同时，以节点编号 i 和 j 来代表一项工作名称。用上述方法将计划中的全部工作根据它们的先后顺序和相互关系从左到右绘制而成的网状图形，表示的计划叫作双代号网络计划，如图 3-1 所示。

图 3-1　双代号网络图中工作的表示方法

■ 3.2.1 双代号网络图的组成 ··

双代号网络图是由箭线（工作）、节点（事件）和线路三要素组成，其含义和特性如下：

（1）箭线（工作）。双代号网络图中，从箭尾到箭头表示这一工作的过程，其长度一般不按比例绘制，它的长度及方向原则上可以是任意的。箭线表达的内容有以下几个方面：

1）一条箭线表示一项工作或一个施工过程。根据网络计划的性质和作用的不同，工作既可以是一个简单的施工过程，如绑钢筋、浇混凝土、支模板等分项工程，或者基础工程、主体结构工程、装饰工程等分部工程，也可以是一项复杂的工程任务，如住宅楼、办公楼等单位工程，或者住宅小区、一所学校等单项工程。如何确定一项工作的范围取决于所绘制的网络计划的作用。

2）一条箭线表示一项工作所消耗的时间和资源（人工、材料）。工作通常可以分为两种，一种是需要时间和资源（如开挖土方、浇筑混凝土）或只消耗时间而不消耗资源（如混凝土的养护、油漆的干燥等，由于技术组织间歇所引起的"等待"时间）的工作，称为实工作；另一种是既不消耗时间也不消耗资源的工作，这意味着这项工作实际上并不存在，只是为了正确地表达工作之间的逻辑关系而设置，称为虚工作，用虚箭线表示。在双号网络图中，虚工作既可以将有逻辑关系的工作相连接，又可以将没有逻辑关系的工作断开。表 3-1 为网络图中常见的逻辑关系表达方法，其中第（3）栏为双代号网络图表达方法，第（4）栏为单代号网络图表示方法。表 3-1 中序号 5 双代号网络图逻辑关系表达中的虚工作，既连接工作 A和工作 D，又断开工作 B 和工作 C。

表 3-1　网络图中常见的逻辑关系表达方法

序号	逻辑关系	双代号表达方法	单代号表达方法
(1)	(2)	(3)	(4)
1	A 完成后进行 B，B 完成后进行 C		
2	A 完成后同时进行 B 和 C		
3	A 和 B 都完成后进行 C		
4	A 和 B 都完成后同时进行 C 和 D		
5	A 完成后进行 C，A 和 B 完成后进行 D		

序号	逻辑关系	双代号表达方法	单代号表达方法
6	H 的紧前工作为 A 和 B，M 的紧前工作为 B 和 C		
7	M 的紧后工作为 A、B 和 C，N 的紧后工作为 B、C 和 D		

3）无时间坐标的网络图中，箭线的长度不代表时间的长短，画图时原则上是任意的，但必须满足网络图的绘制规则。有时间坐标的网络图中，其箭线的长短表示该项工作持续时间长短。

4）箭线方向表示工作进行的方向，箭尾表示工作的开始，箭头表示工作的结束。

5）箭线可以画成直线、折线和斜线，但应以水平、垂直直线为主。

（2）节点（事件）。双代号网络图中箭线端部的圆圈或其他形状的封闭图形就是节点（事件）。它表示工作之间的逻辑关系，节点表达的内容有以下几个方面：

1）节点表示前面工作结束和后面工作开始的瞬间，所以节点不需要消耗时间和资源。

2）箭线的箭尾节点表示该工作的开始，箭线的箭头节点表示该工作的结束。

3）根据节点在网络图中的位置不同，可以分为起点节点、终点节点和中间节点三种。起点节点代表一项工程或任务的开始；终点节点代表一项工程或任务的完成；网络图中的其他节点称为中间节点，中间节点既是前项工作的箭头节点（结束节点），也是后项工作的箭尾节点（开始节点），如图 3-2 所示。

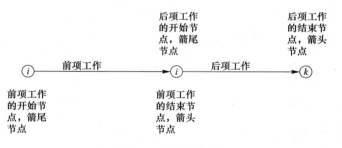

图 3-2 节点示意图

4）在网络图中，对一个节点来讲，可能有许多箭线指向该节点，这些箭线就称为"内向箭线"；同样也可能有许多箭线从同一节点发出，这些箭线就称为"外向箭线"。

5）网络图中的每个节点都有自己的编号，以便赋予每项工作以代号，便于网络图时间参数计算和检查网络图逻辑关系是否正确。节点编号原则上来说，只要不重复、不漏编，每根箭线的箭头节点编号大于箭尾节点的编号即可，即 $i<j$。但一般的编号方法是，网络图的第一个节点编号为1，其他节点编号按自然数从小到大依次连续水平或垂直编排，有时也采取不连续编号的方法以留出备用节点号。

(3)线路。网络图中从起点节点开始，沿箭头方向顺序通过一系列箭线和节点，最后到达终止节点的路线称为线路。一个网络图中从起点节点到终止节点，一般都存在多条线路，如图3-3中有4条线路，每条线路都包含若干项工作，这些工作的持续时间之和就是该线路的持续时间。持续时间最长的线路称为关键线路，位于关键线路上的工作称为关键工作，关键线路时间长短直接影响整个项目的计划工期。关键工作在网络图上通常用黑粗箭线、双箭线或彩色箭线表示。图3-3中线路①→②→④→⑤→⑥→⑦总的工作持续时间最长，即为关键线路，其余线路称为非关键线路。

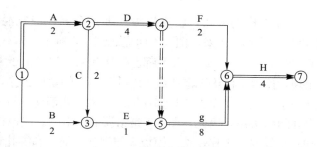

图3-3　双代号网络计划

网络图中可能出现几条关键线路，即这几条线路总的持续时间相等并且都等于最长时间。关键线路并不是一成不变的，在一定条件下，关键线路和非关键线路可以互相转化。例如，当采取技术组织措施，缩短关键工作的持续时间，或者延长非关键工作持续时间，则非关键线路有可能变为关键线路，关键工作有可能变为非关键工作。

非关键线路上的工作都有若干机动时间(即时差)，机动时间意味着该工作适当耽误一些时间但是不影响进度计划的工期。时差的意义就在于可以使非关键工作在时差允许范围内放慢施工进度，将部分人、财、物转移到关键工作上去，以加快关键工作的进程；或者在时差允许范围内改变开始和结束时间，以达到均衡施工的目的。

网络计划中，关键工作的比重往往不宜过大，网络计划越复杂，工作和节点就越多，关键工作所占比重越小，这样有利于集中精力抓住主要矛盾，保证顺利完成任务。

■ 3.2.2　双代号网络图的绘制

1. 双代号网络图的绘制规则

(1)正确表达各项工作之间的逻辑关系。在绘制网络图时，首先要清楚各项工作之间的逻辑关系，用网络形式正确表达出某一项工作必须在哪些工作完成后才能进行，这项工作完成后可以进行哪些工作，哪些工作应与该工作同时进行，绘出的图形必须保证任何一项工作的紧前工作、紧后工作不多不少。

为了说明虚工作的作用，现举例说明：某混凝土工程包括支模板、绑扎钢筋和浇混凝土三项施工过程，根据施工方案决定分三个施工段流水作业，试绘制其双代号网络进度计划。

首先考虑在每一个施工段上，支模板、绑扎钢筋和浇筑混凝土都应按工艺关系依次作业，逻辑关系表达如图3-4所示。

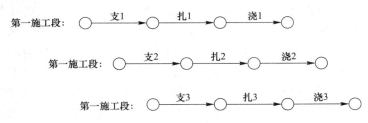

图3-4 各施工段工艺逻辑关系的双代号网络表达

再考虑通过增加竖向虚工作的方法，将支模板、绑扎钢筋、浇筑混凝土这三项施工过程在不同施工段上的组织关系连接起来，图3-4即变成图3-5所示的双代号网络图。

在图3-5中各项工作的工艺关系、组织关系都已连接起来。但是由于绑扎钢筋1与绑扎钢筋2之间的虚工作的出现，使得支模板3也变成了绑扎钢筋1的紧后工作，绑扎钢筋3与浇混凝土1的关系也是如此。事实上，支模板3与绑扎钢筋1和绑扎钢筋3与浇混凝土1之间既不存在工艺关系，也不存在组织关系，因此，图3-5是错误的网络图。应该在支模板2和绑扎钢筋2的后边再分别增加一个横向虚工作，将支模板3与绑扎钢筋1和绑扎钢筋3与浇混凝土1的连接断开，再将多余的竖向虚工作去掉，形成正确的网络图，如图3-6所示。

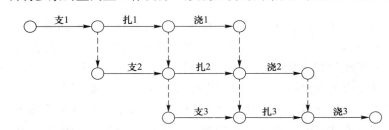

图3-5 某钢筋混凝土工程双代号施工网络图(逻辑关系表达有错误)

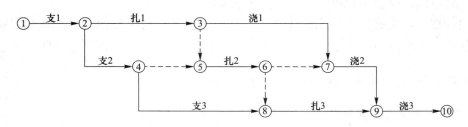

图3-6 某钢筋混凝土工程双代号施工网络图

(2)网络图中不允许出现循环回路。所谓循环回路是指从一个节点出发，顺箭线方向又回到原出发点的循环线路。如图3-7所示的网络图中，从节点②出发经过节点③和节点⑤又回到节点②，形成了循环回路，这在双代号网络图中是不允许的。

（3）在网络图中不允许出现带有双向箭头或无箭头的连线。如图 3-7 中，节点④到节点⑦或节点⑦到节点⑧的表示是不允许的。

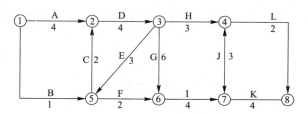

图 3-7　有循环回路和双箭头的网络图

（4）在网络图中不允许出现没有箭尾节点和没有箭头节点的箭线，如图 3-8 所示。

图 3-8　没有箭尾节点和没有箭头节点的箭线

(a)无箭尾节点的箭线(b)无箭头节点的箭线

（5）在双代号网络图中，一项工作只能有唯一的一条箭线和相应的两个节点编号，严禁在箭线上引入或引出箭线，如图 3-9 所示。

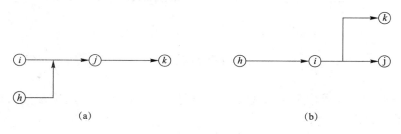

图 3-9　在箭线上引入和引出箭线

（6）在网络图中，一般只允许出现一个起点节点和一个终点节点（计划任务中有部分工作要分期进行的网络图或多目标网络图除外），如图 3-10 所示。

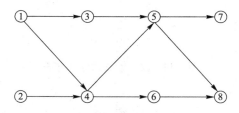

图 3-10　有多个起始节点和多个终止节点的网络图

（7）在网络图中，不允许出现同样代号的多项工作。如图 3-11(a)所示 A 和 B 两项工作有同样的代号，这是错误的表示方法。

如果两项工作所有紧前工作和所有紧后工作都一样，可采用增加虚箭线的方法来处理，如图 3-11(b)所示，这也是虚工作的又一个作用。

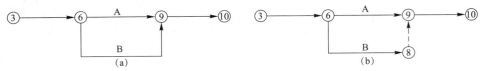

图 3-11　同样代号工作的处理方法
(a)错误；(b)正确

(8)在网络图中，当网络图的起点节点有多条外向箭线或终点节点有多条内向箭线时，为使图形简洁，可用母线法绘制。母线法是经过一条共同的垂直线段，将多条箭线引入或引出同一个节点，图形简洁的绘图方法，母线法的绘制如图 3-12 所示。该方法仅限于无紧前工作或无紧后工作的工作，其他工作不允许这样绘制。

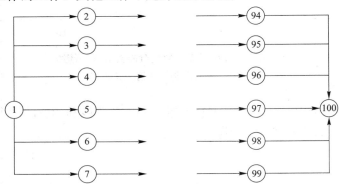

图 3-12　母线画法

(9)在网络图中，应尽量避免箭线交叉，当交叉不可避免时，可采取过桥法或断线法、指向法等表示，如图 3-13 所示。

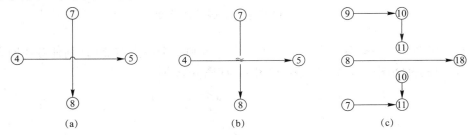

图 3-13　交叉箭线的处理方法

2. 网络图的逻辑关系

工作之间相互制约或依赖的关系称为逻辑关系，工作逻辑关系分为工艺逻辑关系和组织逻辑关系。

(1)工艺逻辑关系。工艺逻辑关系是指生产工艺上客观存在的先后顺序关系，或者是非生产性工作之间由工作程序决定的先后顺序关系。

例如，工程施工时，先做基础，后做主体；先做结构，后做装修。工艺关系是不能随意改变的。如图 3-14 所示，挖基槽 1→垫层 1→基础 1→回填土 1 为工艺关系。

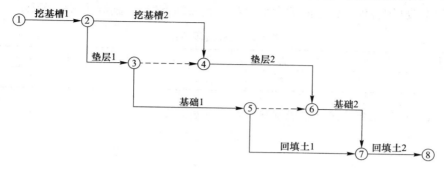

图 3-14　逻辑关系

(2)组织逻辑关系。组织逻辑关系是指在不违反工艺逻辑关系的前提下，人为安排工作先后顺序关系。例如，建筑项目中各个建筑物的开工顺序的先后、施工对象的分段流水作业等。组织顺序可以根据具体情况，按高效节约的原则统筹安排。如图 3-14 所示，挖基槽 1→挖基槽 2，垫层 1→垫层 2 等为组织逻辑关系。

3. 紧前工作、紧后工作和平行工作

(1)紧前工作。紧排在本工作之前的工作称为本工作的紧前工作。本工作和紧前工作之间可能有虚工作。图 3-14 中，挖基槽 1 是挖基槽 2 的组织关系上的紧前工作；垫层 1 和垫层 2 之间虽有虚工作，但垫层 1 是垫层 2 组织关系上的紧前工作。挖基槽 1 则是垫层 1 工艺关系上的紧前工作。

(2)紧后工作。紧排在本工作之后的工作称为本工作的紧后工作。本工作和紧后工作之间也可能有虚工作。图 3-14 中，垫层 2 是垫层 1 组织关系上的紧后工作，垫层 1 是挖基槽 1 工艺关系上的紧后工作。

(3)平行工作。工程施工时还经常出现可与本工作同时进行的工作称为平行工作，平行工作其箭线也要平行地绘制。图 3-14 中，挖基槽 2 是垫层 1 的平行工作。

紧前工作、紧后工作和平行工作的关系如图 3-15 所示。

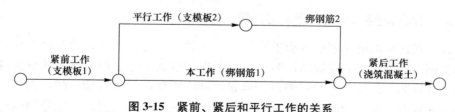

图 3-15　紧前、紧后和平行工作的关系

4. 双代号网络图绘制示例

网络图绘制过程是，先根据施工项目中各项工作之间的关系绘出草图，再根据各项工作的逻辑关系进行调整，最后绘制成型，并进行节点编号。绘制草图时，主要注意各项工作之间的逻辑关系的正确表达，要正确应用虚工作，使应该连接的工作一定要连接，不应该连接的工作一定要区分断开。初步绘出的网络图往往比较杂乱，节点、箭线的位置和形

式很难一次性排布合理，需要根据实际工作的逻辑关系进行整理，使节点和箭线的位置合理化，保证网络图逻辑条理清晰、图形美观。

【例 3-1】 已知各项工作之间的逻辑关系见表 3-2，试绘制其双代号网络图。

表 3-2　工作逻辑关系

工作	A	B	C	D	E	F
紧前工作	—	A	A	A	B, C, D	D

【解】 (1)根据双代号网络图绘制规则绘制草图，如图 3-16 所示。

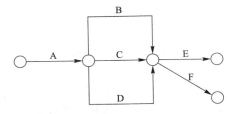

图 3-16　根据题意绘制的双代号网络图草图

(2)整理成条理清晰、布置合理、无箭线交叉、无多余虚工作和多余节点的双代号网络图，如图 3-17 所示。

(3)进行节点编号，如图 3-18 所示。

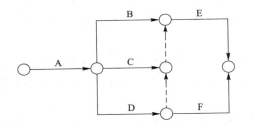

图 3-17　经整理后得出正确的双代号网络图

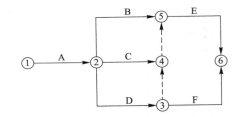

图 3-18　节点编号后的双代号网络图

3.2.3　双代号网络计划时间参数的计算 ·······················

通过计算双代号网络计划中各项工作的时间参数，确定网络计划的关键工作、关键线路和计算工期。通过确定关键线路，明确管理工作的重点，通过相关措施减少关键线路的时间，通过计算非关键线路上的时差，明确非关键线路存在多少机动时间，需向非关键线路要劳动力和资源，从而为网络计划的优化、调整和执行提供依据。双代号网络计划时间参数的计算方法很多，常用的有两种，即按工作计算法和按节点计算法进行计算。在计算方式上又有分析计算法、表上计算法、图上计算法、矩阵计算法和计算机计算法等。下面介绍常用的按工作计算法和按节点计算法。

1. 时间参数的概念及符号

(1)工作持续时间(D_{i-j})。工作持续时间是指一项工作从开始到完成的时间。在双代号网络计划中，工作 $i-j$ 的持续时间用 D_{i-j} 表示。

(2)工期(T)。工期泛指完成一项任务所需要的时间。在网络计划中，工期一般有以下三种。

1)计算工期(T_c)。计算工期是根据网络计划时间参数计算而得到的工期，用 T_c 表示。

2)要求工期(T_r)。要求工期是合同中所提出的指令性工期，用 T_r 表示。

3)计划工期(T_p)。计划工期是指根据要求工期和计算工期所确定的作为实施目标的工期，用 T_p 表示。

当已规定要求工期时，计划工期不应超过要求工期，见式(3-1)。

$$T_p \leqslant T_r \tag{3-1}$$

当未规定要求工期时，可令计划工期等于计算工期，见式(3-2)。

$$T_p = T_c \tag{3-2}$$

(3)网络计划节点的两个时间参数。

1)节点最早时间(ET_i)。节点最早时间是指在双代号网络计划中，以该节点为开始节点的各项工作的最早开始时间，节点 i 的最早时间用 ET_i 表示。

2)节点最迟时间(LT_i)。节点最迟时间是指在双代号网络计划中，以该节点为完成节点的各项工作的最迟完成时间，节点 i 的最迟时间用 LT_i 表示。

3)节点时间参数的标注形式，如图 3-19 所示。

(4)网络计划工作的六个时间参数。

1)最早开始时间(ES_{i-j})。工作的最早开始时间是指在其所有紧前工作全部完成后，本工作可能开始的最早时刻。工作 $i-j$ 的最早开始时间用 ES_{i-j} 表示。

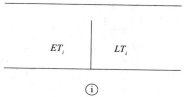

图 3-19　节点时间参数的标注方式

2)最早完成时间(EF_{i-j})。工作的最早完成时间是指在其所有紧前工作全部完成后，本工作可能完成的最早时刻。工作的最早完成时间等于本工作的最早开始时间与其持续时间之和，工作 $i-j$ 的最早完成时间用 EF_{i-j} 表示。

3)最迟开始时间(LS_{i-j})。工作的最迟开始时间是指在不影响整个项目按期完成的前提下，本工作必须开始的最迟时刻。工作的最迟开始时间等于本工作的最迟完成时间与其持续时间之差，工作 $i-j$ 的最迟开始时间用 LS_{i-j} 表示。

4)最迟完成时间(LF_{i-j})。工作的最迟完成时间是指在不影响整个项目按期完成的前提下，本工作必须完成的最迟时刻，工作 $i-j$ 的最迟完成时间用 LF_{i-j} 表示。

5)总时差(TF_{i-j})。工作的总时差是指在不影响总工期的前提下，本工作可以利用的机动时间。但是在网络计划的执行过程中，如果利用某项工作的总时差，则有可能使该工作后续工作的总时差减小。工作 $i-j$ 的总时差用 TF_{i-j} 表示。

6)自由时差(FF_{i-j})。工作的自由时差是指在不影响其紧后工作最早开始时间的前提下，本工作可以利用的机动时间。在网络计划的执行过程中，工作的自由时差是该工作可以自由机动的时间，工

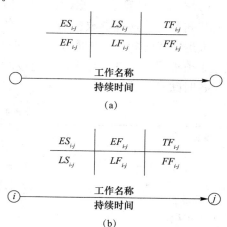

图 3-20　工作时间参数的标注方式

作 $i-j$ 的自由时差用 FF_{i-j} 表示。

7)工作时间参数标注方式。工作时间参数常用"六时标注法"表示,如图 3-20 所示。实际应用时,常选用图 3-20(a)表达方式。

(5)时间参数分类表。时间参数可分为节点时间参数、工作时间参数和线路时间参数等。以工作 $i-j$ 为例,各时间参数的表示符号及其含义见表 3-3。

表 3-3　时间参数分类表

类别	名称	符号	含义
节点时间参数	节点最早时间	ET_i	以该节点为开始节点的各项工作的最早开始时间
	节点最迟时间	LT_i	以该节点为开始节点的各项工作的最迟完成时间
工作时间参数	工作持续时间	D_{i-j}	一项工作从开始到完成的时间
	工作最早开始时间	ES_{i-j}	各紧前工作完成后本工作有可能的最早开始时间
	工作最早完成时间	EF_{i-j}	各紧前工作完成后本工作有可能的最早完成时间
	工作最迟开始时间	LS_{i-j}	在不影响整个任务按期完成的前提下,工作必须开始的最迟时刻
	工作最迟完成时间	LF_{i-j}	在不影响整个任务按期完成的前提下,工作必须完成的最迟时刻
	总时差	TF_{i-j}	在不影响总工期的前提下,本工作可以利用的机动时间
	自由时差	FF_{i-j}	在不影响紧后工作最早开始时间的前提下,本工作可以利用的机动时间
线路时间参数	线路时差	PF	非关键路线中可以利用的自由时差之和
	计算工期	T_C	根据时间参数计算所得到的工期
	要求工期	T_r	合同规定的项目工期
	计划工期	T_p	根据要求工期和计算工期所确定的作为实施目标的工期

2. 时间参数的计算

网络计划时间参数计算的目的在于通过计算网络计划上各项工作和节点的时间参数,为网络计划的执行、调整和优化提供必要的时间参数依据。双代号网络计划的时间参数既可以按照工作计算法,也可以按照节点计算法。

(1)按工作计算法。按工作计算法,就是以网络计划中的工作为对象,直接计算各项工作的时间参数。这些参数包括:工作的最早开始时间和最早完成时间、工作的最迟开始时间和最迟完成时间、工作的总时差和自由时差。此外,还应计算网络计划的计算工期。虚工作必须视同工作进行计算,其持续时间为零。

各时间参数的计算见表 3-4。

表 3-4　工作计算法时间参数

参数名称	计算公式	说明
工作最早开始时间 ES_{i-j}	$ES_{i-j}=0$	一般情况,起始工作 $i-j$ 的最早开始时间设置为零
	$ES_{i-j}=ES_{h-i}+D_{h-i}$	当 $i-j$ 工作只有一个紧前工作 $h-i$,$i-j$ 工作最早开始时间为紧前工作 $h-i$ 的最早开始时间加上 $h-i$ 工作所持续的时间
	$ES_{i-j}=\max\{ES_{h-i}+D_{h-i}\}$	当 $i-j$ 工作有多项紧前工作时,$i-j$ 工作最早开始时间应取各紧前工作最早开始时间与各紧前工作持续时间之和的最大值,称为从左到右取大值

参数名称	计算公式	说明
工作最早完成时间 EF_{i-j}	$EF_{i-j} = ES_{i-j} + D_{i-j}$	$i-j$ 工作按最早开始时间 ES_{i-j} 开始进行，经过持续时间 D_{i-j} 完成工作时所对应的时间就是 $i-j$ 工作的最早完成时间。
计算工期 T_C	$T_C = \max\{EF_{i-n}\}$	正常情况下项目的总计算工期取各最后完成工作最早完成时间的最大值
工作最迟完成时间 LF_{i-j}	$LF_{i-n} = T_p$	当未规定要求工期 T_p 时，一般选择计划工期等于计算工期，即 $T_p = T_C$，最后工作的最迟完成时间取值为：$LF_{i-n} = T_C = T_p$
	$LF_{i-j} = LF_{j-k} - D_{j-k}$	当 $i-j$ 工作仅有一个紧后工作 $j-k$ 时，其最迟完成时间取紧后工作最迟完成时间与紧后工作持续时间之差
	$LF_{i-j} = \min\{LF_{j-k} - D_{j-k}\}$	当 $i-j$ 工作仅有多个紧后工作 $j-k$ 时，其最迟完成时间取各紧后工作最迟完成时间与各紧后工作持续时间之差的最小值，称为从右到左取小值
工作最迟开始时间 LS_{i-j}	$LS_{i-j} = LF_{i-j} - D_{i-j}$	$i-j$ 工作最迟开始时间应等于 $i-j$ 工作的最迟完成时间减去 $i-j$ 工作持续时间

按工作法计算的标注方式如图 3-21 所示。

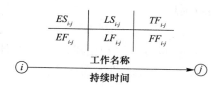

图 3-21　按工作计算法的标注方式

下面以图 3-22 所示双代号网络计划为例，进行网络计划时间参数的计算，计算结果如图 3-23 所示。

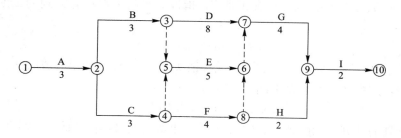

图 3-22　双代号网络计划图

1）工作最早开始时间和最早完成时间的计算。工作最早开始时间指各紧前工作全部完成后，本工作有可能开始的最早时刻。工作最早完成时间指各紧前工作全部完成后，本工作有可能完成的最早时刻。

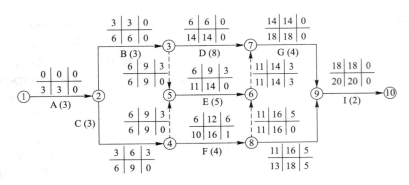

图 3-23　按工作计算法示例

工作最早时间计算时应从网络计划的起始节点开始，顺箭线方向依次进行计算，计算步骤如下：

①最早开始时间。以起点节点为开始节点（或称箭尾节点）的工作，其最早开始时间若未规定则为零，即

$$ES_{i-j}=0(i=1)$$

可见：

$$ES_{1-2}=0$$

②最早完成时间。工作 $i-j$ 的最早完成时间 EF_{i-j} 可利用式(3-3)进行计算：

$$EF_{i-j}=ES_{i-j}+D_{i-j} \tag{3-3}$$

式中　D_{i-j}——工作 $i-j$ 的持续时间。

可见：

$$EF_{1-2}=0+3=3。$$

③其他工作 $i-j$ 的最早开始时间 ES_{i-j} 可利用式(3-4)进行计算：

$$ES_{i-j}=\max\{ES_{h-i}+D_{h-i}\} \tag{3-4}$$

式中　ES_{h-i}——工作 $i-j$ 的紧前工作 $h-i$ 的最早开始时间；

　　　D_{h-i}——工作 $i-j$ 的紧前工作 $h-i$ 的持续时间。

以上求解工作最早开始时间的过程可以概括为"从左到右取大值"。

可见：

$$ES_{2-3}=ES_{2-4}=0+3=3$$

2)计算工期 T_C。网络计划的计算工期 T_C 指根据时间参数计算得到的工期，它应按式(3-5)计算：

$$T_C=\max\{EF_{i-n}\} \tag{3-5}$$

式中　EF_{i-n}——以终点节点为结束节点（或称箭头节点）工作的最早完成时间。

在本例中，网络计划的计算工期为

$$T_{C}=\max\{EF_{i-n}\}=\max\{EF_{9-10}\}=20$$

3)网络计划的计划工期的计算。网络计划的计划工期 T_p 指按要求工期 T_r 和计算工期 T_C 确定的作为实施目标的工期，其计算应按下述规定。

①当已规定要求工期时：

$$T_p\leqslant T_r \tag{3-6}$$

②当未规定要求工期时：

$$T_p=T_C \tag{3-7}$$

由于本例未规定要求工期，故其计划工期取计算工期，即

$$T_p = T_C = 20$$

4）工作最迟完成时间和最迟开始时间的计算。工作最迟完成时间指在不影响整个任务按期完成的前提下，本项工作必须完成的最迟时刻。工作最迟开始时间指在不影响整个任务按期完成的前提下，本项工作必须开始的最迟时刻。

工作 $i—j$ 的最迟完成时间 $LF_{i—j}$ 和最迟开始时间 $LS_{i—j}$ 应从网络计划的终点节点开始，逆着箭线方向依次逐项计算。

①计算工作最迟完成时间。以终点节点（$j=n$）为结束节点（箭头节点）的工作的最迟完成时间 $LF_{i—j}$，应按网络计划的计划工期 T_p 确定，即

$$LF_{i—n} = T_p \tag{3-8}$$

可见：

$$EF_{9—10} = LF_{9—10} = 20$$

②计算工作的最迟开始时间。工作的最迟开始时间可利用式（3-9）进行计算：

$$LS_{i—j} = LF_{i—j} - D_{i—j} \tag{3-9}$$

可见：

$$LS_{9—10} = LF_{9—10} - D_{9—10} = 20 - 2 = 18$$

③其他工作 $i—j$ 的最迟完成时间可利用式（3-10）进行计算：

$$LF_{i—j} = \min\{LS_{j—k}\} = \min\{LF_{j—k} - D_{j—k}\} \tag{3-10}$$

式中 $LS_{j—k}$——工作 $i—j$ 的紧后工作 $j—k$ 的最迟开始时间；

       $LF_{i—j}$——工作 $i—j$ 的紧后工作 $j—k$ 的最迟完成时间；

       $D_{j—k}$——工作 $i—j$ 的紧后工作 $j—k$ 的持续时间。

以上求解工作最迟完成时间的过程可以概括为"从右向左取小值"。

可见：

$$LF_{1—2} = \min\{LF_{2—3} - D_{2—3}, \ LF_{2—4} - D_{2—4}\} = \min\{6 - 3 = 3, \ 9 - 3 = 6\} = 3$$

5）工作总时差的计算。工作总时差是指在不影响总工期的前提下，本工作可以利用的机动时间。工作 $i—j$ 的总时差 $TF_{j—k}$ 按式（3-11）或式（3-12）计算：

$$TF_{i—j} = LS_{i—j} - ES_{i—j} \tag{3-11}$$

或

$$TF_{i—j} = LF_{i—j} - EF_{i—j} \tag{3-12}$$

以上求解工作总时差的过程，可以概括为"迟早相减，所得之差"。

例如，$TF_{9—10} = LS_{9—10} - ES_{9—10} = 18 - 18 = 0$ 或 $TF_{9—10} = LF_{9—10} - EF_{9—10} = 20 - 20 = 0$

6）工作自由时差的计算。工作自由时差是指在不影响其紧后工作最早开始时间的前提下，本工作可以利用的机动时间，工作 $i—j$ 的自由时差 $FF_{i—j}$ 的计算应符合下列规定。

①当工作 $i—j$ 有紧后工作 $j—k$ 时，其自由时差应为

$$FF_{i—j} = ES_{j—k} - EF_{i—j} = ES_{j—k} - ES_{i—j} - D_{i—j} \tag{3-13}$$

可见：

$$FF_{1—2} = ES_{2—3} - EF_{1—2} = 3 - 3 = 0$$

②以终点节点（$j=n$）为箭头节点的工作，其自由时差应按网络计划的计划工期 T_p 确定，即：

$$FF_{i—n} = T_p - EF_{i—n} = T_p - ES_{i—n} - D_{i—n} \tag{3-14}$$

可见：

$$FF_{9—10} = T_p - EF_{9—10} = 20 - 20 = 0$$

需要说明的是，在网络计划中以终点节点为箭头节点的工作，其自由时差与总时差一

定相等。此外，当工作的总时差为零时，其自由时差一定为零。

7)关键工作和关键线路的确定。在网络计划中，总时差最小的工作为关键工作。当无规定工期时，$T_C = T_p$，最小总时差为零；当 $T_C > T_p$ 时。最小总时差为负数；当 $T_C < T_p$ 时，最小总时差为正数。

例题中，$T_C = T_p$，工作 1—2、工作 2—3、工作 3—7、工作 7—9、工作 9—10 的总时差均为零，故它们都是关键工作。

自始至终全部由关键工作组成的线路为关键线路。一般用粗线、双线或彩线标注。在关键线路上可能有虚工作存在。

例题中，①→②→③→⑦→⑨→⑩线路即为关键线路。

(2)按节点计算法。所谓按节点计算法，就是先计算网络计划中各个节点的最早时间和最迟时间，然后再计算各项工作的时间参数和网络计划的计算工期。具体时间参数计算见表 3-5。

表 3-5 节点计算法时间参数

参数名称		计算公式	说明
节点最早开始时间 ET_i	起始节点 ET_i	$ET_i = 0$	正常情况，起始节点最早时间取零
	其他节点 ET_j	$ET_j = ET_i + D_{i-j}$	当节点 j 仅有一项紧前工作时，取节点 j 紧前节点的最早时间与该工作持续时间之和
		$ET_j = \max\{ET_i + D_{i-j}\}$	当节点 j 有多项紧前工作时，等于所有紧前节点最早时间与由紧前节点到达本节点之间工作的持续时间之和最大值
计算工期 T_C	T_C	$T_C = ET_n$	终止节点 n 的最早时间为计算工期
节点最迟时间 LT_i	终点节点 LT_m	$LT_n = T_C$	终点节点的最迟时间取网络计划的计算工期 T_C
	其他节点 LT_i	$LT_i = LT_j - D_{i-j}$	当节点 i 仅有一项紧后工作，节点 i 的最迟时间 LT_i 为紧后节点的最迟时间与该工作持续时间之差
		$LT_i = \min\{LT_j - D_{i-j}\}$	当节点 i 有多项紧后工作时，等于所有紧后节点最迟时间与由紧前节点到达本节点之间工作的持续时间之差最小值
工作最早开始时间 ES_{i-j}		$ES_{i-j} = ET_i$	工作最早开始时间 ES_{i-j} 等于该工作开始节点的最早时间 ET_i
工作最早完成时间 EF_{i-j}		$EF_{i-j} = ES_{i-j} + D_{i-j} = ET_i + D_{i-j}$	工作最早完成时间工作等于本工作最早开始时间加上本工作持续时间
工作最迟完成时间 LF_{i-j}		$LF_{i-j} = LT_j$	工作最迟完成时间等于该工作终止节点的最迟时间
工作最迟开始时间 LS_{i-j}		$LS_{i-j} = LF_{i-j} - D_{i-j} = LT_j - D_{i-j}$	工作最迟开始时间等于本工作结束节点的最迟时间减去本工作的持续时间

按节点法计算的标注方式如图 3-24 所示。

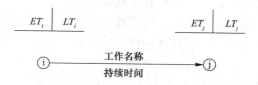

图 3-24　节点法计算的表示方式

双代号网络计划进行节点时间参数计算，计算结果如图 3-25 所示。

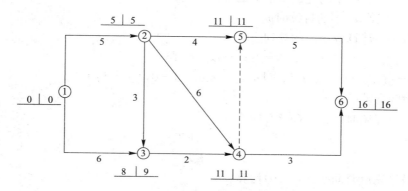

图 3-25　按节点计算法示例

1)节点最早时间的计算。

计算程序：自起始节点开始，顺着箭线方向，用累加的方法计算到终止节点。

节点最早时间的计算步骤如下。

①节点 i 的最早时间 ET_i 应从网络计划的起始节点开始，顺着箭线的方向依次逐项计算。

②起点节点①如未规定最早时间 ET_i 时，其值应等于零，即

$$ET_1=0$$

③其他节点的最早时间应按式(3-15)进行计算：

$$ET_j=\max\{ET_i+D_{i-j}\} \tag{3-15}$$

式中　ET_j——工作 i—j 的结束节点 j 的最早时间；

　　　ET_i——工作 i—j 的开始节点 i 的最早时间；

　　　D_{i-j}——工作 i—j 的持续时间。

节点②有一个紧前工作，因此：$ET_2=ET_1+D_{1-2}=0+5=5$。

节点③有两个紧前工作，采取从左向右取大值的规律。因此：

$ET_3=\max\{ET_1+D_{1-3}, ET_2+D_{2-3}\}=\max\{0+6, 5+3\}=8$

④网络计划的计算工期 T_C 应按式(3-16)计算：

$$T_C=ET_n \tag{3-16}$$

式中　ET_n——终止节点 n 的最早时间。网络计划的终止节点的最迟时间等于计算工期，
　　　　因此：$T_C=ET_6=16$。

2）节点最迟时间的计算。节点最迟时间是指双代号网络计划中，以该节点为完成节点的各项工作的最迟完成时间，其计算应符合下列规定：

①自终止节点开始，逆着箭线方向，用累减的方法计算到起始 $LT_n = T_C$ 节点。

②终点节点 n 的最迟时间 LT_n 应按网络计划的计划工期 T_C 确定，即

$$T_C = 16 \tag{3-17}$$

③其他节点的最迟时间应按式(3-18)进行计算：

$$LT_i = \min\{LT_j - D_{i-j}\} \tag{3-18}$$

式中　LT_i——工作 i—j 的开始节点 i 的最迟时间；

　　　LT_j——工作 i—j 的完成节点 j 的最迟时间；

　　　D_{i-j}——工作 i—j 的持续时间。

采取从右向左计算取小值的规律。

$$LT_5 = LT_6 - D_{5-6} = 16 - 5 = 11$$

$$LT_4 = \min\{LT_5 - D_{4-5}, \ LT_6 - D_{4-6}\} = \min\{11 - 0, \ 16 - 3\} = 11$$

3）工作时间参数的计算。

①工作最早开始时间按式(3-19)计算：

$$ES_{i-j} = ET_i \tag{3-19}$$

$$ES_{2-5} = ET_2 = 5$$

②工作最早完成时间按式(3-20)计算：

$$EF_{i-j} = ET_i + D_{i-j} \tag{3-20}$$

$$EF_{2-5} = ET_2 + D_{2-5} = 5 + 4 = 9$$

③工作最迟完成时间按式(3-21)计算：

$$LF_{i-j} = LT_j \tag{3-21}$$

$$LF_{2-5} = LT_5 = 11$$

④工作最迟开始时间按式(3-22)计算：

$$LS_{i-j} = LT_j - D_{i-j}$$

$$LS_{2-5} = LT_5 - D_{2-5} = 11 - 4 = 7 \tag{3-22}$$

⑤工作总时差按式(3-23)计算：

$$TF_{i-j} = LF_{i-j} - EF_{i-j} = LT_j - (ET_i + D_{i-j}) = LT_j - ET_i - D_{i-j} \tag{3-23}$$

$$TF_{3-4} = LT_4 - ET_3 - D_{3-4} = 11 - 8 - 2 = 1$$

⑥工作自由时差按式(3-24)计算：

$$FF_{i-j} = ES_{j-k} - ES_{i-j} - D_{i-j} = ET_j - ET_i - D_{i-j} \tag{3-24}$$

$$FF_{3-4} = ET_4 - ET_3 - D_{3-4} = 11 - 8 - 2 = 1$$

（4）关键工作和关键线路的确定。在网络图中，当计划工期等于计算工期时，总时差为0的工作为关键工作；由关键工作组成的线路为关键线路。例题中①—②、②—④、④—⑤、⑤—⑥为关键工作；线路①→②→④→⑤→⑥为关键线路。

■ **3.2.4　双代号时标网络计划** ···

1. 双代号时标网络计划的含义

双代号时标网络计划是以时间坐标为尺度编制的网络计划，实工作以实箭线表示，

自由时差以波形线表示，虚工作以虚箭线表示。双代号时标网络计划把横道进度计划的直观、形象等优点融合到网络进度计划中，可以在网络图上直接分析各类时间参数，确定关键线路，方便进行相关资源量的计算，是工程施工中应用广泛的进度计划表达方式。

双代号时标网络计划由带时间坐标的计划表和双代号网络图两部分组成。在时标计划表顶部或下部可单独或同时加注时标，时标单位可根据网络计划的具体需要确定为时、天、周、月或季等。

2. 双代号时标网络计划的特点

(1)工作箭线的水平投影长度代表工作的持续时间。

(2)可直接显示各工作的部分时间参数，绘图时可以不进行计算。

(3)由于箭线的长短受时标限制，绘图比较麻烦，需要多次修改后重新绘图。

(4)可以直接在时标网络图的下方绘出资源动态曲线，便于计划的分析和控制。

3. 双代号时标网络计划的绘制

绘制时标网络计划时，通常采用标号法来确定节点的标号值(即坐标或位置)和确定关键线路及工期，确保能够快速、正确地完成时标网络图的绘制。

时标网络计划一般按工作的最早开始时间绘制(称为早时标网络计划)。其绘制方法有间接绘制法和直接绘制法两种。

(1)间接绘制法。间接绘制法是先计算网络计划的时间参数，再根据时间参数在时间坐标上进行绘制的方法。其绘制步骤和方法如下：

第一步，先绘制双代号网络图，计算节点的最早时间参数，确定关键工作及关键线路。

第二步，根据需要确定时间单位并绘制时标横轴。

第三步，根据节点的最早时间确定各节点的位置。

第四步，依次在各节点间绘出箭线及时差。绘制时先画关键工作，再画非关键工作，如实箭线长度不足以达到工作的完成节点时，用波形线补足，箭头画在波形线与节点连接处。

第五步，虚工作不占用时间，因此虚工作必须以垂直方向的虚箭线表示，如果虚箭线两端的节点在水平方向上有距离，则用波形线作为其水平连线。

根据上述原则，将图 3-26 所示的双代号网络图按照最早时间绘制成如图 3-27 所示的双代号时标网络计划。

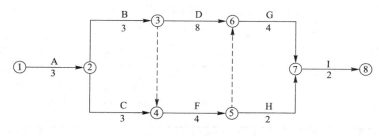

图 3-26　双代号网络图

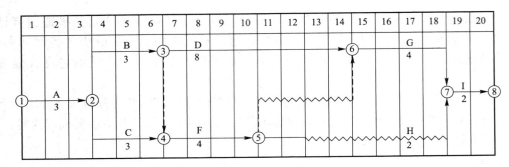

图 3-27 双代号时标网络计划

(2)直接绘制法。直接绘制法是不计算网络计划的时间参数，直接在时间坐标上进行绘制的方法。其绘制步骤和方法如下：

1)将网络计划的起始节点定位在时标图表的开始时刻。

2)按工作时间的长短，在时标图上绘制工作箭线。

3)工作的开始节点必须在该工作的全部紧前工作都画出后，定位在这些紧前工作最晚完成的时间刻度上，某项工作的箭线长度不足以达到其完成节点时，用波形线补足，箭头画在波形线与节点连接处。

4)网络计划的终止节点是在无紧后工作的工作箭线全部绘出后，定位在最晚到达的时刻线上。

5)虚工作持续时间为零，应将其画为垂直线。

【例 3-2】 以图 3-28 所示的双代号网络图为例，试绘制双代号时标网络计划。

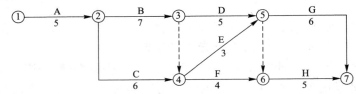

图 3-28 双代号网络图

【解】 按直接绘制法绘制，双代号时标网络计划如图 3-29 所示。

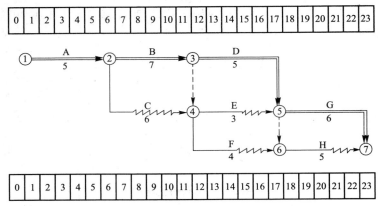

图 3-29 双代号时标网络计划

4. 关键线路和工期的确定

（1）关键线路的确定。自终止节点逆箭线方向至起始节点，自始至终不出现波形线的线路为关键线路。

（2）工期。时标网络计划的计算工期，应是其终止节点与起始节点所在位置的时标值之差。

3.3 单代号网络计划

■ 3.3.1 单代号网络图的组成 ··

单代号网络图是以节点及其编号表示工作，以箭线表示工作之间的逻辑关系和先后顺序，如图 3-30 所示。用这种表示方法把一项计划中的工作按先后顺序和逻辑关系从左到右绘制而成的图形，称为单代号网络图。用单代号网络图表示的计划就称为单代号网络计划，如图 3-31 所示。

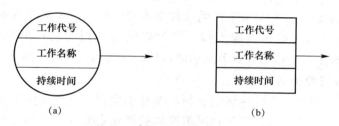

图 3-30　单代号网络图中节点的表示方法

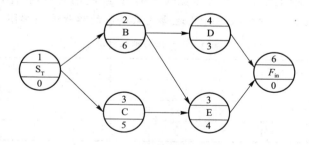

图 3-31　单代号网络计划

1. 箭线

单代号网络图中的箭线表示紧邻工作之间的逻辑关系，既不消耗时间，也不消耗资源，只起到将两个不同的工作连接的作用。箭线应画成水平直线、折线或斜线。箭线水平投影的方向应自左向右，表示工作前进的方向。

2. 节点

单代号网络图中，每一个节点及其编号表示一项工作。节点采用圆圈或矩形表示，节点所表示的工作名称、持续时间和工作代号标注在节点之内，如图 3-31 所示。节点必须编号，可连续编号，也可间断编号，此编号即该工作的代号，代号只有一个，故称为"单代号"，但严禁重复，箭线的箭头节点编号应大于箭尾节点的编号。

3. 线路

单代号网络图的线路与双代号网络图的线路的含义相同，即从网络计划的起始节点到终止节点之间的若干通道。其中，从网络计划的起始节点到终止节点之间持续时间最长的线路称为关键线路。

■ 3.3.2　单代号网络图的绘制 ·····

1. 单代号网络图的绘制规则

(1)必须正确表述工作之间的工艺和组织逻辑关系。

(2)严禁出现循环回路。

(3)严禁出现双向箭线或无箭头的连线。

(4)单代号网络图中，严禁出现没有箭尾节点的箭线或没有箭头节点的箭线。

(5)绘制网络图时，箭线不宜交叉，当交叉不可避免时，可采用过桥法或指向法绘制。

(6)单代号网络计划中应只有一个起始节点和一个终止节点。

当网络图中出现多项没有紧前工作的工作节点和多项没有紧后工作的工作节点时，应在网络计划的两端分别设置一项虚工作，作为该网络计划的起点节点(S_T)和终点节点(F_{in})，如图 3-31 所示，虚拟的起点节点和虚拟的终点节点所需时间为零。

2. 单代号网络图的绘制方法

单代号网络图绘制与双代号网络图绘制步骤基本相同，首先按照工作展开的先后顺序给出表示工作的节点，然后根据工艺和组织逻辑关系确定紧前工作和紧后工作，利用箭线将各项工作连接起来，单代号网络计划不存在虚工作，因此无须引入虚箭线。

【例 3-3】　已知各项工作的逻辑关系见表 3-6，试绘制单代号网络图。

【解】　根据表 3-6 所示的各项工作的逻辑关系绘制的单代号网络图，如图 3-32 所示。

表 3-6　工作逻辑关系表

工作	A	B	C	D	E	F
紧前工作	—	A	A	B	B, C, D	D, E
紧后工作	B, C	D, E	E	E, F	F	—
持续时间	3	4	5	6	3	2

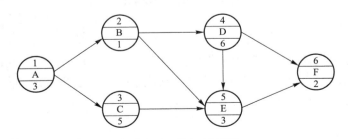

图 3-32　单代号网络图

■ 3.3.3 单代号网络计划时间参数的计算 ⋯⋯⋯⋯⋯⋯⋯⋯⋯⋯⋯⋯⋯⋯⋯⋯⋯⋯⋯⋯⋯⋯

单代号网络计划时间参数的计算应在确定各项工作的持续时间 D_i 之后进行。单代号网络计划的时间参数包括工作最早开始时间 ES_i，工作最早完成时间 EF_i，计算工期 T_C，计划工期 T_p，相邻两项工作时间间隔 $LAG_{i,j}$，工作最迟完成时间 LF_i，工作最迟开始时间 LS_i，工作总时差 TF_i 和自由时差 FF_i。

1. 单代号网络计划时间参数的标注形式

采用圆圈表示工作时，时间参数在图上的标注形式可采用图 3-33(a)的标注；采用方框表示工作时，时间参数在图上的标注形式可采用图 3-33(b)的标注。

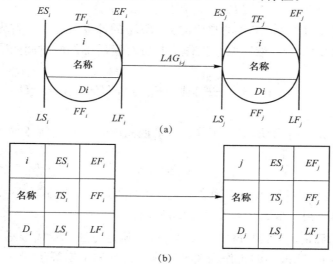

(a)

(b)

图 3-33 单代号网络计划时间参数的标注形式

2. 单代号网络计划时间参数的计算公式

单代号网络计划时间参数计算公式与双代号网络计划时间参数计算公式基本相同，只是工作的时间参数的下角标由双角标变为单角标。

(1)工作的最早开始时间(ES_i)。网络起始节点的最终开始时间为零，$ES_i=0(i=1)$；工作最早开始时间等于该工作所有紧前工作最早完成时间的最大值。

$$ES_i=\max\{ES_h+D_h\}(i\neq1)$$

式中，下角标 i 表示本工作，下角标 h 表示本工作的所有紧前工作。

(2)工作的最早完成时间(EF_i)。工作的最早完成时间等于该工作最早开始时间加上其持续的时间，$EF_i=ES_i+D_i$。

(3)网络计划的工期。网络计划的工期等于网络计划终止节点的最早完成时间，$T_C=EF_n$，式中，n 表示网络计划的终点节点。

当工期无要求时，$T_p=T_C$；当工期有要求时，$T_p\leqslant T_r$。

(4)相邻两项工作 i 和 j 之间的时间间隔 $LAG_{i,j}$ 的计算。时间间隔指相邻两项工作之间，紧后工作工作 j 的最早开始时间 ES_j 与本项工作 i 的最早完成时间 EF_i 之差，其计算公式为

$$LAG_{i,j}=ES_j-EF_i$$

终点节点与其前项工作的时间间隔为

$$LAG_{i,n} = T_C - EF_i$$

式中，n 表示终点节点，也可以是虚拟的终点节点 F_{in}。

（5）工作的总时差（TF_i）。工作 i 的总时差 TF_i 从网络计划的终止节点开始，逆着箭线方向依次进行计算，若计划工期等于计算工期，网络计划终止节点的总时差 TF_n 等于零，即

$$TF_n = 0$$

其他工作 i 的总时差 TF_i 等于该工作的各紧后工作 j 的总时差 TF_j 加上该工作与其紧后工作之间的时间间隔 $LAG_{i,j}$ 之和的最小值。

$$TF_i = \min\{TF_j + LAG_{i,j}\}$$

（6）工作自由时差（FF_i）。工作的自由时差（FF_i）的计算方法是，首先计算相邻两项工作之间的时间间隔（$LAG_{i,j}$），然后取本工作与其所有紧后工作的时间间隔的最小值作为本工作的自由时差。

$FF_i = \min\{LAG_{i,j}\} = \min\{ES_j - EF_i\}$ 或 $FF_i = \min\{ES_j - ES_i - D_i\}$，网络计划终止节点的总时差 $FF_n = T_C - EF_n$。

（7）工作的最迟完成时间（LF_i）。工作 i 的最迟完成时间 LF_i 等于该工作的最早完成时间 EF_i 与其总时差 TF_i 之和。

$$LF_i = EF_i + TF_i$$

（8）工作的最迟开始时间（LS_i）。工作的最迟开始时间 LS_i，按公式 $LS_i = LF_i - D_i$ 进行计算。

3. 单代号网络计划关键工作和关键线路的确定

（1）关键工作的确定。单代号网络图关键工作的确定方法与双代号网络图关键工作的确定方法相同，即总时差为最小的工作为关键工作。在计划工期等于计算工期时，总时差为零的工作就是关键工作。

（2）关键线路的确定。从起始节点开始到终止节点均为关键工作，且所有工作的间隔时间均为零的线路为关键线路。

4. 单代号网络计划时间参数计算示例

【例 3-4】 有一个单代号网络图的结构和工作持续时间（d）如图 3-34 所示。试计算各工作的时间参数，并求关键线路。

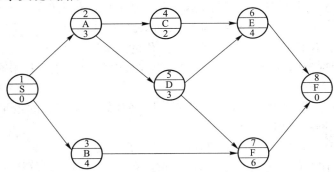

图 3-34　单代号网络图

【解】 计算结果如图 3-35 所示。现对其计算方法说明如下。

(1) 工作最早开始时间 ES_i 的计算。工作的最早开始时间从网络图的起点节点开始，顺着箭线方向从左到右，依次逐个计算。因起点节点的最早开始时间未作规定，故 $ES_1=0$；其紧后工作的最早开始时间是其各紧前工作的最早开始时间与其持续时间之和，并取其最大值，其计算公式为 $ES_i=\max\{ES_h+D_h\}$。因此可得到

$$ES_1=ES_2=ES_3=0$$
$$ES_4=ES_2+D_2=0+3=3$$
$$ES_5=ES_2+D_2=0+3=3$$
$$ES_6=\max\{ES_4+D_4,\ ES_4+D_5\}=\max\{3+2,\ 3+3\}=6$$
$$ES_7=\max\{ES_5+D_5,\ ES_3+D_3\}=\max\{3+3,\ 0+4\}=6$$
$$ES_8=\max\{ES_6+D_6,\ ES_7+D_7\}=\{6+4,\ 6+6\}=12$$

(2) 工作最早完成时间 EF_i 的计算。每项工作的最早完成时间是该工作的最早开始时间与其工作持续时间之和，其计算公式为 $EF_i=ES_i+D_i$。因此可得到

$$EF_1=ES_1+D_1=0+0=0$$
$$EF_2=ES_2+D_2=0+3=3$$
$$EF_3=ES_3+D_3=0+4=4$$
$$EF_4=ES_4+D_4=3+2=5$$
$$EF_5=ES_5+D_5=3+3=6$$
$$EF_6=ES_6+D_6=6+4=10$$
$$EF_7=ES_7+D_7=6+6=12$$
$$EF_8=ES_8+D_8=12+0=12$$

(3) 网络计划的计算工期 T_C 和计划工期 T_p 的确定。按公式 $T_C=EF_n$ 计算，因此得到 $T_C=EF_8=12$ d。由于本计划没有要求工期，故 $T_p=T_C=12$ d。

(4) 相邻两项工作之间时间间隔 $LAG_{i,j}$ 的计算。相邻两项工作的时间间隔，是其后项工作的最早开始时间与前项工作的最早完成时间的差值，它表示相邻两项工作之间有一段时间间隔，相邻两项工作 i 与工作 j 之间的时间间隔按公式 $LAG_{i,j}=ES_j-EF_i$ 计算。因此可得到

$$LAG_{1,2}=ES_2-EF_1=0-0=0$$
$$LAG_{1,3}=ES_3-EF_1=0-0=0$$
$$LAG_{2,4}=ES_4-EF_2=3-3=0$$
$$LAG_{2,5}=ES_5-EF_2=3-3=0$$
$$LAG_{3,7}=ES_7-EF_3=6-4=2$$
$$LAG_{5,7}=ES_7-EF_5=6-6=0$$
$$LAG_{4,6}=ES_6-EF_4=6-5=1$$
$$LAG_{5,6}=ES_6-EF_5=6-6=0$$
$$LAG_{6,8}=ES_8-EF_6=12-10=2$$
$$LAG_{7,8}=ES_8-EF_7=12-12=0$$

(5) 工作的总时差 (TF_i)。工作 i 的总时差 TF_i 从网络计划的终止节点开始，逆着箭线方向依次进行计算，若计划工期等于计算工期，网络计划终止节点的总时差 TF_n

等于零，即 $TF_n=0$。其他工作的总时差，可按公式 $TF_i=LS_i-ES_i$ 或 $TF_i=LF_i-EF_i$ 或 $TF_i=\min\{LAG_{i,j}+TF_j\}$ 计算。因此可得到

$$TF_1=LS_1-ES_1=0-0=0$$
$$TF_2=LS_2-ES_2=0-0=0$$
$$TF_3=LS_3-ES_3=2-0=2$$
$$TF_4=LS_4-ES_4=6-3=3$$
$$TF_5=LS_5-ES_5=3-3=0$$
$$TF_6=LS_6-ES_6=8-6=2$$
$$TF_7=LS_7-ES_7=6-6=0$$
$$TF_8=LS_8-ES_8=12-12=0$$

（6）工作自由时差 FF_i 的计算。自由时差是指在不影响其紧后工作最早开始时间的前提下，本工作可以利用的机动时间，可按公式 $FF_i=\min\{ES_j-EF_i\}$ 或 $FF_i=\min\{ES_j-ES_i-D_i\}$，$FF_i=\min\{LAG_{i,j}\}$ 计算。因此可得到

$$FF_1=\min\{LAG_{1,2}, LAG_{1,3}\}=\min\{0, 0\}=0$$
$$FF_2=\min\{LAG_{2,4}, LAG_{2,5}\}=\min\{0, 0\}=0$$
$$FF_3=LAG_{3,7}=2$$
$$FF_4=LAG_{4,6}=1$$
$$FF_5=\min\{LAG_{5,6}, LAG_{5,7}\}=\min\{0, 0\}=0$$
$$FF_6=LAG_{6,8}=2$$
$$FF_7=LAG_{7,8}=0$$
$$FF_8=T_C-EF_8=12-12=0$$

（7）工作最迟完成时间 LF_i 的计算。工作 i 的最迟完成时间 LF_i 应从网络图的终点节点开始，逆着箭线方向依次逐项计算。终点节点 n 所代表的工作的最迟完成时间 LF_n，应按公式 $LF_n=T_C$ 计算；其他工作 i 的最迟完成时间 LF_i 等于该工作的最早完成时间 EF_i 与其总时差 TF_i 之和：$LF_i=EF_i+TF_i$。

因此可得到

$$LF_8=T_p=T_C=12$$
$$LF_1=EF_1+TF_1=0$$
$$LF_2=EF_2+TF_2=3+0=3$$
$$LF_3=EF_3+TF_3=4+2=6$$
$$LF_4=EF_4+TF_4=5+3=8$$
$$LF_5=EF_5+TF_5=6+0=6$$
$$LF_6=EF_6+TF_6=10+2=12$$
$$LF_7=EF_7+TF_7=12+0=12$$

（8）工作最迟开始时间 LS_i 的计算。工作的最迟开始时间 LS_i，按公式 $LS_i=LF_i-D_i$ 进行计算。因此可得到

$$LS_8 = LF_8 - D_8 = 12 - 0 = 12$$
$$LS_7 = LF_7 - D_7 = 12 - 6 = 6$$
$$LS_6 = LF_6 - D_6 = 12 - 4 = 8$$
$$LS_5 = LF_5 - D_5 = 6 - 3 = 3$$
$$LS_4 = LF_4 - D_4 = 8 - 2 = 6$$
$$LS_3 = LF_3 - D_3 = 6 - 4 = 2$$
$$LS_2 = LF_2 - D_2 = 3 - 3 = 0$$
$$LS_1 = LF_1 - D_1 = 0 - 0 = 0$$

（9）关键工作和关键线路的确定。单代号网络计划中，将相邻两项关键工作之间的间隔时间为 0 的关键工作连接起来而形成的自起点节点到终点节点的通路就是关键线路。因此，本例中的关键线路是 1→2→5→7→8，用双箭线表示，如图 3-35 所示。

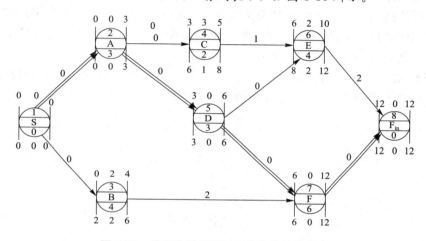

图 3-35　单代号网络图时间参数的计算节点

3.4　网络计划的优化

网络计划的优化是指在满足具体约束条件下，通过对网络计划的不断调整处理，寻求最优网络计划方案，达到既定目标的过程。网络计划的优化分为工期优化、资源优化和费用优化三种。

■ 3.4.1　网络计划工期优化

工期优化也称时间优化，是指网络计划的计算工期 T_c 不满足要求工期 T_r 时，通过压缩关键线路上关键工作的持续时间，达到缩短工期，满足进度目标的要求。

1. 选择优化对象应考虑的因素

（1）缩短持续时间对质量和安全影响较小的关键工作。

(2)确保工期缩短后资源供应能满足进度要求。

(3)缩短持续时间所需增加资源和费用最少的工作。

2. 工期优化的步骤

(1)通过时间参数的计算找出网络计划初始关键线路,明确关键工作。

(2)按要求工期计算应缩短的时间。

(3)根据各关键工作的最短极限时间确定各关键工作允许缩短的时间。

(4)确定需要缩短的关键工作,压缩其持续时间,并重新计算网络计划的计算工期,重新确定关键线路,有可能原非关键工作变为关键工作。

(5)当计算工期仍不能满足要求,则重复以上步骤,直至计算工期满足要求工期为止。

应当注意的是,当有多条关键线路时,若选择压缩的关键工作位于并联的关键线路上,需要多条关键线路同时压缩才能满足预期要求,此时的费用为所有被压缩工作的费用之和。当所有关键工作的持续时间都已达到其能缩短的极限而计算工期仍不能满足工期要求时,应对原施工方案进行调整或改变要求工期。

【例 3-5】 某工程网络计划如图 3-36 所示,图中括号内数据为工作最短持续时间,合同规定该工程的工期为 100 d,试优化该网络计划工期。

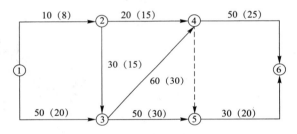

图 3-36 某工程网络计划

【解】 (1)用工作正常持续时间计算时间参数,找出网络计划的计算工期、关键线路及关键工作,如图 3-37 所示。计算出总工期为 160 d,关键线路为①→③→④→⑥,关键工作为①→③、③→④、④→⑥。

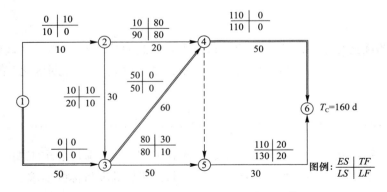

图 3-37 某工程网络计划时间参数计算

(2)根据计算步骤，先将网络计划终止节点的最迟时间改为要求工期 $T=100$ d，采用倒算法计算出各工作的时间参数，如图 3-38 所示。

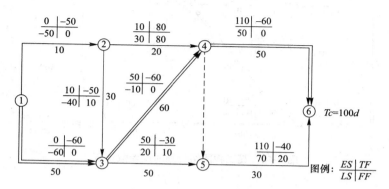

图 3-38　某工程网络计划时间参数计算

由图 3-38 可知，原关键线路上的工作总时差为 —60 d，说明该线路上的工作应压缩 60 d；此外，非关键工作①→②、②→③也出现总时差 —50 d，说明在①→②→③线路上可能要压缩 50 d；③→⑤出现总时差 —30 d，⑤→⑥出现总时差 —40 d，说明在该线路上可能要压缩 30 d 或 40 d。

根据图 3-38 中的数据，关键工作①→③可压缩 30 d；关键工作③→④可压缩 30 d；关键工作④→⑥可压缩 25 d，这样原关键线路总计可压缩的工期为 85 d。由于只需 60 d，且考虑各种因素，因缩短工作④→⑥劳动力较多，故仅压缩 10 d，另外两项工作则分别压缩 20 d 和 30 d，重新计算网络计划工期，如图 3-39 所示，图中标出了新的关键线路，工期为 120 d。

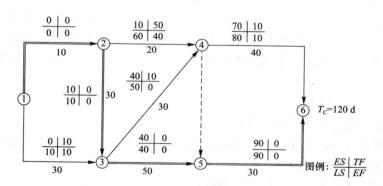

图 3-39　某工程网络计划时间参数计算

(3)计算工期 120 d 仍然超过要求工期 100 d，第一次压缩后不能满足工期要求，且关键线路已经发生变化，故再做第二次压缩。按要求工期尚需压缩 20 d，仍然根据前述原则，选择②→③、③→⑤较宜，这两个工作可分别压缩 15 d、20 d，用其最短工作持续时间置换工作②→③和工作③→⑤的正常持续时间，重新计算网络计划，如图 3-40 所示。对其进行计算，可知已满足工期要求。

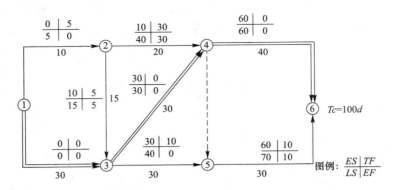

图 3-40　某工程网络计划时间参数计算

■ 3.4.2　网络计划资源优化 ··

资源优化是指改变工作的开始时间和完成时间，使资源按照时间的分布符合优化目标。资源优化分为两种模式，即"工期固定，资源均衡"和"资源有限，工期最短"。

1. 资源优化的内容

(1)计算各工作的恰当持续时间和合理的资源用量。

(2)当某一资源被多项工作使用时，要统筹规划、合理安排。

(3)为使资源合理使用、配备，必要时适当调整(缩短或延长)总工期。

(4)单一资源优化分别进行，然后在此基础上综合进行资源优化。

2. "工期固定，资源均衡"优化

"工期固定，资源均衡"优化是指在施工项目合同工期或上级下达的工期完成的前提下，寻求资源均衡的进度计划方案。在工期规定下求资源均衡安排问题，就是希望高峰值减少到最低程度。目前多用"削峰填谷"方法，借助于横道图加以分析并实现优化。

(1)资源优化的主要原则。

1)优先保证关键工作对资源的需求。

2)充分利用总时差，合理错开各工作的开工时间，尽可能使资源连续均衡的使用。

(2)资源优化的具体步骤。

1)计算出网络计划中各工作的时间参数。

2)依照各工作最早开始时间、各工作的持续时间，画出各工作的时间横道图表。

3)绘出资源用量的时间分布图。

4)若资源用量时间分布图不均衡，采取适当推后某些具有总时差的工作的开工时间，使资源用量趋于均衡或基本均衡。

3. "资源有限，工期最短"优化

"资源有限，工期最短"优化是指在资源有限时，保持各个工作的日资源需要量不变，寻求工期最短的施工计划。

（1）资源优化的前提条件。

1）优化过程中，不改变网络计划中各项工作之间的逻辑关系。

2）优化过程中，不改变网络计划中各项工作的持续时间。

3）网络计划中各工作单位时间所需资源数量为合理常量。

4）除明确可中断的工作外，优化过程中一般不允许中断工作，应保持其连续性。

（2）资源优化的具体步骤。

1）计算网络计划每"时间单位"的资源需用量。

2）从计划开始日期起，逐个检查每个"时间单位"资源需用量是否超过资源限量，如果在整个工期内，每个时间单位均能满足资源限量的要求，则方案即编制完成，否则必须进行计划调整。

3）分析超出资源限量的时段进行资源管理。

■ 3.4.3　网络计划费用优化 ···

1. 费用优化的原则

费用优化的目的是使项目的总费用最低优化，应从以下四个方面进行考虑。

（1）在既定工期的前提下，确定项目的最低费用。

（2）在既定的最低费用限额下完成项目计划，确定最佳工期。

（3）在网络图中存在多条关键线路时，若继续进行优化，就需要同时缩短这些线路中某些工作的持续时间。

（4）同时压缩多个并行工作的持续时间时，既要考虑赶工时间的限制，又要考虑这些工作持续时间的时间差数的限制，应取这两个限制的最小值。

2. 时间和费用的关系

工程网络计划的工期确定下来后，其所包含的总费用也就确定下来，网络计划所涉及的总费用由直接费和间接两部分组成。直接费由人工费、材料费和机械费组成，它随工期的缩短而增加，间接费属于管理费用范畴，它随工期缩短而减少。由于直接费随工期缩短而增加，间接费随工期缩短而减小，两者进行叠加，必有一个总费用最少的工期，这就是费用优化所寻求的目标。

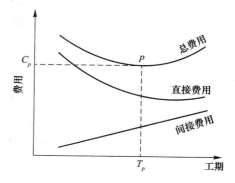

图 3-41　费用与工期的关系

间接费用和直接费用与工期的关系如图 3-41 所示。图中的总费用为直接费用与间接费用叠加而成。总费用曲线在 p 点为最小费用 C_p，所对应的 T_p 为最优工期。

由于间接费用基本与工期成正线性关系，计算方便，所以在费用优化中，主要分析直接费用与工期的关系，图 3-42 表示的是直接费用与工期的关系。图中 T_0 和 T_n 分别为完成工作的最短和正常持续时间，C_0 和 C_n 为 T_0 和 T_n 相应的直接费用。通过图 3-42 可求出缩短单位时间直接费用的增长率（即费用率）C_T：

$$C_T = \frac{C_0 - C_n}{T_n - T_0} = \frac{\text{赶工费用} - \text{正常费用}}{\text{正常时间} - \text{赶工时间}}$$

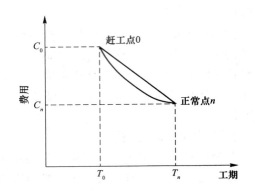

图 3-42　直接费用与工期的关系

3. 费用优化的步骤

(1)根据各工作正常持续时间,通过计算时间参数确定网络计划的关键线路、总工期以及直接费用和总费用。

(2)在缩短时间限制内,压缩直接费用增长率最小的关键工作持续时间,并计算其直接费用。

(3)计算总费用,与上次优化结果比较,若大于上次优化结果的总费用,则停止优化,说明上次结果为最优,否则,重复上一步骤,寻求总费用最低的方案。

4. 费用优化示例

【例 3-6】　某工程双代号网络计划如图 3-43 所示。若间接费用每天为 1 100 元,直接费用资料见表 3-7。试寻求工期最短且总费用最少的网络计划的费用优化方案。

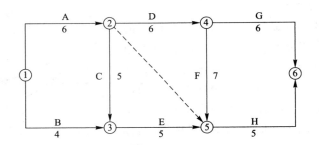

图 3-43　某工程双代号网络计划

表 3-7　直接费用资料

编号	工作	进度计划/d		工作费用/千元		费用增长率/(千元·d⁻¹)
		正常(T_n)	赶工(T_0)	正常(T_n)	赶工(T_0)	
①→②	A	6	6	2.1	—	—
①→③	B	4	3	2.0	3.6	1.60
②→③	C	5	3	2.4	6.2	1.90

编号	工作	进度计划/d		工作费用/千元		费用增长率/(千元·d^{-1})
		正常(T_n)	赶工(T_0)	正常(T_n)	赶工(T_0)	
②→④	D	6	3	3.8	7.4	1.20
③→⑤	E	5	2	3.0	5.1	0.70
④→⑤	F	7	3	4.2	6.8	0.65
④→⑥	G	6	6	4.1	—	—
⑤→⑥	H	5	3	3.6	7.2	1.80
合计				25.2		

【解】 根据图 3-43 的正常持续时间，计算出网络图的总工期为 24 d；关键线路为①→②→④→⑤→⑥，如图 3-44 所示；所需总费用为

$$T_1 = 正常直接费用 + 赶工直接费用 + 间接费用$$
$$= 25.2 + 0 + 1.1 \times 24 = 51.60(千元)$$

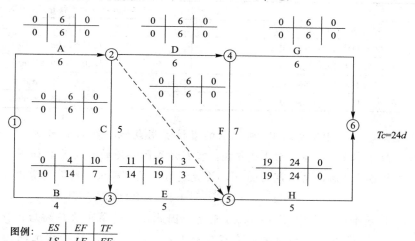

图 3-44 某工程双代号网络计划时间参数计算

第 1 次压缩：由表 3-7 可知，关键工作 A、D、F、H 工作的直接费用增长率最小者为 F 工作(0.65 千元/d)。由图 3-44 可知，除了关键工作外，其余工作的总时差的最小值为 3 d，而 F 工作可压缩 4 d。故只能压缩 F 工作 3 d，才能使原关键线路不变。压缩 F 工作 3 d 后，重新计算总工期、总时差和总费用，计算网络图如图 3-45 所示。

由图 3-45 可知，总工期为 21 d，除了原关键线路不变外，又增加了一条①→②→③→⑤→⑥的关键线路。那么，所需的总费用 T_2 为

$$T_2 = 25.2 + 0.65 \times 3 + 1.1 \times 21 = 50.25(千元)$$

由于 $T_2 = 50.25$ 千元，小于 $T_1 = 51.60$ 千元，故还可以继续压缩。

第 2 次压缩：若再缩短工期，还有 5 种方式可供选择，见表 3-8。

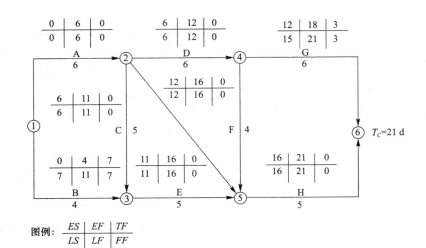

图例: $\dfrac{ES \mid EF \mid TF}{LS \mid LF \mid FF}$

图 3-45　第 1 次压缩后某工程双代号网络计划时间参数计算

表 3-8　缩短工期的几种方式

赶工方式	赶工 1 d 增加的直接费用/(千元·d^{-1})
1. 缩短 H 工作 1 d	1.80
2. 缩短 D 和 C 工作各 1 d	1.20+1.90=3.10
3. 缩短 D 和 E 工作各 1 d	1.20+0.70=1.90
4. 缩短 E 和 F 工作各 1 d	0.70+0.65=1.35
5. 缩短 C 和 F 工作各 1 d	1.90+0.65=2.55

由表 3-8 可知，选择赶工方式 4，所增加的直接费用最低，为 1.35 千元/d。而 F 工作仅有 1 d 可赶工，故采取 E、F 各缩短 1 d 方式，重新计算网络图的时间参数如图 3-46 所示。经过缩短 E、F 工作各 1 d 后，总工期为 20 d，关键线路不变。那么，所需总费用 T_3 为

$$T_3 = 25.2 + 0.65 \times 3 + 1.35 \times 1 + 1.1 \times 20 = 50.5(千元)$$

由于 $T_3 = 50.5$ 千元，大于 $T_2 = 50.25$ 千元，因此，经过第 1 次压缩后，便使原网络计划达到了工期最短、费用最少的目的，实现了费用优化。此时，最短总工期为 21 d，最少总费用为 50.25 千元。

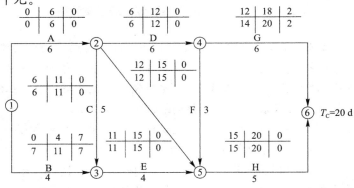

图例: $\dfrac{ES \mid EF \mid TF}{LS \mid LF \mid FF}$

图 3-46　第 2 次压缩后工程双代号网络计划时间参数计算

一、思考题

1. 什么是网络计划技术？其与横道图比较有何特点？

2. 网络计划技术的基本原理是什么？

3. 网络计划有哪几种类型？

4. 什么是双代号网络计划？它是怎样表示的？

5. 双代号网络图由哪几个要素组成？

6. 简述双代号网络图绘制基本规则。

7. 什么是逻辑关系？网络图中有哪几种逻辑关系？有何区别？试举例说明。

8. 为什么要计算网络图的时间参数？计算网络图时间参数的目的是什么？

9. 何谓时差、总时差及自由时差？

10. 何谓关键工作、关键线路？如何确定关键线路？关键线路有何特点？

11. 什么是单代号网络计划？它是怎样表示的？

12. 什么是时标网络计划？如何绘制双代号时标网络计划？

13. 什么是网络计划的优化？网络计划的优化有哪几种？

15. 试述工期优化的方法与步骤。

16. 什么是网络计划的费用优化？

二、填空题

1. 网络图是由_____和_____按照一定规则组成的、用来表达工作流程的、有向有序的网状图形。

2. 双代号网络图是用_____表示工作，用_____表示工作的开始或结束状态及工作之间的连接点。

3. 虚箭线可起到_____、_____和_____作用，是正确地表达某些工作之间逻辑关系的必要手段。

4. 网络图中耗时最长的线路称为_____，它决定了该工程的_____。

5. 当计划工期等于计算工期时，总时差为_____的工作为关键工作。

6. 当计划工期等于计算工期时，关键工作的自由时差为_____。

7. 时标网络计划以_____表示实际工作，以_____表示虚工作，以_____表示工作的自由时差。

三、单选题

1. 下列有关虚工作的说法，错误的是(   )。

A. 虚工作无工作名称   B. 虚工作的持续时间为零

C. 虚工作不消耗资源   D. 虚工作是可有可无的

2. 下列有关关键线路的说法，正确的是(   )。

A. 一个网络图中，关键线路只有一条

B. 关键线路是没有虚工作的线路

C. 关键线路是耗时最长的线路

D. 关键线路是需要资源最多的线路

3. 工作 M 有 A、B 两项紧前工作，其持续时间是 A 为 3 d、B 为 4 d。其最早开始时间是 A 为 6 d，B 为 7 d。则 M 工作的最早开始时间是(   ) d。

A. 5　　　　　　B. 6　　　　　　C. 9　　　　　　D. 11

4. 某工作有 3 项紧后工作，其持续时间分别为 4 d、5 d、7 d；其最迟完成时间分别为 18 d、15 d、14 d，本工作的最迟完成时间是(   ) d。

A. 14　　　　　　B. 10　　　　　　C. 7　　　　　　D. 6

5. 已知某工作的 $ES = 4$ d，$EF = 9$ d，$LS = 8$ d，$LF = 13$ d，则该工作的总时差为(   ) d。

A. 2　　　　　　B. 3　　　　　　C. 4　　　　　　D. 6

四、多选题

1. 在绘制网络图时，交叉箭线的表示方法有(   )。

A. 过桥法　　　　　　　　　　　B. 母线法
C. 流水法　　　　　　　　　　　D. 分段法
E. 指向法

2. 在网络计划中，当计算工期等于要求工期时，由(   )构成的线路为关键线路。

A. 总时差为零的工作　　　　　　B. 自由时差为零的工作
C. 关键工作　　　　　　　　　　D. 所需资源最多的工作
E. 总时差最大的工作

3. 时标网络计划的特点是(   )。

A. 直接显示工作的自由时差　　　B. 直接显示工作的开始和完成时间
C. 便于据图优化资源　　　　　　D. 便于绘图和修改计划
E. 便于统计资源需要量

五、综合题

1. 用双代号网络图、单代号网络图的形式表达下列各小题工作之间的逻辑关系：

(1) A、B 的紧前工作为 C；B 的紧前工作为 D。

(2) H 的紧后工作为 A、B；F 的紧后工作为 B、C。

(3) A、B、C 完成后进行 D；B、C 完成后进行 E。

(4) A、B 完成后进行 H；B、C 完成后进行 F；C、D 完成后进行 C。

(5) A 的紧后工作为 B、C、D；B、C、D 的紧后工作为 E；C、D 的紧后工作为 F。

(6) A 的紧后工作为 M、N；B 的紧后工作为 N、P；C 的紧后工作为 N、P。

(7) H 的紧前工作为 A、B、C；F 的紧前工作为 B、C、D；G 的紧前工作为 C、D、E。

2. 根据表 3-9 给出的各项施工过程的逻辑关系，绘制双代号网络图并进行节点编号。

表 3-9　各项施工过程的逻辑关系

施工过程	A	B	C	D	E	F	G	H	I	J	K
紧前工作	—	A	A	A	B	C	D	E, C	F	F, G	H, I, J
紧后工作	B, C, D	E	F, H	G	H	I, J	J	K	K	K	—
持续时间/d	2	3	4	5	6	2	2	5	5	6	3

3. 根据表 3-10 中各项工作的逻辑关系，绘制其单代号网络图。

表 3-10　某部分工程各施工过程的逻辑关系

施工过程	紧前工作	紧后工作	持续时间/d
A	—	B, E, C	4
B	A	D, E	5
C	A	G	7
D	B	E, G	3
E	A, B	F	4
F	D, E	G	2
G	D, F, C	—	6

4. 根据表 3-11 和表 3-12 中各工作的逻辑关系，绘制其双代号网络图和单代号网络图。

表 3-11　各工作的逻辑关系

工作	A	B	C	D	E	G	H	I	J	K
紧前工作	—	A	A	A	B	C, D	D	B	E, H, G	G

表 3-12　各工作的逻辑关系

工作	A	B	C	D	E	G	H	I	J	K
紧前工作	—	A	A	B	D	D	G	E, G	C, E, G	H, I

5. 已知各工作的逻辑关系，见表 3-13，绘制其双代号网络图和单代号网络图。

表 3-13　各工作的逻辑关系

紧前工作	工作	持续时间/d	紧后工作
—	—	2	Y, B, U
A	A	6	C
B, V	B	4	D, X
A	C	4	V
U	U	7	E, C
V	V	5	X
C, Y	D	3	—
A	Y	2	Z, D
E, C	X	9	—
Y	Z	6	—

6. 根据表 3-14 给出的数据，绘制其双代号网络图和单代号网络图，并用图上计算法计算各工作的时间参数 ES、EF、LF、LS、TF、FF，找出关键线路用双箭线表示。

表 3-14　各工作逻辑关系

工作代号	持续时间/d	工作代号	持续时间/d	工作代号	持续时间/d
1—2	18	2—4	7	4—5	28
1—3	38	3—5	0	5—6	21

工作代号	持续时间/d	工作代号	持续时间/d	工作代号	持续时间/d
1—6	30	3—6	9	5—7	22
6—8	12	8—10	11	10—11	5
7—8	11	8—11	7	11—12	5
8—9	0	9—10	7	12—13	4

7. 已知某工程计划资料，见表 3-15。

(1)试绘制其双代号网络计划，并计算其节点时间参数、工作时间参数及总时差、自由时差，进而标出关键线路。

(2)若题中 A、B、D 工作不可压缩，C、E、F、H 工作可各压缩 1 d，I、G、J 工作可各压缩 3 d，而工程要求总工期为 15 d，试对该计划进行工期优化。

表 3-15　某工程计划资料

工作	紧前工作	持续时间/d	工作	紧前工作	持续时间/d
A	—	4	F	A, D, B	3
B	—	7	G	C	7
C	—	3	H	E, F	4
D	C	2	I	E, F	6
E	A	4	J	H, G, B, D, A	5

8. 已知某工程资料，见表 3-16，试进行人员均衡调整。

表 3-16　某工程资料

工作	紧后工作	持续时间/d	用工/人
A	—	2	7
B	D, E	3	7
C	E	3	3
D	—	3	3
E	—	2	7

9. 某工程网络计划如图 3-47 所示，其中箭线上边的数字表示该工序每天需要的资源数量(劳动力人数)，箭线下边的数字表示完成该工序所需要的时间，现每天可供的劳动力总数不能超过 8 人，试求出完成该计划的最短工期。

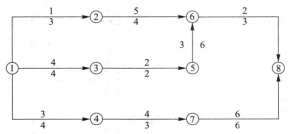

图 3-47　某工程双代号网络计划

10. 若某工程项目的间接费用每天为 0.8 千元，其各工作之间的逻辑关系和直接费用的资料见表 3-17，试确定工期最短且总费用最少的网络费用优化方案。

表 3-17　各工作逻辑关系及直接费用资料

工作	紧后工作	持续时间/d		直接费用/千元	
		正常 C_n	赶工 C_0	正常 C_n	赶工 C_0
A	C, D	5	2	6.0	7.2
B	E, F	9	6	8.0	9.8
C	G, H	10	7	9.0	10.5
D	E, F	2	1	2.0	2.2
E	H, G	3	2	2.4	2.5
F	H	5	2	4.6	7.0
G	—	7	3	6.0	8.8
H	—	9	6	8.6	9.5

11. 指出图 3-48 所示双代号网络图的错误，并改正。

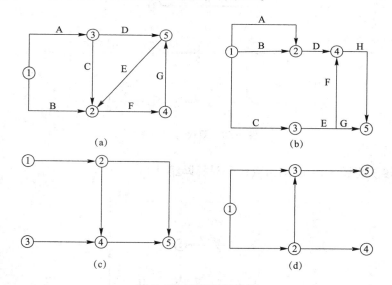

(a)　　　　(b)

(c)　　　　(d)

图 3-48　双代号网络图

12. 根据表 3-18 中各工作的逻辑关系，绘制双代号网络图。

表 3-18　逻辑关系表

工作	A	B	C	D	E	F
紧前工作	—	A	A	B, C	C	D, E
紧后工作	B, C	D	D, E	F	F	—

13. 绘出表 3-19 工作关系的双代号时标网络计划。

表 3-19 各工作的逻辑关系资料表

施工过程	A	B	C	D	E	F	G	H	I	J
紧前工作	—	A	A	A	B	B、C	E、F	F	F、D	G、H、I

14. 已知双代号时标网格计划，如图 3-49 所示，试用标号法求出工期，并找出关键线路。

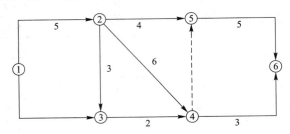

图 3-49 双代号时标网络计划

15. 用直接绘制法将图 3-50 改画为双代号时标网络计划图。

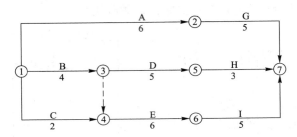

图 3-50 双代号网络图

16. 用间接法将图 3-51 改画为双代号时标网络计划。

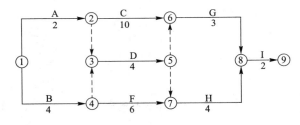

图 3-51 双代号网络图

17. 根据表 3-20 所示逻辑关系，试绘制双代号时标网络计划。

表 3-20 逻辑关系表

工作代号	A	B	C	D	E	F	G	H	K
持续时间/d	3	4	3	4	2	4	3	3	2
紧前工作	—	A	A	A	B	B	C	D	F、G、H
紧后工作	B、C、D	E、F	G	H	—	K	K	K	—

18. 某基础工程分三段施工，其施工过程及流水节拍为：挖槽 2 d，打灰土垫层 2 d，砌基础 3 d，回填土 1 d。试绘出其双代号网络图。

19. 试计算图 3-52 的各工作时间参数，确定关键线路和计算工期。

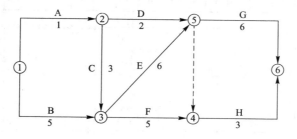

图 3-52 双代号网络图

20. 某分部工程双代号时标网络计划如图 3-53 所示，指出其存在的绘图错误。

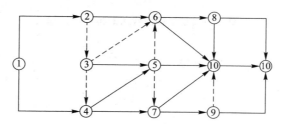

图 3-53 某分部工程双代号时标网络计划

21. 某网络计划工作的逻辑关系见表 3-21。试绘制其双代号时标网络计划，分析影响工期的关键工作是哪几个。

表 3-21 网络计划逻辑关系

工作代号	A	B	C	D	E	F	G	H	I
紧前工作	—	—	A	A	BC	BC	DE	DEF	GH

22. 已知工作的逻辑关系，见表 3-22，试绘制其双代号网络图并计算各项工作的时间参数，同时确定关键线路和总工期。

表 3-22 工作的逻辑关系

工作代号	紧前工作	工作历时/d	工作代号	紧前工作	工作历时/d
A	—	3	G	DE	3
B	—	3	H	DE	2
C	A	4	I	GF	3
D	A	2	J	GF	3
E	BC	5	K	HI	3
F	BC	3	L	HIJ	3

23. 某工程双代号时标网络计划如图 3-54 所示，计算各工作的总时差和自由时差，并确定关键线路。

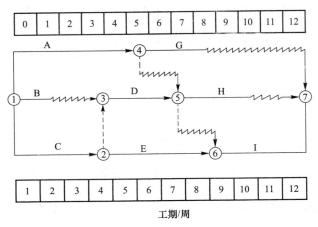

图 3-54　某工程双代号时标网络计划

第4章 单位工程施工组织设计

4.1 单位工程施工组织设计的内容和编制步骤

■ 4.1.1 单位工程施工组织设计的内容 ··

单位工程施工组织设计是由承包单位编制的,用于指导其施工全过程施工活动的技术、组织和经济的综合性文件。它的主要任务是根据编制施工组织设计的基本原则、施工组织总设计和有关原始资料,结合实际施工条件,从整个建筑物或构筑物的施工全局出发,进行最优施工方案设计,确定科学合理的分部分项工程之间的搭接与配合关系,设计符合施工现场情况的施工现场平面布置图,从而达到工期短、质量好、成本低的目标。

单位工程施工组织设计的内容根据设计阶段、工程性质、工程规模和施工复杂程度,其内容、深度和广度要求不同,但内容必须简明扼要,从实际出发,使其真正起到指导建筑工程投标,指导现场施工的目的。单位工程施工组织设计的内容一般应包括以下内容:

(1)工程概况和施工特点分析。其主要介绍拟建工程的工程特点、建设地点特征和施工条件。

(2)施工方案。其主要包括施工程序和施工顺序的确定、施工起点流向的确定,重要的分部分项工程施工方案与施工机械的选择、技术组织措施的制定等。

(3)施工进度计划。其主要包括各分部分项工程的工程量、需投入人力资源、日工作班数、各施工过程的顺序、工作持续时间、各工序之间逻辑关系及施工进度等。

(4)施工准备工作计划。其主要包括技术资料准备、施工现场准备、物资准备、劳动力准备和季节施工准备等。

(5)劳动力、材料、构件、机械等各项资源需要量计划。其主要包括劳动力、构件、半成品、材料、机械的需要量及进出场时间的安排。

(6)施工现场平面布置图。其主要包括垂直运输机械的位置,各种材料堆场、仓库及加工场地的布置,运输道路的布置,临时设施的布置及供水、供电管线的布置等。

(7)主要技术组织措施。其包括在技术、组织方面对保证质量、安全、节约和季节性施工所采用的方法。

(8)各项技术经济指标。其主要包括工期指标、劳动生产率指标、质量指标、降低成本指标、安全指标、机械化程度指标、单方资源消耗量指标等反映施工组织设计是否合理的指标。

■ **4.1.2 单位工程施工组织设计的编制步骤** ··

编制单位工程的施工组织设计一般按以下步骤进行:

(1)熟悉审查图纸,进行调查研究工作。

(2)按施工图计算工程量。

(3)选择适合的施工方法。

(4)编制施工进度计划表。

(5)编制劳动力、材料、构件、加工品、机械的需用量计划。

(6)确定生产、生活的临时设施。

(7)确定临时供水、供电、供热的线路走向。

(8)确定现场道路走向,编制材料进场运输计划。

(9)编制施工准备工作计划。

(10)布置施工现场平面布置图。

(11)计算技术经济指标。

编制实施性施工组织设计的一般程序如图 4-1 所示。

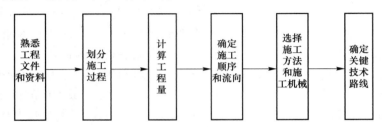

图 4-1 施工组织设计的一般程序

■ **4.1.3 编制前基础资料的调查、收集和整理** ···

1. 编制施工组织设计的依据

编制施工组织设计的依据主要有如下几方面:

(1)施工承包合同。其包括工程项目的范围及内容、合同工期及质量要求,工程造价及价款的支付方式、竣工验收要求及违约责任等。

(2)施工图纸及设计单位对施工的要求。其包括设计全套图纸、所涉及的标准图集和规范、图纸会审纪要等有关设计资料,复杂项目还需要了解设备安装对土建工程的特殊要求以及建设单位对施工的特殊要求。

(3)施工组织总设计。若单位工程是整个建设项目中的一个分项目,编制单位工程施工组织设计时需要考虑施工组织总设计中的总体施工部署和对单位工程施工的有关规定和要求。

(4)建设单位可以提供的条件和水电供应情况。其包括建设单位可以提供的临时设施种类、数量及时间要求,水、电供应量,水压、电压是否符合施工要求,以及停水停电时的处理方式等。

（5）资源配备情况。其包括施工中所需要的劳动力情况，材料、预制构件和加工件的供应情况，施工机械和设备的配备及其生产能力等。

（6）施工现场工程地质勘查技术条件。其包括施工场地的地形、地貌，地上与地下构筑物和管线，工程水文地质情况，气象资料，施工场地范围及周边已有建筑物分布以及交通运输条件等。

（7）预算和报价文件。预算和报价文件中应有各分部分项工程的工程量和有关的劳动定额，必要时应有分部分项工程量。

（8）有关的国家验收规范和质量评定标准、安全操作规程等。

2. 编制施工组织设计所需要的原始资料

编制施工组织设计所需要的原始资料，与工程项目的类型和性质（工业建筑、民用建筑等）有关，通常包括建设地区各种自然条件和技术经济条件的资料。这些资料可向建设单位、勘察设计等单位收集与调查，不足之处可通过实地勘测与调查取得。

（1）自然条件资料。关于建设地区自然条件的资料，主要内容如下：

1）地形资料，了解建设地区的地形和特征，主要有：建设区域的地形图和建设工地及相邻地区的地形图。

建设区域的地形图，其比例尺一般不小于 1：2 000，等高线高差为 0.5～1 m。图上应当标明：临近建筑物分布、自来水厂等的位置，临近车站、码头、铁路、公路、上下水道、电力电信网、河流湖泊位置，临近采石场、采砂场及其他建筑材料供应单位等。地形图主要用途在于确定施工现场、建筑生产与生活区域的位置，场外线路管网的布置，以及各种临时设施的相对位置和大量建筑材料的堆置场等。

建筑工地及相邻地区的地形图，其比例尺一般为 1：2 000 或 1：1 000，等高线高差为 0.5～1 m。地形图图上应标明主要水准点和坐标距离为 100 m 或 200 m 的方格网，以便测定各个建筑物和构筑物的轴线、标高和计算土方工程量。此外，还应当标出已有建筑物、地上地下的管线、线路和构筑物、绿化地带、河流界限及水面标高、最高洪水位警戒线等。地形图是设计施工平面图、布置各项建筑物和设施等的依据。

2）工程地质资料，主要确定建设地区的地质构造、后期地表破坏现象（如地下暗洞、古墓等）和土壤特征、承载能力等。主要内容有：建设地区钻孔布置图，工程地质剖面图，表明土层特征及其厚度，土壤的物理力学性能，如天然含水率、内摩擦角、黏聚力、孔隙比、渗透系数等，土体压缩试验和有关土质承载能力等文件。根据这些资料，可以拟定特殊地基（如黄土、古墓、淤泥质土等）加固的施工方法和技术措施，复核设计中规定的地基土质与实际地质情况是否相符。

3）水文地质资料，包括地下水和地面水两部分。地下水部分资料，目的在于确定建设地区的地下水在全年不同时期内水位的变化、流动方向、流动速度和水的化学成分等。主要内容有：地下水水位及变化范围，地下水的流向、流速和流量，地下水的水质分析资料等。根据这些资料，可以确定基坑工程、排水工程、打桩工程、降低地下水水位等工程所采用的施工方法。

地面水部分资料，目的在于确定建设地区附近的河流、湖泊的水系、水质、流量和水位等。主要内容有：年平均流量、逐月的最大和最小流量或湖泊、水池的贮水量，流速和水位变化情况（特别是最低水位，它是决定给水方法的主要依据），冻结的开始和结束日期及最大、最小和平均的冻结深度，航运及浮运情况等。当建设工程的临时给水是依靠地面水作为水源时，上述条件可作为考虑设置蓄水、净水和送水设备时的资料。此外还可以作为考虑利用水路运输可能性的依据。

4)气象资料，目的在于确定建设地区的气候条件。主要内容有：一是气温资料，包括最低温度及其持续天数、绝对最高温度和最高月平均温度。前者是计算冬期施工技术措施的各项参数，后者是确定防暑措施的参考。二是降雨资料，包括每月平均降雨量、降雪量和最大降雨量、降雪量。根据这些资料可以制定冬雨期施工措施，预先拟定临时排水设施，以免在暴雨后淹没施工地区。三是风的资料，包括常年风向、风速、风力和每个方向刮风次数等。风的资料通常被制成风向玫瑰图，图上每一方位上的线段的长度与风速、刮风次数或者风速和刮风次数一起的数值成比例（通常用百分数表示）。风的资料用以确定临时性建筑物和仓库的布置、生活区与生产区相互间的位置。

(2)技术经济条件资料。收集建设地区技术经济条件的资料，目的在于查明建设地区工业、交通运输、能源供应和生活设施等地区经济因素的可能利用程度，主要内容如下：

1)从地方政府有关部门提供的资料。

①地方建筑工业企业情况。应当查明：当地有无建筑材料、配件和构件的生产企业，并应了解其分布情况、所在地及所属关系，主要产品的名称、规格、数量、质量和能否符合工程施工的要求，生产能力有无剩余和扩充的可能性，同时还应当了解企业产品运往施工现场的途径和运输费用。

②地方资源情况。当本地有供生产建筑材料和构配件等利用的资源、地方材料和工业副产品时，尚需进行详细的调查和勘察。地方工业副产品也是建筑材料重要来源之一。例如，冶金工厂生产时排出的矿渣和发电站生产时排出的粉煤灰，是改善混凝土性能的矿物外加剂，在施工中必须充分利用。

③当地交通运输条件。应当了解建设地区有无铁路专用线可供利用，可否利用邻近编组站来调度施工物资。对于公路运输应当了解道路路面等级、通行能力、汽车载重量等；如果有河道可用来运输时，应当了解取得船只的可能性和数量、码头的卸货能力、装卸工作机械化程度和航期等。同时，还需深入研究采用各种运输方式时的运费，并进行经济比较。

④建筑基地情况。应当了解附近有无建筑机械及模板、支撑等租赁站，有无中心修配站及仓车，其所在地及容量，以及可供工程施工利用的程度。

⑤劳动力的生活设施情况。应当了解当地可以招的工人、服务人员的数量。建设单位在建设地区已有的、在施工期间可作为工人宿舍、厨房食堂、浴室等建筑物的数量，应详细查明地点、结构特征、面积、交通和设备条件。

⑥供水、供电条件。应当了解有无地方发电站和变压站，查明能否从地区电力网上取得电力、可供工程施工使用的程度、接线地点及使用的条件。了解水源、与当地水源连接的可能性、连接的地点、现有上下水道的管径、埋置深度、管底标高、水头压力等。

2)从建筑企业主管部门了解的资料。建设地区建筑安装施工企业的数量、等级、技术和管理水平、施工能力、社会信誉等。主管部门对建设地区工程招标投标、质量监督、文明施工、建筑市场管理的有关规定和政策。工程开工、竣工、质量监督等所应申报和办理的各种手续及其程序。

3)现场实地勘测的资料。上述各项资料，必要时应当进行实地勘测、研究和核实。施工现场实际情况，需要砍伐树木、拆除旧有房屋的情况、场地平整的工程量。当地居民生活条件、生活水平、生活习惯、生活用品供应情况，建筑垃圾处置的地点等。技术经济勘测内容的多少，应当根据建筑地区具体情况作必要的删减和补充，包括的内容必须切合实际需要，过繁过简都不利于编制施工组织设计工作的顺利进行。

4.2 工程概况

■ 4.2.1 工程概况的编制依据 ··

工程概况的编制依据主要包括以下内容：

(1)工程承包合同。

(2)工程设计文件(施工图设计变更、补充条款等)。

(3)与工程建设有关的国家、行业和地方的法律、法规、规范、规程、标准、图集。

(4)施工组织纲要(标前施工组织设计)、施工组织总设计(如本工程是整个建设项目中的一个单位工程，应把施工组织总设计作为编制依据)。

(5)企业技术标准与管理文件。

(6)工程预算文件和有关定额。

(7)施工条件及施工现场勘察资料等。

编制工程概况时，建议采用表格的形式，见表4-1～表4-7。另外应注意以下两点：

(1)法律、法规、规范、规程、标准、制度等应按顺序写：国家→行业→地方→企业；法规→规范→规程→规定→图集→标准。

(2)法律、法规、规范、规程、标准、地方标准图集等应是"最新在用"的，不能使用过时作废的作为依据。

表4-1 工程承包合同

序号	施工准备项目	编号	签订日期
1	××建设工程施工总承包合同	001	××××年×月×日
2	××专业承包合同	002	××××年×月×日

表4-2 施工图纸

种类	图纸编号	出图日期
建筑施工图	建施×～建施×	××××年×月×日
结构施工图	结施×～结施×	××××年×月×日

种类	图纸编号	出图日期
电气专业施工图纸	电施×～电施×	××××年×月×日
设备专业施工图纸	设施×～设施×	××××年×月×日

表 4-3　主要法规

类别	名称	编号或文号
国家	建筑法	2019 年修正
	安全生产法	2014 年修正
行业	建设工程安全生产管理条例	国务院令第 393 号
	建筑工程施工许可管理办法	住房和城乡建设部令第 42 号
地方	江苏省工程建设管理条例	2018 年修正

表 4-4　主要规范、规程

类别	名称	编号或文号
国家	建筑施工组织设计规范	GB/T 50502—2009
	建筑工程施工质量验收统一标准	GB 50300—2013
行业	施工现场临时用电安全技术规范	JGJ 46—2005
	建筑工程资料管理规程	JGJ/T 185—2009
地方	江苏省标准规范：装配整体式混凝土剪力墙结构技术规程	DGJ 32/TJ 125—2016

表 4-5　主要图集

类别	名称	编号
国家	混凝土结构施工图平面整体表示方法制图规则和构造详图	16 G101—1
	钢筋混凝土结构预埋件	16 G362
地方	房屋建筑工程抗震构造设计	苏 G02—2019
	机械连接预应力混凝土竹节桩	苏 G19—2012

表 4-6　主要标准

种类	名称	编号
国家	建筑工程施工质量验收统一标准	GB 50300—2013
行业	建设工程施工现场环境与卫生标准	JGJ 146—2013

种类	名称	编号
地方	住宅工程质量通病控制标准(江苏省标)	DGJ32/J 16—2014
企业	＊＊企业质量控制标准	QB＊＊

表 4-7 其他

序号	类别	名称	编号或文号

■ 4.2.2 工程概况的编制

1. 工程概况的编制内容

单位工程施工组织设计中的工程概况是对整个工程项目情况的总说明,是对建筑项目的工程规模、结构形式、施工条件和特点作一个简明扼要、重点突出的文字介绍。一般还要附上施工现场布置图、主要工程的构造图以及主要工程数量表。

(1)工程建设概况。主要说明拟建工程的建设单位,工程名称,工程概况、性质、用途、资金来源及工程投资额,开工及竣工日期,设计单位,施工单位,施工图纸情况,施工合同,主管部门的有关文件或要求,组织施工的指导思想等。

(2)工程设计概况。

1)建筑设计简介。主要说明拟建工程的建筑规模、建筑功能、建筑特点,并附平面、立面、剖面简图。

2)结构设计简介。主要说明结构形式、基础的类型、构造特点和埋置深度,抗震设防的烈度,抗震等级以及主要结构构件类型及要求等。

3)设备安装设计简介。主要说明建筑采暖及燃气供应工程、建筑电气安装工程、通风空调工程、电气安装工程、智能化系统、电梯等各个专业系统的设计做法要求。

(3)工程施工概况。

1)建设地点的特征。主要说明拟建工程的位置、地形,工程地质条件,季节性施工,冻土深度,地下水情况、温度、主导风向及风力和地震设防烈度等特征。

2)施工条件。主要说明拟建工程"七通一平"情况,现场临时设施,现场周边的环境,施工场地的大小,地上、地下各种管线的位置,当地交通运输的条件,材料以及相关预制产品的生产供应情况,施工机械设备和劳动力准备情况。

3)工程施工特点。简明扼要显示在建项目的施工特点和施工中的重点难点,确定施工方案,对危险性较大的分部分项工程需要编制专项施工方案,确保技术和组织措施满足施工要求。

2. 工程概况的编制方法

通常采用图表形式并加以简练的语言描述，力求达到简明扼要、一目了然的效果。表 4-8～表 4-11 仅做参考示意，编写时应根据工程的规模、复杂程度等具体情况酌情增减内容。

表 4-8 总体简介

序号	项目	内容
1	项目名称	学校办公楼
2	项目地址	黄山路 35 号
3	建设单位	新城小学
4	设计单位	江南建筑设计院有限公司
5	监理单位	方圆监理公司
6	施工单位	江南建工集团
7	质量安全监督单位	江州区安全质量监督站
8	合同承包范围	主体结构
9	合同工期	2019 年 12 月至 2020 年 12 月
10	工程质量目标	扬子杯
11	其他事项	
12	其他	

表 4-9 建筑设计简介

序号	项目	内容			
1	建筑功能	小学教学综合楼			
2	建筑特点	建筑功能多样，建筑风格现代，建筑布置人性化			
3	建筑面积	总整体面积/m²	9 154.94	占地面积/m²	1 799.64
		地下建筑面积/m²	3 935.16	地上建筑面积/m²	5 219.78
		标准层建筑面积/m²	949.84		
4	建筑层数	地上	6 层	地下	2 层
5	建筑层高	地下部分层高/m	地下 1 层	6.00	
			地下 2 层	4.80	
		地上部分层高/m	首层	4.50	
			标准层	3.60	
			机房、水箱间	3.2	
6	建筑高度	±0.000 绝对标高/m	20.100	室内外高差/m	0.3
		基底标高/m	−12.050	最大基坑深度/m	−12.450
		檐口标高/m	22.500	建筑总高/m	27.300
7	建筑平面	横轴编号	×轴～×轴	纵轴编号	×轴～×轴
		横轴距离/m	69.475	纵轴距离/m	39.000
8	建筑防火	地下一级，地上二级			
9	墙面保温	挤塑聚苯板(XPS)			

序号	项目	内容		
10	外装修	檐口		白色外墙涂料
		外墙装修		仿石质材料饰面、白色外墙(300 mm×600 mm)瓷砖
		门窗工程		木门、防火门
		屋面工程	上人屋面	苏 J03—2006—w12(1)/10
			不上人屋面	苏 J03—2006—w10(1)/9
		主入口		钢结构雨棚
11	内装修	顶棚工程		白色乳胶漆、铝板吊顶
		地面工程		彩色水磨石楼面、防滑地砖楼面
		内墙装修		白色乳胶漆墙面
		门窗工程	普通门	木门、防盗门
			特种门	甲级防火门、防火卷帘
		楼梯		白色乳胶漆墙面
		公用部分		白色乳胶漆墙面
12	防水工程	地下		防水等级为二级，外墙抗渗等级为 P6 级
		屋面		屋面防水等级为一级
		厨房间		防水等级为二级
		厕浴间		防水等级为二级
13	建筑节能			按规定性指标进行节能设计
14	其他说明			

表 4-10 结构设计简介

序号	项目	内容		
1	结构形式	基础结构形式		桩基＋筏板＋锚杆
		主体结构形式		钢筋混凝土框架结构
		屋盖结构形式		混凝土梁板屋盖
2	基础埋置深度土质、水位	基础埋置深度		12.050 m
		基底以上土质分层情况		素填土、粉质黏土～淤泥质粉质黏土
		地下水水位标高	地下承压水	0.5～1 m
			滞水层	无
			设防水位	0.5 m
		地下水水质		具微腐蚀性
3	地基	持力层以下土质类别		中风化砂砾岩
		单桩承载力		6 500 kN
		地基渗透系数		
4	地下防水	混凝土自防水		水泥强度等级不宜低于 32.5 MPa
		材料防水		具有

序号	项目	内容		
5	混凝土强度等级及抗渗要求	地下室墙、柱、梁、板		C35、P6
		主体结构部分		C30
6	抗震等级	工程设防烈度		7度
		剪力墙抗震等级		
		框架抗震等级		一、二级
7	钢筋类别	非预应力筋及等级	HPB300 级	
			HRB335 级	
			HRB400 级	√
		预应力筋及张拉方式或类别		钢绞线、后张法
8	钢筋接头形式	机械连接(冷挤压、直螺纹)		直螺纹
		焊接		电渣压力焊
		搭接绑扎		√
9	结构断面尺寸	基础底板厚度/mm		450
		外墙厚度/mm		400
		内墙厚度/mm		200
		柱断面厚度/(mm×mm)		650×650
		梁断面厚度/(mm×mm)		300×750
		楼板厚度/mm		120
10	主要柱网间距/(m×m)	7.2×9.0		
11	楼梯、坡道结构形式	楼梯结构形式		混凝土结构楼梯
		坡道结构形式		混凝土坡道
12	结构转换层	设置位置		无
		结构形式		无
13	后浇带设置	张拉后浇带,待张拉结束后用 C40 微膨胀混凝土浇筑		
14	变形缝设置	变形缝和抗震缝合二为一		
15	结构混凝土工程预防碱集料反应管理类别及有害物质环境质量	未考虑		
16	人防设置等级	6B		
17	建筑物沉降观察	布置沉降观测点		
18	二次围护结构	玻璃幕墙围护		
19	特殊结构	钢结构雨棚、预应力屋面		
20	构件最大几何尺寸/(mm×mm)	500×1 150		
21	室内水池	无		
22	其他说明	无		

表 4-11　机电及设备安装专业设计简介

序号	项目		设计要求	系统做法	管线类别
1	给排水系统	生活给水	符合《建筑给水排水设计标准》(GB 50015—2019)的设计要求	符合《建筑给水排水及采暖工程施工质量验收规范》(GB 50242—2002)的施工要求	不锈钢管、铜管、塑料给水管和金属塑料复合管及经防腐处理的钢管
		生活污水排水	符合《建筑给水排水设计标准》(GB 50015—2019)的设计要求	符合《建筑给水排水及采暖工程施工质量验收规范》(GB 50242—2002)的施工要求	排水铸铁管、排水塑料管
		雨水	符合《建筑给水排水设计标准》(GB 50015—2019)的设计要求	符合《建筑给水排水及采暖工程施工质量验收规范》(GB 50242—2002)的施工要求	排水塑料管、承压塑料管、金属管或涂塑钢管等
		热水及饮水	符合《建筑给水排水设计标准》GB 50015—2019 的设计要求	符合《建筑给水排水及采暖工程施工质量验收规范》(GB 50242—2002)的施工要求	薄壁不锈钢管、薄壁铜管、塑料热水管、复合热水管等
2	消防系统	消火栓	符合《消防给水及消火栓系统技术规范》(GB 50974—2014)的设计要求	符合《消防给水及消火栓系统技术规范》(GB 50974—2014)的施工要求	球墨铸铁管、热浸镀锌钢管、钢丝网骨架塑料复合管等
		自动喷水	符合《自动喷水灭火系统设计规范》(GB 50084—2017)的设计要求	符合《自动喷水灭火系统施工及验收规范》(GB 50261—2017)的施工要求	钢管、不锈钢管、铜管、氯化聚氯乙烯管等
		防排烟	符合《建筑防烟排烟系统技术标准》(GB 51251—2017)的设计要求	符合《建筑防烟排烟系统技术标准》(GB 51251—2017)的施工要求	金属风管或非金属风管
		火灾报警	符合《火灾自动报警系统设计规范》(GB 50116—2013)的设计要求	符合《火灾自动报警系统施工及验收标准》(GB 50166—2019)的施工要求	阻燃或耐火型绝缘导线、阻燃或耐火型电缆

序号	项目		设计要求	系统做法	管线类别
3	空调通风系统	通风	符合《民用建筑供暖通风与空气调节设计规范》(GB 50736—2012)和《工业建筑供暖通风与空气调节设计规范》(GB 50019—2015)的设计要求	符合《通风与空调工程施工质量验收规范》(GB 50243—2016)的施工要求	金属、非金属及复合材料风管
		空调	符合《民用建筑供暖通风与空气调节设计规范》(GB 50736—2012)和《工业建筑供暖通风与空气调节设计规范》(GB 50019—2015)的设计要求	符合《通风与空调工程施工质量验收规范》(GB 50243—2016)的施工要求	金属、非金属及复合材料风管
		采暖	符合《民用建筑供暖通风与空气调节设计规范》(GB 50736—2012)和《工业建筑供暖通风与空气调节设计规范》(GB 50019—2015)的设计要求	符合《建筑给水排水及采暖工程施工质量验收规范》(GB 50242—2002)的施工要求	金属、非金属及复合材料采暖管
		燃气	符合《城镇燃气设计规范（2020 版）》(GB 50028—2006)的设计要求	符合《城镇燃气室内工程施工与质量验收规范》(CJJ 94—2009)的施工要求	钢质管道、铜管、铝塑复合管
4	强电系统	动力	符合《供配电系统设计规范》(GB 50052—2009)和《通用用电设备配电设计规范》(GB 50055—2011)的设计要求	符合《建筑电气工程施工质量验收规范》(GB 50303—2015)的施工要求	绝缘导线、电缆
		照明	符合《建筑照明设计标准》(GB 50034—2013)的设计要求	符合《建筑电气照明装置施工与验收规范》(GB 50617—2010)的施工要求	绝缘导线、电缆
		防雷接地	符合《建筑物防雷设计规范》(GB 50057—2010)和《建筑物电子信息系统防雷技术规范》(GB 50343—2012)的设计要求	符合《雷电防护装置施工质量验收规范》(QX/T 105—2018)的施工要求	铜、镀锌圆钢、钢管等

序号	项目	设计要求	系统做法	管线类别
5	弱电系统	建筑设备监控	符合《建筑设备监控系统工程技术规范》(JGJ/T 334—2014)的设计要求	符合《建筑设备监控系统工程技术规范》(JGJ/T 334—2014)的施工要求	控制电缆和光缆
		安防监控	符合《视频安防监控系统工程设计规范》(GB 50395—2007)和《安全防范工程技术标准》(GB 50348—2018)的设计要求	符合《安全防范工程技术标准》(GB 50348—2018)的施工要求	同轴电缆、控制电缆、双绞线和光缆
		广播和会议	符合《公共广播系统工程技术规范》(GB 50526—2010)的设计要求	符合《公共广播系统工程技术规范》(GB 50526—2010)和《电子会议系统工程施工与质量验收规范》(GB 51043—2014)的施工要求	同轴电缆、控制电缆、双绞线和光缆
		综合布线	符合《综合布线系统工程设计规范》(GB 50311—2016)的设计要求	符合《综合布线系统工程验收规范》(GB/T 50312—2016)的施工要求	同轴电缆、控制电缆、双绞线和光缆

4.3　施工方案

施工方案是施工组织设计的最核心的内容。一般包括施工程序、施工的流向、施工段的划分、重要的分部分项工程施工方法以及施工机械设备的选择。

■ 4.3.1　施工方案的设计步骤 ·······························

1. 熟悉工程相关资料

相关资料包括有关文件及资料，如施工合同、有关规范标准、法律法规、政府批文设计文件，技术和经济等方面的文件和资料，资料不完整还需要通过现场调查获得。

2. 划分施工过程和施工段

划分施工过程和流水施工段是进行施工方案编制的基本工作，可以根据项目结构图和工艺流程图划分施工过程。施工段的划分要考虑便于流水施工，使施工能够均衡、有节奏地进行，高效完成施工任务。

3. 工程量计算

工程量计算应结合选定的施工方法和安全技术要求，使计算所得工程量与实际情况相符合。

4. 确定施工顺序

施工顺序是指分部分项工程或各工序之间的施工先后顺序，根据客观规律组织施工，要解决工种之间在时间上的搭接和空间上的利用问题，合理确定施工顺序，充分利用空间，节约时间，达到缩短工期的目的。

5. 选择施工方法和施工机械

施工方法和施工机械的选择是紧密联系的，在技术上需要解决各主要施工过程的施工手段和工艺问题。在选择施工机械时，应首先选择主导工程的机械，然后根据建筑特点及材料、构件种类配备辅助机械，最后确定与施工机械相配套的专用工具设备。例如，工程的施工进度受垂直机械的影响，在施工前可以根据标准层计算垂直运输量来编制垂直运输量表，从而选择垂直运输方式和机械数量，再确定水平运输方式和与之配套的辅助机械数量，最后布置运输设施的位置及水平运输路线，垂直运输量见表4-12。

表 4-12　垂直运输量表

序号	项目	单位	数量		需要吊次
			工程量	每吊工程量	
1	钢筋工程	t		2 t	20

6. 确定主导工序的施工技术路线

主导工序技术路线是指对工程质量、工期、成本影响较大、施工难度大的分部分项工程中所采用的施工技术的方向和途径，包括施工所采取的技术指导思想、综合的系统施工方法以及重要的技术措施等。确定正确的主导工序技术路线，直接影响到工程的质量、安全、工期和成本。施工方案的制订应紧紧抓住施工过程中的主导工序技术路线的制定，例如，在高层建筑施工方案制订时，应着重考虑深基坑的开挖及支护体系，高层结构混凝土的输送及浇捣，高层结构垂直运输，高层建筑的测量等。

■ 4.3.2　施工技术方案的确定 ···

1. 施工方法的确定

不同施工项目的施工条件、工期以及质量要求各不相同，因此采用的施工技术方案也不相同。为了工程项目保质保量的按期完成，必须确定一个高效合理的施工技术方法。

（1）施工方法的主要内容。拟定主导的分部分项工程的操作方法，包括确保质量和安全的施工技术措施。

（2）确定施工方法的重点。确定施工方法时应着重考虑影响整个单位工程施工的分部分项工程的施工方法，如在单位工程中占重要地位的分部分项工程，施工技术复杂或采用新工艺、新材料、新技术、新设备的分部分项工程，而对于按照常规做法和工人熟悉的分部分项工程，需要提出必要的注意事项。具有下述情况的项目的施工方法应详细具体：

1）工程量大，在单位工程中占重要地位，对工程质量起关键作用的分部分项工程，如基础工程、钢筋混凝土工程、模板工程等。

2）施工技术复杂、施工难度大，或采用新技术、新工艺、新设备、新材料的分部分项工程，如大体积混凝土结构和预应力混凝土结构施工等。

3)施工人员不太熟悉的特殊结构,专业性很强、技术要求很高的工程,如大跨度梁板结构、薄壳结构、悬索结构等。

(3)选择施工方法时应遵循的原则。

1)根据分析确定施工关键线路,明确关键工作,在选择施工方法时着重考虑关键工作,以便在选择施工方法时,有针对性地解决关键工作的施工问题。

2)所选择的施工方法应技术先进、经济合理、满足施工工艺和施工安全要求。

3)应符合国家及地方颁发的施工质量验收规范和质量检验评定标准的有关规定。

4)尽量采用标准化、机械化施工方法。

(4)施工方法的选择。选择施工方法时应着重考虑影响整个单位工程施工的分部分项工程的施工方法,施工技术复杂的或采用新技术、新工艺,对工程质量起关键作用的分部分项工程,需要制定详细的施工方法,对于按常规做法和工人熟悉的分部分项工程,不必详细的拟定,但要明确注意的特殊问题,通常施工方法选择的内容如下所述:

1)土石方工程。计算土石方的工程量,确定土石方开挖的方法,确定基坑开挖的支护方式以及降排水的方式,确定土石方平衡调配方案。

2)基础工程。浅基础的垫层、混凝土基础施工的技术要求,桩基础的施工方法和施工机械选择。

3)砌筑工程。墙体的组砌方法和质量要求,弹线及皮数杆的控制要求,脚手架的搭设方式以及垂直水平运输机械。

4)钢筋混凝土工程。确定混凝土工程的施工方案,模板的类型及支模方法,钢筋的加工、绑扎、焊接以及机械连接的施工方法。确定混凝土的制备方案,混凝土搅拌、振捣设备的类型和规格。确定施工缝留设位置,预应力钢筋混凝土的施工方法及控制应力和张拉设备等。

5)结构安装。确定结构安装方法和起重机类型及开行线路,确定构件运输要求及现场存放方式。

6)对"四新"项目(新设备、新工艺、新材料、新技术)施工方法的选择。

2. 施工机械的选择

施工机械对施工工艺、施工方法有直接的影响,施工机械化是建筑产业化的重要标志,对加快施工进度,提高工程质量,保证施工安全,节约工程成本起着至关重要的作用,因此,选择合理的施工机械成为确定施工方案的一个重要内容。

(1)机械设备选择原则。施工方法和施工机械的选择是紧密联系的,选择施工方法应与施工机械协调一致,大型机械设备的选择主要是选择施工机械的型号和确定其数量,在选择其型号时要符合以下原则:

1)满足施工工艺的要求。

2)有获得的可能性。

3)经济合理且技术先进。

(2)机械设备选择应考虑的因素。

1)应根据工程特点,选择适宜主导工程的施工机械。例如,在选择装配式单层厂房结构安装用的起重机械时,若工程量大而集中,可选用生产效率高的塔式起重机或桅杆式起重机;若工程量较小或虽然较大但较分散时。则采用无轨自行式起重机械。在选择起重机型号时，应使起重机性能满足起重量、起重高度、起重半径和起重臂长等的要求。

2)各种辅助机械应与直接配套的主导机械的生产能力协调一致，共同作用满足施工机械的要求。

3)在同一建筑工地上的施工机械的种类和型号应尽可能少，以便于操作、管理与维护。

4)尽可能选择一机多用的机械设备，以提高生产效率，例如，挖土机既可用于挖土也可用于装卸、起重和打桩。

5)选用施工机械时，应尽量选用施工单位现有的机械，以适应本企业工人的技术操作水平和减少资金的投入，充分发挥现有机械效率。若施工单位现有机械不能满足工程需要，则可考虑租赁或购买。

(3)机械设备选择。根据工程特点，按施工阶段正确选择最适宜的主导工程的施工机械设备，可将施工现场所用的机械设备的规格、型号以及技术参数及数量汇总成表。

■ 4.3.3 施工组织方案编制 ···

1. 施工区段的划分

为了提高工程施工效率，保证主导工作连续施工，采用流水施工，需要将整个工程项目的施工在平面上或空间上划分为若干个区段，组织工业化流水作业，在同一时间段内安排不同的专业工种在不同施工段同时施工。

(1)大型工业项目施工区段的划分。大型工业项目按照产品的生产工艺过程划分施工区段，将整个生产工艺过程分为生产系统、辅助系统和附属生产系统。每个系统的工程项目分别称为主体工程、辅助工程及附属工程。

(2)大型公共项目施工区段的划分。大型公共项目按照其功能设施和使用要求来划分施工区段。例如，火车站可以分为主站层、行李房、邮政转运、铁路路轨、站台、通信信号、人行隧道、公共广场等施工区段。

(3)民用住宅及商业办公建筑施工区段的划分。民用住宅及商业办公建筑可按照其现场条件、建筑特点、交付时间及配套设施等情况划分施工区段。

例如，某小区为8栋高层住宅楼组成，组织施工时，将两幢高层住宅楼作为一个施工区段，分四期施工。每期工程施工中，以两幢高层建筑组织流水施工，可以保证工程均衡流水施工，施工进度满足工期要求。

对于独立式商业办公楼，从平面上将单元分为不同的施工区段，组织流水施工。在设备安装阶段，按垂直方向进行施工段划分，每几层组成一个施工段，分别安排水、电、风、消防、保安等不同施工队的平行作业，定期进行空间交换。

2. 施工程序确定

施工程序可以指施工项目内部各施工区段的相互关系和先后次序，也可以指一个单位工程内部各施工工序之间的相互联系和先后顺序。施工程序是根据工程施工内容，按照其固有的逻辑联系，循序渐进的开展，不允许颠倒或跨越。

单位工程施工中应遵循的程序一般如下：

(1)先地下后地上。先地下后地上是指地上工程开始之前尽量把土方开挖，将管线的安装等基础工作做好，然后进行地上主体结构的施工。"逆作法"施工顺序与之相反。

（2）先主体后围护。先主体后围护是指框架结构或者框架剪力墙结构的建筑物应首先施工主体结构，然后再进行围护结构的施工，在高层建筑中可以将部分主体结构与下层的围护结构平行搭接施工，从而有效地缩短工程工期。

（3）先结构后装饰。先结构后装饰是指首先进行主体结构施工，然后进行装饰装修工程的施工。装配式建筑的预制构件在预制构件厂完成结构和装饰时同时进行，以节省工程工期。

（4）先土建后设备。先土建后设备是指项目施工先进行土建工程施工，然后再进行水、暖、电、卫等设备的安装，但是有的设备需要在土建施工时安装预埋件，以保证后期设备的安装。

3. 合理安排土建施工与设备安装的施工程序

随着建筑业的发展，设备安装与土建施工的程序变得越来越复杂，特别是一些大型工业建筑的施工，除了要完成土建工程之外，还要同时完成复杂的工艺设备、机械及各类管道的安装等。土建施工与设备安装的施工程序，一般来讲有以下三种方式：

（1）"封闭式"施工程序。其是指土建主体结构完工以后，再进行设备安装的施工程序。"封闭式"施工程序，能保证设备及设备基础在室内进行施工，不受气候影响，也可以利用已建好的设备（如桁架式起重机等）为设备安装服务。但"封闭式"施工程序可能会造成部分施工工作的重复进行，如部分柱基础土方的重复挖填和运输道路的重复铺设，也可能会由于场地受限造成困难和不便，故"封闭式"施工程序通常适用于设备较小的工业建筑。

（2）"散开式"施工程序。其是指先进行工艺机械设备的安装，然后进行土建工程施工的施工程序。"散开式"施工程序通常应用于设备基础较大，且基础埋置较深，设备基础的施工将影响到建筑物基础的情况，其优缺点正好与"封闭式"施工程序相反。

（3）设备安装与土建工程同时进行。设备安装与土建工程同时进行，土建工程可为设备安装工程创造必要条件，同时采取了防止设备被砂浆、混凝土等污染的保护措施，加快工程进度。

在编制施工方案时，应按照施工程序的要求，结合工程的具体情况，具体项目具体分析，确保各个施工程序顺利进行。

4. 确定施工流向

确定施工流向是指单位工程在平面和空间上施工的流动方向，这取决于施工、质量、工期等要求。一般来说，对单层建筑物，只需按其跨间分区分段地确定平面上的施工流向，对多层建筑物，除了确定每层平面上的施工流向外，还要确定其层间或单元空间上的施工流向。施工流向的确定，牵涉一系列施工过程的开展和进程，是组织施工的重要环节，为此，一般应考虑下列主要问题：

（1）考虑工厂的生产工艺流程及使用要求。工厂的生产工艺流程决定了工程施工的流向，例如图 4-2 所表示的是一个单层装配式工业厂房，其生产工艺的顺序如图上罗马数字所示。从施工角度来看，每一个车间都是一个独立的单位工程，先完成哪一个车间施工都是一样的，但按照生产工艺的顺序进行施工，可以保证设备安装工程分期进行，从而达到分期完工、分期投产，提前发挥工程投资的效益。

（2）考虑施工工序的要求。施工流向应该按照工序的逻辑顺序进行安排，例如混凝土工程的顺序是绑钢筋→支模板→浇混凝土。

（3）考虑建筑高度。当有不同高度建筑进行施工时，应从低向高依次施工。

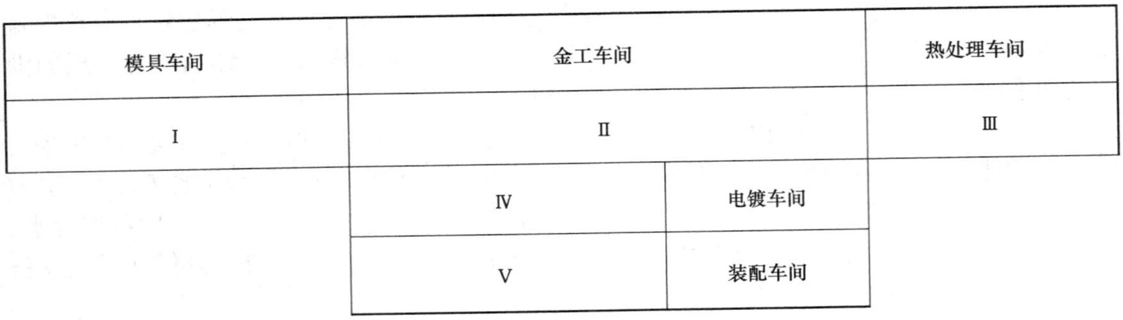

模具车间	金工车间		热处理车间
Ⅰ	Ⅱ		Ⅲ
	Ⅳ	电镀车间	
	Ⅴ	装配车间	

图 4-2 单层工业厂房施工

(4)考虑施工现场实际情况。施工现场占地面积、道路的布置和采用的施工方法决定了施工的流向，施工现场的环形道路的施工流向和单行道路的施工流向是不一样的。

(5)考虑主导施工机械的工作效益，考虑主导施工过程的分段情况。

(6)考虑施工层和施工段的划分，组织施工的方式、施工工期等因素也对确定施工流向有影响。

5. 确定施工顺序

确定施工顺序是指施工过程或分项工程之间施工的先后次序。施工顺序的确定既是为了按照客观的施工规律组织施工，也是为了解决各工种之间在时间上的搭接问题，合理地确定施工顺序，可以充分利用空间，达到缩短工期的目的，提高工程的经济效益。

(1)确定施工顺序的影响因素。

1)考虑施工工艺。施工顺序要反映出施工工艺上存在的客观关系和相互间的制约关系。当然，工艺顺序会因施工对象、结构部位、构造特点、使用功能及施工方法不同而变化，因此，应着重分析施工对象的各施工过程的工艺关系，例如基础工程的施工过程先后顺序是：土方开挖→垫层→砌基础→回填土。

2)考虑施工方法。如装配式单层厂房施工，可采用分件吊装法，也可以采用综合吊装法，施工顺序是完全不相同的，在施工中要考虑施工方法对施工顺序的影响，选择合适的施工方法。

3)考虑施工工期。采用不同的施工顺序进行施工对工期的影响是不同的，因此应根据工程工期的要求，选择合适的施工顺序。如果对工期要求比较高，可以采用适当的逆作法进行施工，从而缩短工期。

4)考虑施工质量。施工过程的先后顺序影响施工的质量，如混凝土浇筑完，必须保持足够的养护时间，当强度达到规范要求时，才能进行下道工序，否则混凝土结构的质量受到影响。

5)考虑气候条件。主要考虑季节性施工对于工程的影响，如冬季室内装修工程应先安装门窗后做其他装饰。

6)考虑安全要求。施工顺序不合理，可能导致施工安全事故。如模板搭设满足安全的条件下才能进行混凝土的浇筑，否则会产生模板坍塌的安全事故。

(2)施工顺序的分析。按照房屋各分部工程的施工特点，施工顺序一般分为基础工程、主体工程、设备安装工程、装饰与屋面工程四个阶段，一些分项工程通常采用的施工顺序如下：

1)基础工程。基础工程施工指室内地坪(±0.000)以下所有的工程的施工，如钢筋混凝土独立基础施工顺序为：挖基槽→做垫层→砌基础→养护→回填土；灌注桩施工顺序为：桩机定位→钻机成孔→清孔→放钢筋笼→浇混凝土→拔出护筒。

2)主体工程。结构常用的结构形式有砖混结构、钢结构、混凝土框架结构、混凝土框架剪力墙结构等。

砖混结构的主导工程是砌筑墙体和楼面浇筑。混合结构标准层的施工顺序为：弹线→砌筑墙体→浇过梁及圈梁→板底找平→浇筑楼面。

钢结构的主导工程结构安装顺序为：吊装钢柱→吊装梁、连系梁、起重机梁→安装楼面板→吊装屋架、天窗架、屋面板。

现浇混凝土框架剪力墙结构的主导工程施工顺序为：弹线→绑扎柱、剪力墙钢筋→支柱、剪力墙模板→浇筑混凝土→拆除柱、墙模板→绑扎梁板钢筋→浇筑梁板混凝土。施工过程中应考虑组织间歇和技术间歇。

3)设备安装工程。在基础工程中应完成管线的预埋后再进行回填土，主体工程施工中，在浇筑混凝土前应将相应的管线设备的预埋件安装完毕，装饰工程施工前，应安装各种管线和电气照明的埋墙暗管、接线盒等。

4)装饰与屋面工程。装饰工程分为室内装饰工程和室外装饰工程，室内装饰工程包括天棚楼地面，墙面以及楼梯的抹灰，门窗的安装，踢脚线等；室外装饰工程包括外墙抹灰及外立面装修、勒脚散水、台阶等；屋面工程包括柔性防水屋面和刚性防水屋面。

室内装饰工程没有严格的前后顺序，同一楼层内的施工顺序为：地面→天棚→墙面，有时也可采用天棚→墙面→地面的顺序。室外装饰顺序由先内后外、先外后内、内外同时三种，根据施工条件和气候条件选择，一般室外装饰工程要避开冬雨期施工。

卷材防水屋面层的施工顺序为：找平层→隔汽层→保温层→找平层→防水层→保护层。屋面工程在主体结构完成后开始，并应尽快完成，为顺利进行室内装饰工程创造条件。

6. 划分施工段

为了便于组织流水施工，必须将单位工程划分若干个流水施工段，各流水施工段按照一定程序组织流水施工，划分施工段要考虑以下四点要求：

(1)尽可能保证结构的整体性，可利用伸缩缝或沉降缝作为施工段的分界线。住宅可按单元、楼层划分，厂房可按跨或者生产工艺划分。

(2)各流水施工段工程量大致相等，以便组织有节奏的流水施工，使施工班组均衡地、有节奏地进行施工，减少停歇和不必要的窝工。

(3)施工段数应与施工过程数相适应，尽可能保证每层的施工段数应大于或等于施工过程数，避免因为施工段数太少，导致工人没有工作面施工引起窝工。施工段数不宜过多，施工段过多可能延长工期或使工作面过窄。

(4)分段施工的大小应与劳动力和机械设备生产能力相适应，确保有足够的工作面，保证工人能有效操作，提高生产效率。

实际施工时，基础工程和主体工程一般进行分段流水作业，施工段的划分可相同也可不同，为了便于组织施工，基础和主体工程施工段的数目和位置基本一致。屋面工程施工时一般采用依次施工的方式组织施工。装饰工程平面上一般不分段，立面上分层施工，一个结构层可作为一个施工层。

■ 4.3.4 分部工程施工方案 ···

4.3.4.1 基础工程施工方案

1. 施工顺序的确定

基础工程施工是指室内地坪(±0.000)以下所有工程的施工，基础的类型有很多，基础的类型不同，施工顺序也不同。

(1)砖基础。砖基础的一般施工顺序，如图 4-3 所示。

图 4-3　砖基础的一般施工顺序

在土方开挖过程中遇到地下障碍物或者古河道及软弱土层时，应该采取技术进行处理，确保地基强度满足设计要求。如果土方开挖深度较大，项目所在地地下水水位较高，在挖土前应进行基坑支护和降低地下水水位的工作，确保土方开挖施工安全。

基础施工过程中受到外界环境影响较大，因此各施工工序应紧密结合，当基坑开挖深度达到设计深度时应立即进行垫层施工，避免坑底长时间暴露在露天环境下，影响坑底承载力。回填土施工过程中尽可能选择最佳含水率的土质进行回填，回填过程中要分层填实，确保填土密实，保证压实率符合设计要求。相关设备的管道安装和预埋件的埋设可与基础工程施工平行搭接完成。

(2)钢筋混凝土基础。钢筋混凝土基础包括独立基础、土条形基础、筏板基础、箱基础等，但其施工顺序基本相同，如图 4-4 所示。

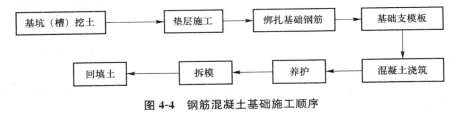

图 4-4　钢筋混凝土基础施工顺序

箱形基础工程的施工顺序，如图 4-5 所示。

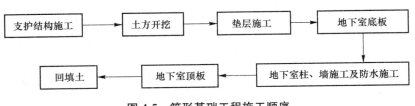

图 4-5　箱形基础工程施工顺序

高层建筑的基础因设置地下室所以都属于深基础，在施工场地有限、工期要求高、施工技术可行的条件可采用逆作法施工，施工顺序如图 4-6 所示。

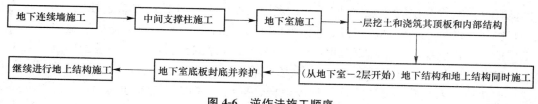

图 4-6　逆作法施工顺序

(3)桩基础。桩基础根据施工工艺不同分为预制桩和灌注桩。

1)混凝土预制桩施工是一种先预制桩构件，然后将其运输至桩位处，用成桩设备将桩沉入土中形成桩。预制桩施工顺序如图 4-7 所示。

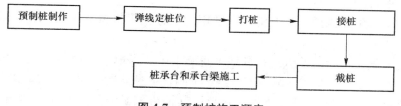

图 4-7　预制桩施工顺序

预制桩沉桩完成后，进行桩承台和承台梁的施工，施工顺序如图 4-8 所示。

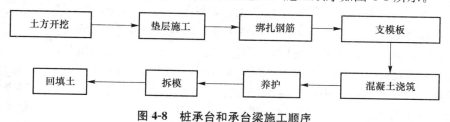

图 4-8　桩承台和承台梁施工顺序

2)混凝土灌注桩是一种直接在现场桩位上使用机械或者人工方法成孔，并在孔中灌注混凝土而形成的桩。灌注桩施工顺序如图 4-9 所示。

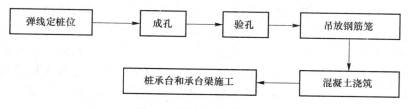

图 4-9　灌注桩的施工顺序

2. 施工方法及施工机械

(1)土石方工程。土石方工程包括土石方的开挖、运输、填筑、平整和压实等主要施工过程，以及排水、降水和土壁支撑等准备工作和辅助工作。

1)确定开挖方法。土方工程面广量大，人工挖土不仅劳动繁重，而且生产效率低，工期长，成本高，因此土方工程施工中尽量采用机械化施工方法，以减轻劳动强度，加快施工进度，人工开挖只适用于小型基坑(槽)、管沟及土方量少的场所，对大量土方一般均采用机械开挖。土方开挖应遵循"开槽支撑，先撑后挖，分层开挖，严禁超挖"原则。开挖基坑(槽)按规定的尺寸，合理确定开挖顺序和分层开挖深度，连续施工，尽快地完成。当采用机械挖土时，应在基底标高以上保留200～300 mm厚的土层，待下一道工序施工时再行开挖，避免坑底长时间暴露导致坑底承载力下降。基坑(槽)挖好后，应立即做垫层，不得超挖，如超挖，须经勘察设计院进行现场取样，提出坑底加固技术方案，确保超挖回填满足原有设计强度。

2)土方施工机械的选择。选择土方机械时，应根据现场的地形条件、工程地质条件、水文地质条件、土的类别、工程量大小、工期要求、土方机械供应条件等因素，合理比较。选择机械，应充分发挥机械性能，进行技术经济比较后确定机械种类与数量，以保证施工质量，加快进度，降低成本。

①常用的土方施工机械。土方施工中常用的土方施工机械有推土机、铲运机和单斗挖土机。

②选择土方施工机械的要点。在场地平整施工中，当地形起伏不大(坡度＜15°)，土方的面积较大，平均运距较短(1 500 m以内)，土的含水量适当(≤27%)时，采用铲运机较为适宜，如果土质坚硬或冻土层较厚时，必须用其他机械翻松后再铲运，当含水量较大时，应疏干水后再铲运。

地形起伏较大的丘陵地带，当挖土高度在3 m以上，运输距离超过2 km，土方工程量较大且集中时，一般应选用正铲挖土机挖土，自卸汽车配合运土，并在弃土区配备推土机平整土堆，也可以采用推土机预先把土堆成一堆，再用装载机把土装到自卸汽车上运走。

开挖基坑根据下列原则选择机械，当基坑深度在1～2 m，而基坑长度又不太长时可采用推土机，对深度在2 m以内的线性基坑，宜用铲运机开挖，当基坑较大，工程量集中时，如坑底干燥且较密实，可选用正铲挖土机挖土。如地下水水位较高，又不采用降水措施或土质松软，可能造成正常挖土机和铲运机陷车时，则采用反铲、拉铲或抓铲挖土机配合自卸汽车较为合适。移挖作填以及基坑和管沟的回填土，当运距在100 m以内时可采用推土机施工。

3)确定土壁支护方式。土方开挖时，如果地质和场地周围条件允许，采用放坡开挖比较经济，但在建筑物布置密集的地区施工，有时不允许按规定的放坡宽度开挖，或基坑放坡开挖土方量过大，需要用土壁支护结构来支撑土壁，以保证施工的顺利和安全，同时减少对周围建筑物的影响。当需设置土壁支护结构时，应根据工程特点、开挖深度、地质条件、地下水水位、施工方法、相邻建筑物情况进行选择和设计。土壁支护结构必须牢固可靠，经济合理，确保施工安全，常用的土壁支护结构有钢支撑、板桩、灌注桩、深层搅拌桩、地下连续墙等。

4)确定降低地下水的方式。在土方开挖过程中，当基坑管沟底面低于地下水水位时，由于土的含水层被切断，地下水会不断地流入坑内，雨期施工时地表水也会流入基坑中，如果不采取降水措施，把流入基坑的水及时排走或降低地下水水位，不仅会使施工条件恶化，而且地基土被水浸泡后容易造成边坡塌方，并使地基的承载力下降。同时，当基坑底部有承压水时，若不降低地下水水位进行减压，基底可能被冲破。因此，为了保证工程质量和施工安全，在基坑开挖前或开挖过程中必须采取措施降低地下水水位，保持基坑底部的干燥。降低地下水水位的方法有集水坑降水法和井点降水法。集水坑降水法一般适用于降水深度较小，且土质为粗粒土，或渗水量小的黏性土层。当基坑开挖较深，并且采用刚性基坑支护结构挡土并形成止水帷幕时，基坑内降水多采用集水坑降水法。如降水深度较大或土层为细砂、粉砂或软土地区时，宜采用井点降水法。无论采用何种降水方法，均应连续到基础施工完毕，且土方回填后才可停止降水。

5) 确定土方回填的方法。基础验收合格后，应及时回填，回填土要在基础两侧同时进行，并分层夯实。为了保证填方工程的质量，必须正确选择填方用的土料和填筑方法。

① 填方土料的选择。含水量符合压实要求的黏性土，可用作各层填料。碎石土、石渣和砂土，也可用作表层以下填料，在使用碎石土和石渣作填料时，其最大粒径不得超过每层铺填厚度的 2/3。碎块草皮和有机质含量大于 8% 的土，以及硫酸盐含量大于 5% 的土均不能作填料用，淤泥和淤泥质土不能作填料，但在软土地区经过处理使含水量符合要求时，可用于填方中的次要部位。对于无压实要求的填方所用的土料，不受上述限制。

② 土方填筑方法。土方应分层回填，并尽量采用同类土填筑。如填方中采用不同透水性的土料填筑时，必须将透水性较大的土层，放置在透水性较小的土层之下，不得将各种土料混合使用。

③ 填土压实方法。填土的压实方法有碾压法、夯实法、振动压实法。碾压法是利用沿着土的表面滚动的古桶或轮子的压力，在短时间内对土体产生挤压作用，在压制过程中作用力保持常量，不随时间延续而变化，碾压机械有平碾、羊足碾和振动碾三种，主要用于场地平整和大型基坑回填工程。夯实法是利用夯锤自由落下的冲击力，使土体颗粒重新排列，以此压实填土，其作用力为瞬时冲击动力，有脉冲特性。夯实机械主要有蛙式打夯机、夯锤和内燃夯土机，这种方法主要适用于小面积的回填土。振动压实法是将振动压实机放在土层表面，借助振动设备使土粒发生相对位移而达到密实，其作用外力为瞬时周期重复振动，其主要适用于振动非黏性土。

6) 确定场地平整土方量调配方案。场地平整施工一般应安排在基坑、管沟开挖之前进行，以使大型土方机械有较大的工作面能充分发挥其效益，并可减少与其他工作的相互干扰。大型工程场地平整前应首先确定场地设计标高，其次计算挖填方的工程量，进行土方平衡调配，并根据工程规模、工期要求、现有土方机械设备条件等，拟定土方施工方案。合理确定场地的设计标高，对于减少挖填土方总量，节约土方运输费用，加快施工进度等都具有重要的经济意义，因此必须结合现场实际情况选择最优方案。场地设计标高一般应在设计文件中规定，若设计文件无规定时，可采用"挖填土方量平衡法"或"最佳设计平面法"来确定。在地形复杂的地区进行大面积平整场地时，除确定场地平整土方量调配方案外，还应绘制土方调配图表。

(2) 基础工程。

1) 混凝土基础。

① 模板施工方案。根据基础结构形式、荷载大小、地基土质、施工设备等条件进行模板及其支架的设计，并确定模板类型、支模方法以及拆除时间和顺序、质量安全保证措施。

② 钢筋工程。选择钢筋的加工（调直、切断、除锈、弯曲、连接）、运输、安装和质量检测方法，确定钢筋加工所需要的设备的类型和数量，预应力钢筋需要编制专项施工方案。

③ 混凝土工程。明确混凝土供应、运输、浇筑、振捣、养护的施工方法，流水施工明

确施工缝的留设位置和处理方法，对于大体积混凝土需编制专项施工方案，确保大体积混凝土施工质量满足质量要求。

2）桩基础。

①预制桩的施工方法。预制装的施工过程主要有桩的预制和桩的沉入两个阶段，桩的预制包括制作、起吊、运输和堆放等过程。桩的沉入包括预制桩打设的方法，选择打桩设备。

预制桩的制作有并列法、间隔法、重叠法和翻模法等制桩方法，工地预制桩多数采用重叠法制作，当采用重叠法制作时桩的重叠层数一般不超过 4 层。桩在浇筑混凝土时，应由桩顶向桩尖一次性连续浇筑完成。混凝土预制桩在达到设计强度 75％后方可起吊，达到100％后方可运输。桩在起吊和搬运时，吊点应符合设计规定。预制桩在打桩前应先做好准备工作，并确定合理的打桩顺序，其打桩顺序一般有逐排打设、分段打设、从中间向四周打设 3 种情况，如图 4-10 所示。打入时还应根据基础的设计标高和桩的规格，宜采用先深后浅、先大后小、先长后短的施工顺序。预制桩按打桩设备和打桩方法，可分为锤击法、振动法、水冲法和静力压桩等。

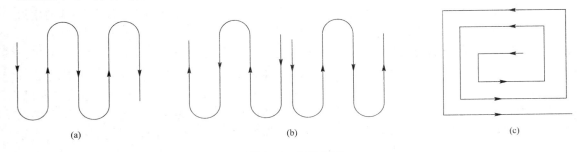

(a)　　　　　　　　(b)　　　　　　　　(c)

图 4-10　打桩顺序
（a）逐排打设；（b）分段打设；（c）从中间向四周打设

②灌注柱的施工方法。根据灌注柱的类型确定施工方法，选择成孔机械的类型和其他施工设备的类型及数量，明确灌注桩的质量要求，拟定安全措施等。

灌注柱按成孔方法可分为泥浆护壁灌注桩、干作业成孔灌注桩、套管成孔灌注桩等。泥浆护壁成孔灌注桩的施工方法是利用钻孔机械在桩位处进行钻孔，当钻孔达到设计要求的深度后，立即进行清孔，并在孔内放入钢筋笼，浇筑混凝土成桩。在钻孔过程中为了防止孔壁塌陷，应在孔中注入一定成稠度的泥浆护壁进行成孔。泥浆护壁成孔灌注桩适用于地下水水位较高的含水黏土层，或夹砂、流砂和风化岩等各种土质的桩基成孔，施工使用范围较广；干作业成孔灌注桩的施工方法是先利用钻孔机械在桩位处进行钻孔，待钻孔深度达到设计要求时，立即进行清孔，然后吊钢筋笼入孔中，再浇筑混凝土形成的桩，适用于地下水水位以上的干土层桩基的成孔施工；套管成孔灌注桩是用锤击或振动的方法，将带有预制混凝土桩尖的钢套管沉入土中，待沉入规定的深度后，立即在管内浇筑混凝土或管内放入钢筋笼后再浇筑混凝土，随后拔出钢套管，并利用拔管时的冲击或振动使混凝土振捣密实。套管成孔灌注桩桩长可随实际地质条件确定，经济效果好，尤其在地下水、流砂、淤泥的情况下，可使施工大大简化，但其桩承载能力较低，在软土中易于产生缩颈，且施工过程中仍有挤土振动和噪声造成对周边建筑物的危害，目前较少采用该法施工。

4.3.4.2 主体工程施工方案

1. 施工顺序的确定

(1)砌体结构。砌体结构主体的楼板可预制也可现浇,楼梯一般采用现浇。

若楼板为预制构件时,砌体结构工程的施工顺序一般如图 4-11 所示。

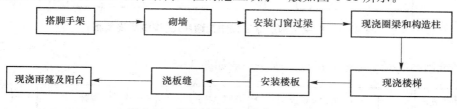

图 4-11 砌体结构施工顺序(预制楼板)

当楼板现浇时,其砌体结构工程的施工顺序一般如图 4-12 所示。

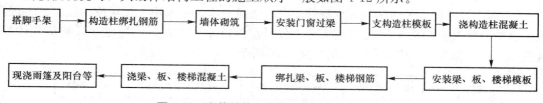

图 4-12 砌体结构工程施工顺序(现浇楼板)

(2)钢筋混凝土框架结构。

1)当楼层不高或工程量不大时,柱、梁、板可一次整体浇筑,柱与梁板间不留施工缝。柱浇筑完成后需等待 1~1.5 h,待柱混凝土初步沉实后,再浇筑其上的梁板,以避免因柱混凝土下沉在梁、柱接头处产生空隙。柱宜在梁板模板安装后钢筋未绑扎前浇筑,以便利用梁板模板作横向支撑和柱浇筑操作平台用。在每一个施工段中应连续浇筑到顶,每排柱子由外到内对称顺序进行浇筑,以防柱子模板连续受侧推力而倾斜。与墙体同时浇筑的柱子,两侧浇筑的高差不能太大,以防柱子中心移动。梁板柱整体现浇时,框架结构主体的施工顺序一般如图 4-13 所示。

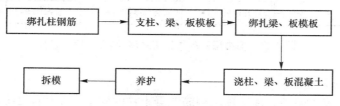

图 4-13 框架结构主体工程施工顺序(梁板柱整体现浇)

2)当楼层较高或工程量较大时,柱与梁、板间分两次浇筑,柱与梁、板间施工缝留在梁底(或梁托下)。待柱混凝土强度达 1.2 N/mm² 以上后,再浇筑梁和板。梁高大于 1 m 时,可先单独浇筑梁,其施工缝留在板底以下 20~30 m 处,待梁混凝土强度达到 1.2 N/mm² 以上时再浇筑楼板。无梁楼盖浇筑时,在柱帽下 50 mm 处暂停,然后分层浇筑柱帽,待混凝土接近楼板底面时,再连同楼板一起浇筑。先浇筑后浇梁板时,框架结构主体的施工顺序一般如图 4-14 所示。

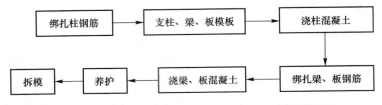

图 4-14　框架结构主体工程施工顺序(先浇筑后浇梁板)

3)浇筑钢筋混凝土电梯井的施工顺序一般如图 4-15 所示。

图 4-15　钢筋混凝土电梯井施工顺序

(3)剪力墙结构。主体结构为现浇钢筋混凝土剪力墙,可采用大模板或滑模工艺。现浇钢筋混凝土剪力墙结构采用大模板工艺,分段组织流水施工,施工速度快,结构整体性、抗震性好。其标准层的施工顺序一般如图 4-16 所示。

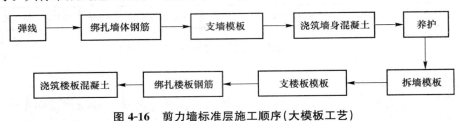

图 4-16　剪力墙标准层施工顺序(大模板工艺)

采用滑升模板工艺时,其施工顺序一般如图 4-17 所示。

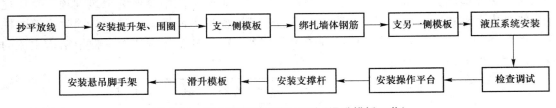

图 4-17　剪力墙标准层施工顺序(滑升模板工艺)

(4)装配式工业厂房。

1)预制阶段的施工顺序。现场预制钢筋混凝土柱的施工顺序如图 4-18 所示。

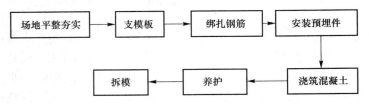

图 4-18　现场预制钢筋混凝土柱的施工顺序

现场预制预应力屋架的施工顺序如图 4-19 所示。

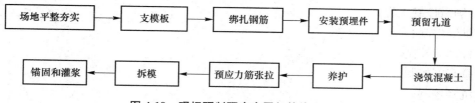

图 4-19 现场预制预应力屋架的施工顺序

2)结构安装阶段的施工顺序。装配式工业厂房的结构安装是整个厂房施工的主导施工过程,其他施工过程应配合安装顺序,结构安装阶段的施工顺序如图 4-20 所示。每个构件的安装工艺顺序如图 4-21 所示。

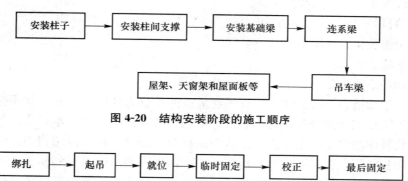

图 4-20 结构安装阶段的施工顺序

图 4-21 每个构件的安装工艺顺序

构件吊装顺序取决于吊装方法,单层工业厂房结构安装法有分件吊装法和综合吊装法两种。分件吊装法的构件吊装顺序如图 4-22 所示,综合吊装法的构件吊装顺序如图 4-23所示。

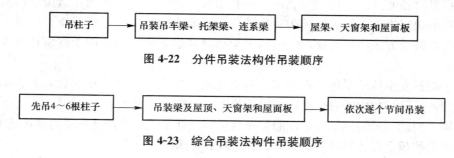

图 4-22 分件吊装法构件吊装顺序

图 4-23 综合吊装法构件吊装顺序

(5)装配式墙板结构。装配式墙板结构标准层施工顺序如图 4-24 所示。

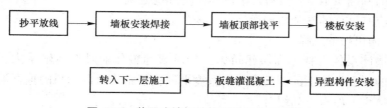

图 4-24 装配式墙板结构标准层施工顺序

2. 施工方法及施工机械

(1)测量控制工程。

1)轴线控制。

2)标高的控制。

3)垂直度控制。

4)沉降控制。

(2)脚手架工程。脚手架应在基础回填土完工之后，配合主体工程搭设，在室外装饰之后、散水施工前拆除。对脚手架的基本要求是构造合理，受力和传力明确，与结构拉结可靠，杆件的局部稳定和整体稳定都要确保，同时搭设脚手架的架子工要有建筑主管部门颁发的特种作业证。

1)依据以下4个因素选择脚手架。

①工程项目外形、高度、结构形式和工期要求。

②脚手架组成材料供应情况。

③脚手架施工方法。

④安全和经济要求。

2)确定脚手架搭设方法。脚手架按平面搭设部位分为外脚手架和里脚手架，外脚手架按建筑物立面上设置状态分为落地、悬挑、吊挂、附着升降4种基本形式。落地式脚手架搭设在建筑物外围地面上，主要搭设方法为立杆双排搭设。在砖混结构中，该脚手架兼做砌筑装修和防护之用，在多层框架结构施工中，该脚手架用作装修和防护使用；悬挑式脚手架搭设在建筑物外边缘向外伸出的悬挑结构上，将脚手架荷载全部或部分传递给建筑结构。该脚手架作为装修和防护使用，应用在市区需要做全封闭，以防坠物伤人。吊挂式脚手架在主体结构施工阶段为外挂脚手架，随主体结构逐层向上施工，用塔式起重机吊升，悬挂在结构上，该形式脚手架适用于高层框架和剪力墙结构施工。附着升降脚手架将自身分为两大部件，分别依附固定在建筑结构上，在主体结构施工阶段，随着升降脚手架以电动或手动提升设备使两个部件互为利用，交替松开、固定、交替爬升，适用于高层框架和剪力墙结构的快速施工。为了保证脚手架的稳定，要设置连墙杆、剪刀撑、抛撑等支撑体系，并确定其搭设方法和设置要求。里脚手架搭设在建筑物内部，用于砌墙抹灰及其他室内装饰工程。

3)脚手架的安全技术要求。脚手架工程为危险性较大的分部分项工程，为了确保脚手架搭设使用和拆除过程中的安全性，对脚手架的安全技术要求如下：

①对脚手架的基础构架结构，连墙件必须进行设计复核，确保其承载力满足施工要求。

②脚手架按规定设置斜杆、剪刀撑、扫地杆、连墙件。

③脚手架连接节点可靠稳定。

④脚手架的基础应平整，具有足够的承载力和稳定性。

⑤脚手架应有可靠的安全防护设施。

(3)垂直运输机械的选择。

1)垂直运输体系的选择。高层建筑施工中垂直运输作业具有运输量大、机械费用大、对工期影响大的特点。施工的速度在一定程度上取决于施工所需物料的垂直运输速度。

垂直运输体系一般有下列组合：

①施工电梯＋塔式起重机。塔式起重机负责吊送模板、钢筋、混凝土，电梯运送人员和零散材料。其优点是供应范围大，易调节安排；缺点是集中运送混凝土的效率不高，适用于混凝土量不是特别大而吊装量大的结构。

②施工电梯＋塔式起重机＋混凝土泵（带布料杆）。混凝土泵运送混凝土，塔式起重机吊送模板、钢筋等大件材料，人员和零散材料由电梯运送。其优点是供应范围大，供应能力强，更易调节安排；缺点是投资和费用很高，适用于工程量大、工期紧的高层建筑。

③施工电梯＋高层井架（带摇臂拔杆）。井架负责运送混凝土，拔杆负责运送模板，电梯负责运送人员和散料。其优点是垂直输送能力强，费用不高；缺点是供应范围和吊装能力较小，需要增加水平运输设施。适用于吊装量不大，特别是无大件吊装的情况且工程量不是很大、工作面相对集中的结构。

④施工电梯高层井架＋塔式起重机。井架负责运送大宗材料，塔式起重机吊送模板、钢筋等大件材料，人员和散料由电梯运送。其优点是供应范围大，供应能力强；缺点是投资和费用较高，有时设备能力过剩，适用于吊装量、现浇工程量较大的结构。

⑤塔式起重机＋普通井架。塔式起重机吊送模板、钢筋等大件材料，井架运送混凝土等大宗材料，人员通过室内楼梯上下。其优点是费用较低，且设备比较常见；缺点是人员上下不太方便，适用于建筑物高度 50 m 以下的建筑。

选择垂直运输体系时，应全面考虑以下三方面：

a. 运输能力要满足规定工期的要求。

b. 机械费用低。

c. 综合经济效益好。

从我国的事故现状及发展趋势看，一般采用"施工电梯＋塔式起重机＋混凝土泵"方案。

2）塔式起重机的选择。

①选择方法：根据结构形式（附墙位置）、建筑物高度、采用的模板体系、现场周边情况、平面布局形式及各种材料的吊运次数，以起重量 Q、起重高度 H 和回转半径 R 为主要参数，经吊次、台班费用分析比较，选择塔式起重机的型号和台数。

②塔式起重机的平面定位原则：塔式起重机施工不留死角；塔式起重机相互不碰撞（塔臂与塔身不相碰），塔式起重机安装、使用、拆卸确保安全可靠。

③施工电梯的选择。

a. 选择方法：以定额载重量、最大架设高度为主要性能参数满足本工程使用要求，可靠性高，经济效益，能与塔式起重机组成完善的垂直运输系统。

b. 平面定位原则：布置便于人员上下及物料集散，距各部位的平均距离最近，且便于安装附着。

（4）混凝土及砌筑工程施工设备。

1）混凝土搅拌机械的选择。当工程采用自拌混凝土时，必须认真考虑选择适宜的混凝土搅拌机械。

混凝土搅拌机械主要根据混凝土的坍落度大小选择搅拌机的类型，按工程量的大小及工期的要求选择混凝土搅拌机的型号。

干硬性混凝土宜选用强制式混凝土搅拌机，塑性混凝土宜选用自落式混凝土搅拌机，工程量较大、工程紧的工程宜选用大容量的混凝土搅拌机或选用多台搅拌机，当工程量较小时，可选用小容量的混凝土搅拌机。

2)混凝土振捣机械的选择。混凝土振捣机械的类型主要根据建筑结构选择，薄型结构（如楼板、平板）可选用平板振捣器，现浇混凝土墙可采用外部振捣器，混凝土梁、柱、基础及其他混凝土结构可选用插入式振捣器。振捣器的型号、数量按工程量的大小或工期要求选择。

3)钢筋加工机械的选择。

①钢筋焊接机械选择。一般情况下，焊接少量、零星钢筋时，可选用电弧焊；当钢筋加工数量较大，在下料前进行连接时，一般选用对焊机；框架结构钢筋进行竖向连接时，可采用电渣压力焊或钢筋挤压连接或螺纹套筒连接。

②钢筋下料机械和弯曲成型机械选择。当加工少量、小直径钢筋时，可采用人工下料和弯曲成型；当钢筋加工数量较大时，应选择钢筋下料机和钢筋成型机进行钢筋下料成型。

4)砂浆搅拌机的选择。工期紧、工程量大的工程应选用生产效率高的搅拌机或多台搅拌机，建筑工地如没有配备砂浆搅拌机时，也可以采用混凝土搅拌机来搅拌砂浆。

（5）砌筑工程。砌筑工程是一个综合的施工过程，包括砂浆制备、材料运输、搭设脚手架和墙体砌筑等。

1)明确砌筑质量和要求。砌体一般要求灰缝横平竖直，砂浆饱满，厚薄均匀，上下错缝，内外搭接，接槎牢固。

2)明确砌筑工程施工组织形式。砌筑工程施工采用分段组织流水施工，明确流水分段和劳动组合形式。

3)确定墙体的组砌形式和方法。普通砖墙的砌筑形式主要有一顺一丁、三顺一丁、两平一侧、梅花丁和全顺式。普通砖墙的砌筑方法主要有"三一"砌砖法、挤浆法、刮浆法和满口灰法。

4)确定砌筑工程施工方法。

①砖墙的砌筑方法。砖墙的砌筑一般有抄平放线、摆砖、立皮数杆、挂线盘角、砌砖和勾缝清理等工序。

②砌块的砌筑方法。在施工之前，应确定大规格砌块砌筑的方法和质量要求，选择砌筑形式，确定皮数杆的数量和位置，明确弹线及皮数杆的控制方法和要求，绘制砌块排列图，选择专门设备吊装砌块。

③砖柱的砌筑方法。矩形砖柱的砌筑方法，应使柱面上下皮砖的竖缝至少错开1/4砖长，柱心无通缝，少砍砖并尽量利用1/4砖。

④砖垛的砌筑方法。砖垛的砌法，要根据墙厚不同及垛的大小而定，无论哪种砌法都应使垛与墙身逐皮搭接，切不可分离砌筑，搭接长度至少为1/4砖长。根据错缝需要可加砌3/4砖或半砖。当砌完一个施工层后，应进行墙面、柱面的勾缝和清理，以及落地灰的清理。

⑤确定施工缝留设位置和技术要求。施工段的分段位置应设在温度缝、沉降缝、防震缝或门窗洞口处。

（6）钢筋混凝土工程。现浇钢筋混凝土工程由模板、钢筋、混凝土三个工序相互配合进行。

1)模板工程。模板安装的全过程如图4-25所示。

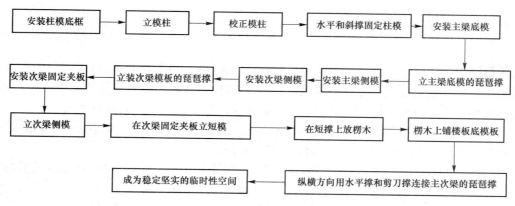

图 4-25　模板安装的全过程

2)钢筋工程。钢筋加工工艺流程如图 4-26 所示。

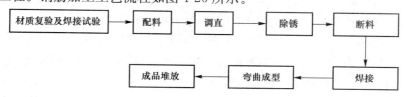

图 4-26　钢筋加工工艺流程

3)混凝土工程。混凝土施工工艺流程如图 4-27 所示。

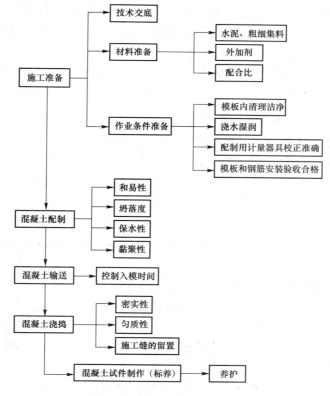

图 4-27　混凝土施工工艺流程

4.3.4.3 屋面防水工程施工方案

1. 施工工艺流程

屋面防水工程对施工工艺要求高，主要是人工操作，占用时间长，为了避免雨水渗漏，主体结构完成后应立即进行屋面防水施工，为了节省工期，屋面工程与装饰工程平行搭接施工。屋面防水层可分为柔性防水层和刚性防水层，防水层的下方设置找平层。

(1)水泥砂浆和细石混凝土找平层的施工工艺。基层清理验收→拉坡度线→做标准灰饼→嵌分隔条→铺填砂浆或细石混凝土→刮平抹压→养护。

(2)沥青砂浆找平层施工工艺。清扫基层→喷涂冷底子油→拉线、嵌分隔条→铺筑沥青砂浆→滚压密实、平整。

(3)普通沥青卷材柔性防水层施工工艺。检查验收基层→涂刷基层处理剂→测量放线→铺贴附加层→铺贴卷材防水层→淋水蓄水试验→做保护层。

(4)涂抹柔性防水层施工工艺。清理验收基层→涂刷基层处理剂→施工缓冲层及附加层→施工涂膜防水层→淋水蓄水试验→施工屋面保护层→检查验收。

(5)刚性防水层施工工艺。结构基层处理→隔离层→细石混凝土防水层→养护→嵌缝。季节温差大的地区，混凝土受温差的影响易开裂，故一般不采用刚性防水屋面。

2. 屋面防水工程流水施工组织的步骤

第一步，划分施工过程。按照划分施工过程的原则，把起主导作用的、影响工期的关键施工过程单独列项。

第二步，划分流水施工段。为了组织流水施工，按照划分施工段的原则，并结合工程实际工程情况将屋面防水工程划分为若干个施工段，施工段的数目要合理，与施工过程数相对应。屋面工程组织施工时若没有高低层或没有设置温度变形缝，通常不分段施工，采用依次施工方式组织施工。

第三步，建立专业班组进行流水施工，确保主导工序的专业班组连续施工。

第四步，组织流水施工，绘制屋面防水分项工程进度计划，通常采用横道图表示方式。

4.3.4.4 装饰工程施工方案

为保护建筑物的主体结构、完善建筑物的使用功能和美化建筑物，采用装饰装修材料或饰物，对建筑的内外表面及空间进行的各种处理过程，称为装饰工程施工，装饰工程施工的种类有抹灰工程、门窗工程、吊顶工程、轻质隔墙工程、饰面面板工程、幕墙工程、涂抹工程、裱糊与软包工程、细部工程等。

1. 内墙面装修施工

内墙面装修施工流程图为：基层清理→材料准备→机具准备→中间构造层→面层→质量评定→成品保护。

(1)石材墙面、柱面湿挂法施工。

工艺流程：板材钻孔、预下镀锌钢丝→板材安装→灌浆→嵌缝清洗→伸缩缝的处理。

(2)石材墙面、柱面干挂法施工。

工艺流程：板材钻孔、开槽→板块补强→基面处理及防线→板材安装→接缝处的处理。

(3)内墙釉面砖施工。

工艺流程：选砖→基层处理→规方、贴标块→设标筋→抹底子灰→排砖、弹线、拉线、贴标准砖→垫底尺→铺贴釉面砖→擦缝。

（4）外墙砖施工。

工艺流程：基体处理→抹找平层→刷结合层→拍砖、弹线、分格→浸砖、铺贴外墙砖→墙砖勾缝与清理。

（5）裱糊施工。

工艺流程：基层处理→刷防潮底漆及底胶→墙面弹线→裁纸与浸泡→壁纸及墙面涂刷胶黏剂→裱糊→清理修整。

（6）木龙骨隔断墙施工。

工艺流程：清理基层地面→弹线、找规矩→在地面用砖、水泥砂浆做踢脚座→弹线，返线至顶棚及主体结构墙上→立边框墙筋→安装沿地、沿顶木楞→立隔断立龙骨→钉横龙骨→封罩面板、预留插座位置并加设垫木→罩面板处理。

2. 楼地面装修施工

（1）水泥砂浆整体式地面施工。

工艺流程：清理基层→面层弹线→润湿基层→做灰饼、标筋→洒素水泥浆→铺水泥浆→木杠压实刮平→木抹子拍实搓平→铁抹子压光→养护。

（2）陶瓷地砖楼地面施工。

工艺流程：处理、润湿基层→弹线、定位→打灰饼、做冲筋→铺结合层砂浆→挂控制线→铺贴地砖→敲击至平整→处理砖缝→清洁、养护。

（3）天然大理石与花岗石板楼地面施工。

工艺流程：基层清理→弹线→试饼、试铺→板块浸水→扫浆→铺水泥砂浆结合层→铺板→灌缝、擦缝→打蜡养护。

（4）实木地板楼地面施工。

工艺流程：基层处理→弹线→钻孔安装预埋件→地面防潮防水处理→安装木龙骨→垫保温层→弹线、钉装毛地板→找平、刨平→钉木地板、找平、刨平→装踢脚线→刨光、打磨→油漆→上蜡。

（5）复合木地板楼地面施工。

工艺流程：基层处理→弹线、找平→铺垫层→试铺预排→铺地板→铺踢脚板→清洁。

（6）地毯楼地面施工。

工艺流程：基层处理→弹线、套方、分格、定位→地毯剪裁→钉倒刺板挂毯条→铺设衬垫→铺设地毯→细部处理及清理。

3. 顶棚装修施工

（1）木龙骨吊顶施工。

工艺流程：弹线找平→检查安装埋件和连接件→安装吊杆和主龙骨→安装木顶撑→安装次龙骨→安装饰面层。

（2）U形、T形轻钢龙骨吊顶施工。

工艺流程：弹线→安装吊杆→安装主龙骨→安装中、次龙骨→安装横撑龙骨→检查调整主龙骨系统→安装饰面板→检查修整。

4. 外墙面装修施工

（1）隐框式玻璃幕墙安装施工。

工艺流程：施工准备→测量放线→立柱、横梁安装→玻璃组件的安装→玻璃组件间的密封及周边收口处理→清理。

（2）挂架式玻璃幕墙安装施工。

工艺流程：测量放线→安装上部承重钢结构→安装上部和侧边边框→安装玻璃→玻璃密封→清理。

（3）金属幕墙安装施工。

工艺流程：测量放线→安装连接杆→安装骨架→安装金属板→板缝处理→伸缩缝隙处理→幕墙收口处理→板面清理。

（4）石材幕墙安装施工。

工艺流程：测量放线→安装金属骨架→安装防火材料→安装石材板→处理板缝→清理板面。

4.3.4.5　预应力结构施工方案

1. 预应力结构预埋施工方案

（1）在预应力梁上下排主筋和箍筋绑扎完成后，就可以穿插进行预应力筋的制作。现场板底模可同时进行铺设，在梁的两侧需要搭设预应力铺放脚手架，梁侧模、张拉端及固定端处模板须预留，待有粘结穿筋和端部节点完成后，再进行梁侧面模板的封模。

（2）为了满足预应力筋的设计矢高要求，对于交叉梁普通钢筋的高度在铺放制作时应进行复核，确定交叉梁普通钢筋的绑扎顺序。若普通钢筋与预应力钢筋发生矛盾，应以普通钢筋避让预应力钢筋为主，同时应及时提出避让或变更方案，报送监理及有关设计单位认可。

（3）确定孔道高度，电焊支架钢筋。施工时，首先可以在绑扎完成的箍筋上（垫块完成后），确定孔道跨中高度和反弯点高度。必须注意，设计图中的预应力钢筋曲线是以孔道中心为标注。因此，在确定支架钢筋的高度时应以波纹管底部外径为基线，支架钢筋采用 $\phi 12$ 以上钢筋，长度与梁箍筋宽度相同，水平间距一般不大于 1 000 mm。支架钢筋制作完成后，现场质量员应及时进行复核及工序验收。

（4）端部模板必须与端部锚垫板对拉螺栓固定。同时应采用普通钢筋加以固定，以防止在浇捣混凝土时发生偏位等现象。端部锚垫板、螺旋筋由于处于支座钢筋较密处，安装比较困难，应保证其位置的准确。同时，还必须保证垫板与孔道切线相垂直。

（5）铺放波纹管。支架钢筋安装完成后，可铺放波纹管。波纹管每根长度一般为 6 m，套管长度 300 mm。在穿入波纹管前，应先将套管旋上波纹管另一端，穿入孔道后将套管倒旋与另一波纹管相连接。

（6）穿预应力筋。穿筋采用单根穿束法，穿束前先将钢绞线端部套上特制"子弹头"，然后从一端穿至另一端。要注意穿进困难时不能硬顶，以防波纹管被顶破，而应将钢绞线往复轻抽、推、转，必要时应检查波纹管是否通顺，不通顺应将其扶顺。在穿束完成后应及时对孔道进行绑扎、固定。现场质量员应对波纹管进行外观检查，若发现孔洞等现象应及时进行修理。

（7）设置灌浆泌水孔。设置原则：二端张拉的预应力筋，一般以每跨大梁每一束预应力曲线高处设置一个泌水孔，水平间距不超过 30 m。一端张拉的预应力筋在固定端处必须设置泌水孔。具体方法：在泌水孔处的波纹管上覆盖一层海绵垫片和带嘴的塑料弧形压板，并用钢丝与波纹管绑扎，再用增强软管插在嘴上，并将其引出梁顶。

2. 预应力结构张拉、锚固施工方案

(1)预应力梁混凝土强度达到设计强度后才能张拉。预应力张拉设备在使用前，应送权威检验机构采用顶顶机的方式，对千斤顶和油表进行配套标定，并且在张拉前要试运行，保证设备处于完好状态。理顺张拉端预应力筋次序，依次安装工作锚、顶压器、千斤顶、工具锚。

(2)张拉采用以张拉应力控制为主，伸长值校验为辅的方法。理论伸长值按下列曲线预应力筋的理论张拉伸长值 ΔL_T 按式(4-1)计算：

$$\Delta L_T = \frac{\left[1 + e^{-(\kappa x + \mu \theta)}\right] F_j}{2 A_p E_p} L_T \tag{4-1}$$

式中 F_j——预应力筋的张拉力；

       A_p——预应力筋的截面面积；

       E_p——预应力筋的弹性模量；

       L_T——从张拉端至固定端的孔道长度(m)；

       κ——每米孔道局部偏差摩擦影响系数；

       x——从张拉端至计算截面的孔道长度(m)，可近似取该孔道在纵轴上的投影长度；

       μ——预应力筋与孔道壁之间的摩擦系数；

       θ——从张拉端至固定端曲线孔道部分切线的总夹角(rad)。

理论伸长值计算时，预应力筋的摩擦系数取值见表4-13。

表4-13   预应力筋的摩擦系数表

预应力筋种类	κ	μ
有粘结钢绞线(金属波纹管)	0.001 5~0.003 0	0.25~0.30
有粘结钢绞线	0.003 0~0.004 0	0.04~0.09

(3)张拉应力控制采用经标定后和千斤顶相配套的压力表上读数进行控制。压力表读数根据千斤顶标定书和张拉控制应力采用数值插入法计算得出，精确到小数点后一位。张拉时达到相应表读数即达到相应控制应力。

(4)张拉时要求实测伸长值与理论计算伸长值的偏差应在规范要求范围内，超出时应立即停止张拉，查明原因并采取相应的措施之后再继续作业。若施工中预应力筋产生断丝和滑移，其数量不得超过表4-14的控制数。

表4-14   后张预应力筋断丝、滑移限制

类别	检查项目	控制数
钢丝束和钢绞线束	每束钢丝断丝或滑丝	1根
	每束钢绞线断丝或滑丝	1丝
	每个断面断丝之和不超过该断面钢丝总数	1%
单根钢筋	断筋或滑移	不容许

（5）预应力张拉顺序及方法。确定合理的预应力施加过程及施加顺序，是预应力施工的关键所在。通常采取如下张拉方案。

1）预应力筋的张拉。每个施工段主梁的张拉应同步对称进行，张拉顺序如下：

①对每个区段而言，要求从中间向两边逐条梁依次进行，以保证整个区域变形一致。

②对每根预应力梁而言，当梁内预应力筋分段搭接时，应沿梁跨方向顺次张拉各跨预应力筋；不得在前一榀梁张拉未完成时，开始张拉后一榀梁，以防止未张拉跨内的梁截面产生受拉裂缝。

2）为防止张拉过程中梁产生较大的偏心受力，张拉次序一般为先中间后上下或两侧，当仅有两个平行孔时，可采取不对称张拉，即先张拉其中一束，后张拉另一束。

（6）根据设计图纸给出的位置，固定锚固端、张拉端的锚垫板、喇叭管、螺旋筋，注意锚具位置正确且牢固；波纹管及喇叭管连接处用胶带密封，以防止混凝土浇筑过程中，进入波纹管。排气孔位于波纹管最高点，所以排气孔与波纹管连接处同样应用胶带密封。

（7）预应力筋的锚固区，必须有严格的密封防护措施，严防水汽进入，锈蚀预应力筋。因此，预应力筋张拉完毕后，应立即对预应力筋进行封端保护。

（8）宜采用砂轮切除多余的预应力筋，预应力筋切断后露出锚具夹片外的长度应不得小于 30 mm。严禁采用电弧切割预应力筋。

（9）用同强度混凝土封堵张拉端后浇筑部分以保护锚具，混凝土中不得使用含氯离子的外加剂。封堵时应注意插捣密实。

（10）浇筑时，注意保护已张拉锚固的锚具，不得直接振捣锚具。

3. 预应力结构灌浆施工方案

（1）灌浆水泥采用 42.5 级普通硅酸盐水泥，水泥浆体 28 d 标准强度不低于 30 MPa。

（2）水泥浆的水胶比为 0.40～0.42，搅拌后 3 h 的泌水率控制在 2% 以内，水泥浆流动度以 16～20 s 为宜。添加适量膨胀剂，但不得掺入含氯化物等对预应力筋有腐蚀作用的外加剂。

（3）灌浆前切割外伸钢绞线，钢绞线露在锚具外的长度控制在 30～50 mm，然后用水泥浆密封所有张拉端，以防浆体外溢，并将排气孔部位的波纹管逐个打通，为下一步操作做准备。

（4）灌浆工作应缓慢、均匀地进行，不得中断，并应排气通顺。灌浆进行到排气管冒出浓浆后，方可堵塞此处的排气孔。

（5）灌浆过程中制作 3 组 70.7 mm×70.7 mm×70.7 mm 的立方体水泥砂浆试块，标准养护 28 d 后送交试验室检验试块强度，其强度不应小于 30 MPa。

4.3.4.6 后浇带结构施工方案

1. 后浇带留置及加固措施

（1）后浇带根据设计图纸进行留置。

（2）后浇带两侧支撑排架始终保留，并适当加固，以保证此处悬臂部分梁板结构安全。所有的后浇带都必须在拆模前先进行加固，禁止整片拆除后才回顶。

（3）对后浇带采取加固时，加固系统应根据模板工程施工方案中支撑系统的要求来设置，以保证加固系统能够达到支撑起上部结构恒载以及施工荷载。在施工过程中，严格控制加固区施工荷载，保证支撑系统的稳定。

（4）后浇带加固点设置。后浇带两侧板带应沿后浇带各设置一排加固点，加固点设置在后浇带边沿混凝土浇筑密实处，每条梁下面必须且至少要设置两个加固点。

2. 后浇带施工方案

（1）基础底板内钢筋必须贯通后浇带，两侧用双层钢板网隔断。

（2）底板、楼板、梁后浇带之间根据设计要求增加补强钢筋。

（3）底板混凝土施工时，渗漏入后浇带内混凝土泥浆应及时清理干净。

（4）底板浇筑完毕后，在后浇带两旁用标准砖砌翻口，翻口上用七夹板覆盖，防止垃圾进入后浇带内。

（5）按设计要求时间进行封带，浇筑前将表面清理干净，用钢丝刷清除钢筋表面水泥浆，将整个混凝土表面的浮浆凿清形成毛面，清除垃圾及杂物，并隔夜浇水湿润。

（6）采用比原强度等级混凝土提高一级的混凝土进行浇捣（抗渗等级相同），并增加膨胀剂。

4.3.4.7 钢结构现场安装

1. 地脚锚栓安装

（1）在绑扎完毕的柱基面筋上测设出对应螺栓组十字中心线的标志，并在螺栓组对应定位钢板上定位出螺栓组十字中心线，如图 4-28 所示。

（2）将定位钢板置于基础面筋上，使定位钢板的十字丝与面筋上十字丝标志对齐，找正找平，初步固定，如图 4-29 所示。

图 4-28　螺栓组十字中心线的定位

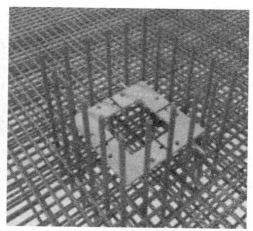

图 4-29　初步固定

（3）将地脚螺栓插入定位钢板螺栓孔内，将螺杆上部用螺帽初步固定，并找正复核，把螺栓顶部全部调整到设计要求标高，如图 4-30 所示。

（4）待中心轴线与标高校验合格后，用直径 12 mm 的钢筋把底部主筋和定位钢板焊接牢固。并在螺栓螺纹部分涂上黄油，包上油纸，加套管保护，如图 4-31 所示。

图 4-30　地脚螺栓　　　　　　　　　　　图 4-31　加套管保护

2. 钢梁安装

钢梁安装时需要在钢梁上开吊装孔，吊装时卡环直接穿入吊装孔进行安装。

(1)吊点。钢梁的吊点设置如表 4-15 和图 4-32 所示(主梁捆绑，次梁吊装孔)。

表 4-15　钢梁的吊点设置

梁长度/m	吊点至梁中心的距离/m
10≤L≤15	2.0
5≤L≤10	1.5
L≤5	1.0

图 4-32　钢梁的吊点设置

(2)钢梁就位调整。钢梁对接位置的操作平台采用吊笼，吊笼采用角钢做成，在钢梁吊装之前安装在钢梁上，随钢梁一起吊装或单独吊装，如图 4-33 和图 4-34 所示。

图 4-33　吊笼(一)

图 4-34　吊笼(二)

吊笼使用方法如下：

1)吊笼为钢梁对接时，对接部位施工用具。吊笼在钢梁吊装前，安装在工作部位，吊装时随钢梁一起吊装，待钢梁安装完成时，采用塔式起重机取下式起重机笼。

2)工人通过楼梯或爬梯，进入吊笼施工作业。

3)在吊笼中焊接或作业时，施工人员应做好安全措施，焊接应做好三防工作。在施工人员利用吊笼操作时，安全绳不能种根在吊笼上，必须可靠地种根在吊笼以外的地方。

（3）生命线。

1)安全绳。在梁和桁架上弦上设置一道安全绳，用于施工人员的水平移动时，安全绳生根用。安全绳使用 φ10 的镀锌钢丝绳，两端可固定在柱子，拉紧采用法兰螺栓。安全绳应在构件吊装之前临时固定在构件，构件吊装到位后，及时拉设固定。

2)高空操作平台:采用全钢结构,在柱对接位置设置操作平台,以便施工。操作平台设置如图4-35所示。

(4)次梁串吊。楼层次梁质量较小,为加快施工进度,可以采用塔式起重机进行串吊,如图4-36所示。

图4-35　高空操作平台

图4-36　次梁串吊

3. 钢柱安装

(1)安装操作平台及钢爬梯。吊装前将钢爬梯安装在钢管柱的一侧,同时在柱顶往下1.3 m处焊接固定装配式安装操作平台的临时槽钢,钢爬梯和临时槽钢应安全、牢靠,便于作业人员上下和安装钢梁时操作,如图4-37所示。

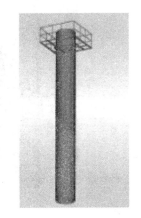

(2)钢柱吊点设置及起吊方式。吊点设置在预先焊好的连接耳板处,为防止吊耳起吊时的变形,采用专用吊具装卡,采用单机回转法起吊。起吊前,钢柱应垫上枕木以避免起吊时柱底与地面的接触;起吊时,不得使柱端在地面上有拖拉现象,如图4-38所示。

(3)首节柱柱脚定位。钢柱吊到就位上方200 mm时,应停机稳定,对准螺栓孔和十字线后缓慢下落,使钢柱四边中心线与基础十字轴线对准,如图4-39所示。

图4-37　安装操作平台及钢爬梯

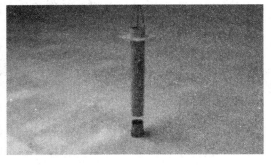

图4-38　钢柱吊点设置及起吊方式

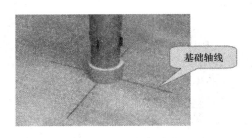

基础轴线

图4-39　首节柱柱脚定位

（4）钢柱临时固定及调整。在吊机松钩前，采用钢丝揽风绳进行固定，同时在钢柱的两条垂直的轴线方向设置经纬仪，对钢柱进行初步测量校正，如图4-40所示。

（5）钢梁安装。在吊装前挂好吊笼，如图4-41所示。

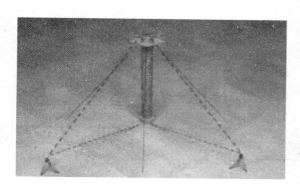
图 4-40 钢柱临时固定及调整

图 4-41 钢梁安装

4.3.4.8 装配式建筑吊装工程施工方案

1. 吊装顺序

深化设计单位，根据构件的吊装流程对构件进行编号。厂家根据编号给每个构件贴上二维码及编码，运输和卸货时应充分考虑楼层构件吊装顺序。吊装顺序严格按照设计规范要求进行吊装，原则上从每栋单体的一端向另一端进行吊装。

2. 吊装施工工序流程

吊装施工工艺流程如图4-42所示。

3. 吊装前工作准备

（1）施工准备。

1）技术准备。

①项目技术负责人提前做好专项施工安全及技术交底，并根据施工方案及图纸认真地做好楼层的现场安装计划。

②相关技术施工人员要详细阅读施工图纸及规范、规程，熟练掌握图纸内容，列出施工的难点和重点。图纸不明确的地方及时与建设单位工程部及设计院沟通。

2）现场准备。

①施工现场内设施工道路，并在施工道路边上做好排水沟。为方便平板车的进出，保证运输道路满足构件运输车辆承载能力，做好现场道路硬化工作，并在施工现场四周空地布置预制构件堆放场地。

②在施工现场设置预制叠合板、填充墙、楼梯、阳台等专用的堆场。为了方便吊装，必须在楼侧边靠近塔式起重机处设置构件临时堆放场地，并做好场地硬化。在堆放场地四周做好排水处理，避免堆放场地积水，影响构件堆放及吊装。构件堆放场地要做好安全围挡，悬挂标识，非工作人员不得进入。施工前按照施工顺序由运输车辆将构件运至施工处。

③预制叠合板、预制阳台、预制楼梯采用平放运输，放置时构件底部设置通长木条，并用紧绳与运输车固定；预制填充墙采用竖放设置，底部固定牢靠。预制板可叠放运输，

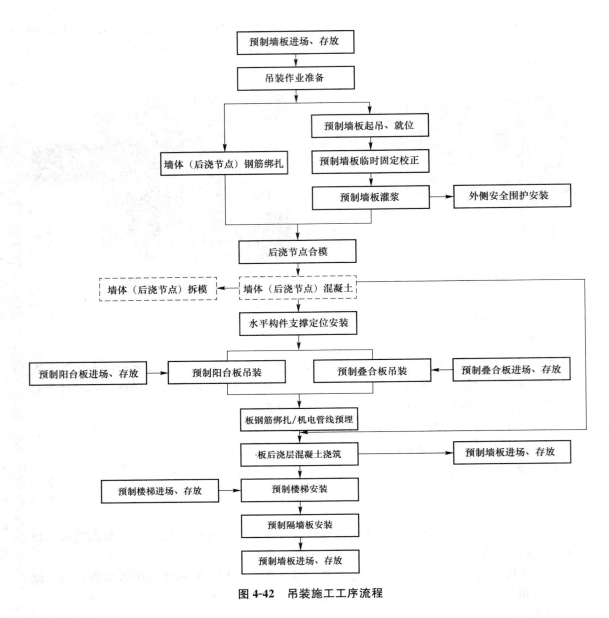

图 4-42　吊装施工工序流程

叠放层不得超过 6 层。预制楼梯板不得超过 3 层。运输车运输预制构件时，车启动应慢，车速应匀，转弯变道时要减速，以防止冲撞预制板造成损坏。

3) 材料准备。

①支撑体系：立杆采用钢管脚手架，顶部设可调顶撑，横肋采用 40 mm×90 mm 木方。

②安装工具：水准仪、塔尺、水平尺、冲击钻、橡胶垫、专用吊钩、铁锤、撬棍、扳手、锚固螺栓等。

(2) 交底。

1) 按照二级技术交底程序要求，逐级进行技术交底。特别是对不同技术工种的针对性交底，要切实加强和落实。

2)重视设计交底工作，每次设计交底前，由项目技术负责人召集各相关岗位人员汇总、讨论图纸问题。设计交底时，切实解决疑难和有效落实现场碰到的图纸施工矛盾。

3)切实加强与建设单位、设计单位的沟通与信息联系，深化设计单位和预制构件加工制作单位的联系。

（3）测量放线。

1)PC正式吊装前1d，用测量仪器在该楼层上放出PC构件进出控制线（黑线）和左右控制线（红线）作为平面位置调节的依据，在柱钢筋上放500 mm标高线（红油漆线）作为标高调节的依据。

2)每层楼面轴线垂直控制点不应少于4个，楼层上的控制轴线应用经纬仪由底层原始点直接向上引测，轴线放线偏差不得超过3 mm。放线遇有连续偏差时，应考虑从建筑物中间一条轴线向两侧调整。测量放线人员将该工程的控制点引到地楼面板底模上，将引入的控制点用墨线弹出，形成该楼层的纵横控制轴线。

外墙板放线要求：根据各块板的长度放出控制边线，每块外墙板板缝必须控制在15～25 mm(±5 mm)，并保证相邻的板缝相对均匀。

3)在预埋件准确位置全部校准后，将埋件预先焊好的钢筋与梁板钢筋点焊在一起，临时固定预埋件的位置，再反复校正预埋件的精确位置，确保预埋件的位置固定不变。

4)待楼层所有工序完成以后，进行该楼层混凝土浇筑。

（4）吊装施工技术要求。

1)正式吊装前，应进行试吊，首先将构件吊起离开地面200～300 mm后，停止提升，检查塔式起重机的刹车等性能，吊具、索具是否可靠，确认无误方可进行正式吊装工序。

2)PC板平面位置的调节主要是其在平面上进出和左右位置的调节，平面位置误差不得超过2 mm。

3)PC板的上口与下口应分别进行调节，而且应以上口水平面控制为重点。若PC板下口平面位置与下层板的上口不一致时，应以后者为准，且在保证垂直度的情况下，尽量使外观保持一致。

4)调节标高必须以PC板上口标高作为控制的重点，标高的允许误差为2 mm，每层PC板吊装完成后必须整体校核一次标高、轴线的偏差，确保偏差控制在允许范围内。若出现超出允许的偏差应通知项目技术负责人共同研究解决，严禁蛮干。

5)PC构件本身质量的好坏直接关系到现场吊装施工能否顺利进行，优良的构件质量是PC吊装质量的一个前提与保障。为了加强PC构件的质量控制与管理，施工单位应派出一名管理人员进驻构件厂，同时建设单位派出一名监理作为驻厂监理代表，参与构件的生产进度协调与质量把控，所有构件出厂时必须经过总承包单位与监理驻厂代表验收签字后才能发货到现场，构件到现场后必须经过监理工程师与总承包单位质检员检查验收后才能开始吊装。对不符合要求的构件坚决予以退场处理，严格控制构件质量三级质检制度。

6)吊装质量的控制是装配整体式结构工程的重点环节，也是核心内容，主要控制重点在施工测量的精度上。为达到构件整体拼装的严密性，避免因累计误差超过允许偏差值而使后续构件无法正常吊装就位等问题的出现，吊装前须对所有吊装控制线进行认真的复检，构件安装就位后须由项目部质检员会同监理工程师验收PC构件的安装精度。安装精度经验收签字通过后，方可浇筑混凝土。

7)预制构件吊装所用吊具材质、规格、强度必须满足国标要求；吊具须有专人管理并做使用记录，每次使用前应检查损坏情况，吊点位置及吊钩设置必须严格按图纸要求设置，吊装顺序应严格按照安装图纸标明的顺序进行吊装，如图 4-43 所示。

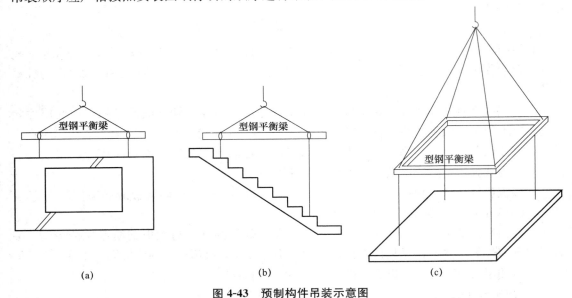

(a)   (b)   (c)

图 4-43 预制构件吊装示意图

(a)预制墙板吊装示意图；(b)预制楼梯吊装示意图；(c)预制板

8) PC 吊装采用的吊具须进场后将资料报与监理及相关单位验收通过后方可安装，相关技术要求如图 4-44 所示。

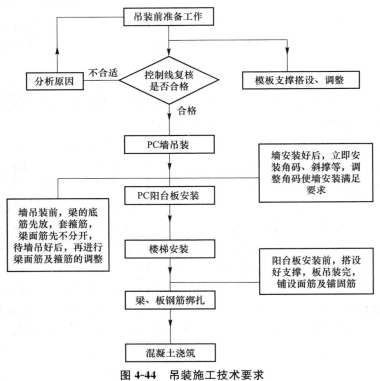

图 4-44 吊装施工技术要求

4. 吊装注意事项

(1)吊装前准备工作应充分到位。

(2)吊装顺序合理，班前质量技术交底清晰。

(3)构件吊装标识简单易懂。

(4)吊装人员在作业时必须分工明确，协调合作意识强。

(5)指挥人员指令清晰，不得含糊不清。

(6)工序检验到位，工序质量控制必须做到有可追溯性。

5. 预制墙板施工

(1)工艺流程。预制墙板安装准备→弹出控制线并复核→选择吊装工具→挂钩、检查构件水平→吊运→安装、就位→调整固定→取钩→连接件安装。

(2)安装准备。

1)根据施工图纸，检查预制墙板构件类型，确定安装位置，并对构件吊装顺序进行编号。

2)根据施工图纸，弹出预制构件的水平及标高控制线，同时对控制线进行复核。

(3)选择吊装工具。根据构件形式及重量选择合适的吊具，当墙板与钢丝绳的夹角小于45°时或墙板上有4个(一般是偶数个)或超过4个吊钉时应采用加钢梁吊装，也可以根据构件的特点采用钢丝绳外加5 T型号鸭嘴吊具起吊。

(4)吊运。每个施工区放置一台装满构件的平板拖车箱，构件直接从车上起吊，避免二次吊装，减少工作量，提高工作效率。

(5)就位、安装。

1)在距离安装位置50 cm高时停止构件下降，检查墙板的正反面应该和图纸正反面一致，检查地上所标示的垫块厚度与位置是否与实际相符。

2)根据楼面所放出的墙板侧边线、端线位置使墙板就位。

3)根据控制线精确调整外墙板底部，使底部位置和测量放线的位置重合。

4)安装固定墙板支撑。

预制墙板吊装就位后，每块墙板需要两个斜撑来固定，在每块预制墙板上部2/3高度处有事先预埋的连接件，斜撑通过专用螺栓与墙板预留连接件连接，斜撑底部与地面用地脚螺栓进行锚固；支撑与水平楼面的夹角在40°～50°。

安装过程中，作业人员必须在确保两(四)个墙板斜撑安装牢固后方可解除起重机吊钩；垂直度的调整通过两个斜撑上的螺纹套管调整来实现，且两边要同时调整。所有的墙板都应按此顺序进行快速安装就位。

(6)调整、固定。

1)根据标高调整横缝，横缝不平直接影响竖向缝垂直，竖缝宽度可根据墙板端线控制。

2)预制墙板安装垂直度应以满足外墙板面垂直为主。

3)预制墙板拼缝校核与调整应以竖缝为主，横缝为辅。

4)预制墙板阳角位置相邻板平整度校核与调整，应以阳角垂直度为基准调整。

5)用铝合金挂尺复核外墙板垂直度，旋转斜支撑调整，直到构件垂直度符合要求。

6)斜支撑调整垂直度时，同一构件上所有构件应向同一方向旋转，以防构件受扭。如遇支撑旋转不动时，严禁用蛮力旋转。旋转时应时刻观察撑杆的丝杆外漏长度(丝杆长度为

500 mm，旋出长度不超过 300 mm），以防丝杆与旋转杆脱离。

7)用斜支撑将外墙板固定，长度大于 4 m 且小于 6 m 的外墙板用 3 个斜支撑；长度大于 6 m 的外墙板用 4 个斜支撑；长度小于 4 m 的外墙板用 2 个斜支撑。

(7)取钩。操作工人站在人字梯上并系好安全带取钩，安全带与防坠器相连，防坠器要有可靠的固定措施。

(8)墙体构件吊装要点如图 4-45 所示。

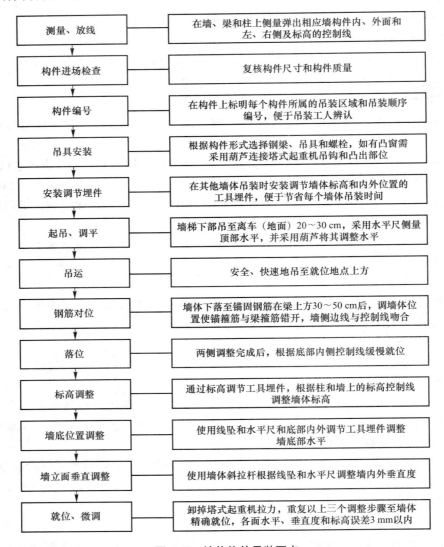

图 4-45　墙体构件吊装要点

(9)墙体构件吊装过程如图 4-46 所示。

(10)斜撑预埋。斜撑预埋严格须按照图纸预留预埋。由于后打膨胀螺栓存在打穿楼板或预埋管线的风险，因此，工作过程中应注意以下三点：

1)浇混凝土前全数验收埋件数目及位置。

图 4-46　墙体构件吊装过程示意图

2）根据各户型首层经验调整预埋件位置。

3）预埋位置距预制墙边约 2 m 位置。

（11）吊装顺序选择。根据施工需要，将每栋楼划分流水段，每个流水段预制墙板的吊装遵循先吊外墙后吊内墙的原则。

根据吊装专业工人施工习惯，可选用绘制吊装顺序平面布置图的方式，与构件厂家沟通到位，从构件装车、卸车时即形成一致，但这样对生产、装车及卸车等各环节要求较高。

（12）外墙板检验和验收。

检验仪器：靠尺、塔尺、水准仪。

检验操作：吊装墙板吊装取钩前，利用水准仪进行水平检验。如果发现墙板底部不够水平，可通过塔式起重机提升加减垫块进行调平，偏差在±1 mm 以内即可。落位后再进行复核，落位垂直度在±3 mm 以内即可验收合格。

6. 预制叠合楼板施工

（1）工艺流程。预制叠合板安装准备→支撑搭设→弹出控制线并复核→选择吊装工具→挂钩、检查构件水平→吊运→安装、就位→调整固定→取钩→板带支设。

（2）安装准备。根据施工图纸，检查叠合板构件类型，确定安装位置，并对叠合板吊装顺序进行编号。

（3）支撑搭设。构件安装前应对工人进行技术交底，支撑架体采用扣件式排架支撑系统。支撑架体的地基必须坚实，架体必须有足够的强度、刚度和稳定性。叠合板底支撑间距纵横向均不大于 1.2 m，每根支撑之间高差不得大于 2 mm，标高偏差不得大于 3 mm，悬挑板外端比内端支撑尽量调高 2 mm。

（4）根据施工图纸弹出叠合板的水平及标高控制线，同时对控制线进行复核。

（5）叠合楼板吊装。

1）本工程楼板的吊装和叠合墙板吊装一样，分两个班组进行。叠合楼板的安装铺设顺序按照板的安装布置图进行，安装示意图如图 4-47 所示。

2）吊装前与构件供应厂家沟通好叠合楼板的供应，确保吊装顺利进行。

3）楼板吊装前应将支座基础面及楼板底面清理干净，避免点支撑。

图 4-47　叠合板吊装示意图

4)吊装时先吊铺边缘窄板，然后按照顺序吊装剩下的板。

5)每块楼板起吊用 4 个吊点，吊点位置为格构梁上弦与腹筋交接处，距离板端为整个板长的 1/4 到 1/5 之间。

6)吊装索链采用专用索链和 4 个闭合吊钩，平均分担受力，多点均衡起吊，单个索链长度为 4 m。

7)楼板铺设完毕后，板的下边缘不应该出现高低不平的情况，也不应出现空隙，局部无法调整避免的支座处出现的空隙应做封堵处理，支撑柱可以做适当调整，使板的底面保持平整，无缝隙。

(6)调整、取钩，线盒线管埋设。

1)复核构件的水平位置、标高、垂直度，使误差控制在本方案允许范围内。

2)检查下面支撑及板的拼缝，使所有支撑杆件受力基本一致，板底拼缝高低差小于3 mm，确认后取钩。

3)各种集电线盒线管埋设严格按照图纸设计要求进行埋设，避免出现错埋、漏埋的现象。

(7)板带支设。叠合板间板带大于等于 300 mm 采用独立钢管支撑体系搭设，间距不大于 1 200 mm。模板采用 12 mm 厚多层木模板，如图 4-48 所示。

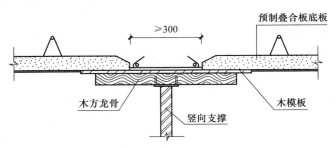

图 4-48　板带支设示意图

(8)叠合板验收和检验。

检验仪器：靠尺、水平激光仪、水准仪。

检验操作：楼板吊装取钩前，首先使用水平激光仪放射出 1 m 标高线，利用水准仪在楼板底部进行水平检验。如果发现板底部不够水平，通过调节可调顶托，直到偏差在 ±3 mm 以内即可验收。落位后再进行复核，落位水平度在 ±5 mm 以内即可验收。

7. 预制阳台施工

(1)工艺流程。预制阳台安装准备→支撑搭设→弹出控制线并复核→选择吊装工具→挂钩、检查构件水平→吊运→安装、就位→调整固定→取钩。

(2)安装准备。根据施工图纸，检查阳台板构件类型，确定安装位置并对吊装顺序进行编号。

(3)支撑搭设。预制阳台板支撑采用扣件式钢管支撑体系搭设，同时根据阳台板的标高位置将支撑体系的顶托调至合适位置处。

(4)阳台吊装就位。预制阳台采用预制板上预理的四个吊环进行吊装，确认卸扣连接牢固后缓慢起吊；待预制阳台板吊装至作业面上 500 mm 处略作停顿，根据阳台板安装位置控制线进行安装。就位时要求缓慢放置，严禁快速猛放，以免造成阳台板震折损坏。阳台板按照弹好的控制线对准安放后，利用撬棍进行微调，就位后采用 U 形顶托进行标高调整，如图 4-49 所示。阳台吊装就位后根据标高及水平位置线进行校正。阳台部位进行机电管线铺设时，必须依照机电管线铺设深化布置图进行。

图 4-49　阳台吊装就位示意图

(5)预制阳台验收和检验。

①检验仪器：靠尺、水平激光仪、水准仪。

②检验操作：阳台板吊装取钩前，首先使用水平激光仪放射出 1 m 标高线，利用水准仪在板底部进行水平检验。如果发现板底部不够水平，通过调节可调顶托，直到偏差在 ±3 mm 以内即可验收。落位后再进行复核，落位水平度在 ±5 mm 以内即可验收。

8. 预制楼梯梯段施工

(1)工艺流程。预制楼梯梯段安装准备→基层清理→休息平台支撑搭设→选择吊装工具→挂钩、检查构件水平→吊运→安装、就位→调整固定取钩→拼缝支模注浆。

(2)安装准备。根据施工图纸检查阳台构件类型，确定安装位置并对吊装顺序进行编号。

(3)休息平台支撑搭设。梯段就位前，休息平台施工完成基地并清理干净，因平台板需支撑梯段荷载。检查梯段支撑面下部支撑是否搭设完毕且牢固。梯段落位后可用钢管加顶托在梯段底部(梯段底部一般会有 4 个脱模吊钉，可将钢管支撑于此)加支撑固定。

(4)楼梯吊装安装校正调整。待楼梯吊装至作业面上 500 mm 处略作停顿，根据楼梯板方向调整，就位时要求缓慢操作，严禁快速猛放，以免造成楼梯板振折损坏。楼梯板基本就位后，根据控制线，利用撬棍微调、校正，如图 4-50 所示。

图 4-50　楼梯吊装调整楼梯校正示意图

（5）预制楼梯板与现浇部位连接灌浆。楼梯板安装完成，检查合格后，在预制楼梯板与休息平台连接部位采用灌浆料进行灌浆，灌浆要求从楼梯板的一侧向另一侧灌注，待灌浆料从另一侧溢出后表示灌满，如图4-51所示。

（6）楼梯验收和检验。

1）检验仪器：靠尺、水准仪。

2）检验操作：楼梯吊装取钩前，利用水准仪在楼板底部进行水平检验。如果发现楼板底部不够水平，则应通过撬棍加减垫块进行调整，直到偏差在±5 mm以内即可验收。落位后再进行复核，落位水平度在±8 mm内即可验收。

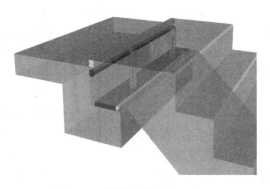

图 4-51　拼缝支模注浆示意图

9. PC 构件注浆施工

（1）工艺流程。预制构件注浆施工准备→人员准备→材料准备→机具准备→基层检查清理→坐浆封堵→灌浆施工。

（2）竖向连接方式：浆锚连接。浆锚钢筋搭接是装配式混凝土结构钢筋竖向连接形式之一，即在混凝土中预埋波纹管，待混凝土达到要求强度后，钢筋穿入波纹管，再将高强度无收缩灌浆料灌入波纹管养护，以起到锚固钢筋的作用。这种钢筋浆锚体系属多重界面体系，即钢筋与锚固材料（灌浆料）的界面体系、锚固材料与波纹管界面体系以及波纹管与原构件混凝土的界面体系。

纵向钢筋采用浆锚搭接连接时，对预留孔成孔工艺、孔道形状和长度、构造要求、灌浆料和被连接钢筋，应进行力学性能以及适用性的试验验证。

（3）灌浆施工准备。

1）现场管理人员及作业人员应深入地学习相关技术规范及施工工艺，编制专项施工方案，报送总包单位技术负责人、监理单位审批后，对现场作业人员进行技术交底，并在施工现场设置灌浆施工样板，经现场总包单位、监理单位确定后，方可进行大面积灌浆作业。

2）灌浆前应检查套筒，螺纹盲孔内是否阻塞或有杂物，灌浆路径过长时应做分仓处理，宜3~4个套筒为一个仓格，灌浆时间为同层现浇混凝土强度达到75%后才能施工，灌浆时由下孔灌入，上孔冒浆即为灌满，及时用皮塞塞紧。

（4）人员准备。作业工人在构件加工厂进行工艺试验培训考核，经监理、总承包单位确认后方可上岗，掌握熟练的灌浆技术操作水平，并持有相应作业考核合格证。

（5）材料准备。灌浆料：使用钢筋套筒连接用专用灌浆料。材料进场使用前应提供出厂合格证及质量证明文件，并进行抽样检测，合格后方能使用。本项目采用收缩水泥基灌浆料，1 d龄期强度不宜低于35 MPa，28 d龄期的强度不应低于85 MPa，其余条件应满足《钢筋连接用套筒灌浆料》（JG/T 408—2019）中规定，见表4-16。

表 4-16 《钢筋连接用套筒灌浆料》(JG/T 408—2019)相关规定

检测项目		性能指标
流动度/mm	初始值	≥300
	30 min 实测值	≥260
抗压强度/MPa	龄期 1 d	≥35
	龄期 3 d	≥60
	龄期 28 d	≥85
竖向自由膨胀率/%	3 h 实测值	0.02～2
	24 h 与 3 h 差值	0.02～0.40
氯离子含量/%		≤0.03
泌水率/%		0
28 d 自干燥收缩/%		≤0.045

底部坐浆料。底部坐浆材料应满足设计要求。按现行国家标准《混凝土强度检验评定标准》(GB/T 50107—2010)的要求进行检验；底部坐浆材料可采用强度等级不低于预制构件的无收缩砂浆。

(6)机具准备。相关机具见表 4-17。

表 4-17 相关机具

序号	设备名称	数量	规格	用于施工部位
1	空压机	1 台	220 V	灌浆用设备
2	灌浆设备	1 台		灌浆用设备
3	配电箱	1 套	220 V	配有 3×2.5 电线
4	工具箱	1 个		含扳手、螺钉旋具、钳子等
5	搅拌机具	2 套		专用搅拌机
6	温湿度计	1 套		施工现场环境记录
7	流动度测试仪	1 套		施工现场灌浆料流动度检测
8	照相机			现场留存影像资料
9	电子秤	1 台		称料、称水
10	劳保用品	5 套		工作服，安全帽等
11	填缝枪	1 套		不具备设备注浆条件时，采用填缝枪人工注浆
12	试模	3 套	40 mm×40 mm×160 mm	成型抗压强度试块
13	小铁铲	10 把		清理灰渣
14	毛巾	10 条		清理设备
15	灌浆堵	500 个		封堵灌浆孔和排浆孔
16	小抹刀	10 把		
17	灰板	10 把		
18	钢丝刷	10 把		
19	灰斗	10 个		

（7）检查。

1）波纹管内是否有异物（水泥浆或其他建筑垃圾），如有需及时清理。

2）墙体坐浆面是否有浮浆及其他异物，如有需及时清理。

（8）PC 预制墙板注浆部位的空腔外坐浆封堵。

1）PC 构件吊装就位校正后及时进行界面清理。

2）量测、记录坐浆层厚度。

3）封堵施工机具及专用封堵料准备就绪。

4）界面浇水湿润。

5）按要求称量、搅拌专用封堵料。

6）用专用封堵工具按施工要求进行封堵施工，封堵时每隔 1 m 左右预埋直径 15 mm PVC 管，用于灌浆时导出界面湿润时的残留水。

7）单次搅拌的封堵料需在 30 min 内完成，封堵料内除搅拌水外，不得掺入其他材料。

8）封堵完成后浇水养护至少 12 h。

（9）灌浆。

1）灌浆开始前所有机具、水电及灌浆料材料等均应就位并运至现场，准备工作如图 4-52 所示。

2）灌浆前现场用空压机检查疏通套筒及坐浆空腔。

3）当气温超过 30 ℃时，应对灌浆机坐浆部位墙板表面进行浇水湿润，并用空压机经预埋 PVC 管排出残留水。

4）根据量测记录的坐浆层厚度、长度及波纹管个数估算单次灌浆用料量并按需要备料（可考虑 10％的富余）。

5）现场派专人按施工记录表格要求记录灌浆详细过程（包括影响资料等），监理旁站、施工技术负责人员需到场监督记录，灌浆操作人员应经过专门培训，熟悉灌浆流程及操作要领。

6）严格按要求配合比称料、拌制灌浆料并按工艺要求开始灌浆，搅拌均匀后静置 2 min 排气，检测灌浆料的流动度，初始流动度不小于 300 mm。

(a)

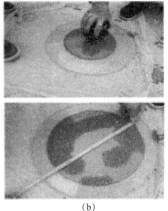
(b)

(c)

图 4-52　灌浆准备工作

(a)搅拌灌浆料；(b)流动度测试；(c)标准试模制作

7)单次灌浆需连续完成，中间不允许停顿，如图 4-53 所示。

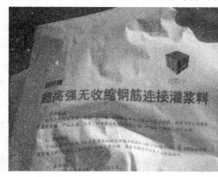

图 4-53　灌浆料

8)灌浆过程中如出现异常，应及时反映并力争现场采取措施解决。

9)灌浆时，所有进/出浆孔均不进行封堵，当进/出浆孔开始往外溢流浆料，且溢流面充满进/出浆孔截面时立即塞入橡胶塞进行封堵，如图 4-54 所示。

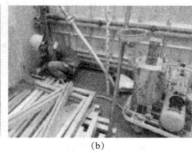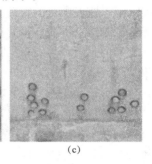

(a)　　　　　　　　　(b)　　　　　　　　　(c)

图 4-54　灌浆过程
(a)封仓封边；(b)灌浆作业；(c)胶塞堵漏

10)待所有出浆孔均塞堵完毕后，拔除注浆管。封堵必须及时，避免灌浆腔内经过保压的浆体溢出灌浆腔，造成注浆不实，拔除注浆管到封堵橡胶塞时间间隔不得超过 1 s。

11)全数检查进/出浆孔，确保灌浆应密实、饱满。

12)及时清理溢流浆料，防止灌浆料凝固，污染楼面/墙面。

(10)冬季灌浆施工措施。

1)温度高于 5 ℃时，灌浆工作可正常进行，但需密切关注温度的变化，在灌浆完成 24 h内，保证温度不低于 5 ℃，否则需采取保温措施。

2)温度在 0 ℃～5 ℃范围时：

①浆料搅拌时采用温水搅拌，搅拌用水温度在 22 ℃～28 ℃。

②灌浆保压封堵完成后，在墙体靠近室内一侧灌浆缝向上延伸 30 cm，水平延伸 30 cm范围内覆盖防火棉被，防火棉被上再覆盖一层彩条布进行保温。

③用木枋、钢管对防火棉被加以固定。

④防火棉被覆盖保温时间持续 24 h。

3)温度低于 0 ℃时，停止一切注浆工作。

4.4 单位工程施工进度计划

■ 4.4.1 施工定额及其应用 ···

1. 施工定额的概念

施工定额是以同一性质的施工过程——工序作为研究对象，表明生产产品数量与时间消耗综合关系的定额。施工定额是施工企业组织生产和加强管理在企业内部使用的一种定额，属于企业定额的性质。施工定额是建设工程定额中分项最细、定额子目最多的一种定额，也是建设工程定额中的基础性定额。施工定额由人工定额、材料消耗定额、施工机械台班使用定额所组成。

施工定额是施工企业进行施工组织、成本管理、经济核算和投标报价的重要依据。施工定额直接应用于施工项目的管理，用来编制施工作业计划、签发施工任务单、签发限额领料单，以及结算计件工资或计量奖励工资等。施工定额和施工生产紧密结合，施工定额的定额水平反映施工企业生产与组织的技术水平和管理水平，施工定额也是编制预算定额的基础。

2. 施工定额的编制原则

（1）要以有利于不断提高工程质量、提高经济效益、改变企业的经营管理和促进生产技术不断发展为原则。

（2）平均先进水平的原则。平均先进水平是指在正常的施工条件下，经过努力，多数施工企业和劳动者，可以达到或超过；少数施工企业和劳动者，可以接近的水平。这个平均先进水平，低于先进企业和先进劳动者的水平，高于后进企业和后进劳动者的水平，同时略高于大多数企业和劳动者的平均水平。

（3）内容适用的原则。施工定额的内容，要求简明、准确、适用，既简而准确，又细而不繁。

3. 施工定额的内容

施工定额包括人工定额、材料消耗定额和机械使用定额。

（1）人工定额。人工定额是指在一定的生产技术组织条件下，完成合格的单位产品所必需的劳动力数量消耗的标准。人工定额一般用两种形式来表示，即时间定额和产量定额。

1）时间定额。时间定额，就是某种专业、某种技术等级工人班组或个人，在合理的劳动组织和合理使用材料的条件下，完成单位合格产品所需要的工作时间，包括准备与结束时间、基本工作时间、辅助工作时间、不可避免的中断时间及工人必需的休息时间。时间定额以工日（工天）为计量单位，每一工日按 8 h 计算。时间定额的计算式如下：

$$时间定额 = \frac{工作人数 \times 工作时间}{工作时间内完成的产品数量} \qquad (4\text{-}2)$$

2）产量定额。产量定额，就是在合理的劳动组织和合理使用材料的条件下，某种专业、某种技术等级的工人班组或个人在单位工日中所应完成的合格产品的数量，产量定额的计算式如下：

$$产量定额=\frac{工作时间内完成的产品数量}{工作人数\times工作时间} \tag{4-3}$$

时间定额和产量定额，是同一劳动定额的两种不同表现形式。时间定额，以工日为单位，便于计算分部分项工程的所需工日数，主要用于计算工期和核算工资；产量定额是以产品的数量作为计量单位，便于专业班组分配任务，编制作业计划和考核生产效率。

3)两者关系。时间定额是计算产量定额的依据，产量定额是在时间定额基础上制定的。时间定额和产量定额在数值上互为倒数关系。当时间定额减少或增加时，产量定额也随之增加或减少。其关系可用式(4-4)表示：

$$H=\frac{1}{S} 或 S=\frac{1}{H} \tag{4-4}$$

式中　　H——时间定额；

　　　　S——产量定额。

(2)材料消耗定额。材料消耗定额是指在一定的生产技术组织条件下，完成合格的单位产品所必需的一定规格的材料消耗的数量标准。

材料消耗定额指标的组成，按其使用性质、用途和用量的大小划分为四类，即主要材料、辅助材料、周转性材料、零星材料。

1)主要材料消耗定额是构成建筑产品实体的材料消耗的数量标准。例如，混凝土框架结构中的混凝土、钢筋等，道路工程中的沥青、碎石等。

2)辅助材料消耗定额是指工程所必需但不构成建筑产品实体的材料消耗的数量标准。辅助材料定额可分为一次性材料消耗定额、周转性材料消耗定额。

3)周转性材料是在施工过程中多次使用、周转的工具性材料。如钢筋混凝土工程用的模板，搭设脚手架用的钢管、扣件。周转性材料消耗一般与下列因素有关：第一次制造时的材料消耗、每周转使用一次材料的损耗、周转使用次数、周转材料的最终回收及其回收折价。

4)零星材料则以"其他材料费"计列在定额里，可用估算法计算，以"元"表示。

材料消耗定额中包括工地范围内施工操作和搬运过程中的正常损耗量，但不包括场外运输途中的材料损耗数量。

(3)机械使用定额。施工机械使用定额是指在一定的生产技术组织条件下，完成合格的单位产品所必需的施工机械工作数量消耗标准。它有两种形式：一种是机械台班定额，另一种是机械产量定额。

1)机械台班定额。机械台班(时间)定额，是指在合理劳动组织与合理使用机械条件下，完成单位合格产品所必需的工作时间。其计算公式如下：

$$机械台班定额=\frac{机械台数\times机械工作时间}{工作时间内完成的产品数量} \tag{4-5}$$

机械工作时间是机械从准备发动到停机的全部时间，包括有效工作时间、不可避免的中断时间和无负荷工作时间。计量单位一般为工作班，简称班。一个台班表示一台机械工作8 h。

2)机械产量定额。机械产量定额，是指在合理劳动组织与合理使用机械条件下，机械在每个台班时间内应完成合格产品的数量。其计算公式如下：

$$机械产量定额 = \frac{工作时间内完成的产品数量}{机械台数 \times 机械工作时间} \tag{4-6}$$

(4)综合实践定额或综合产量定额的确定。在编制施工进度计划时，经常会遇到计划所列项目与施工定额所列项目的工作内容不一致的情况。可先计算平均定额（或称综合定额），再用平均定额计算劳动量。

1)当同一性质、不同类型的分项工程，其工程量相等时，平均定额可用其绝对平均值，如式（4-7）所示：

$$\overline{H} = \frac{H_1 + H_1 + \cdots + H_n}{n} \tag{4-7}$$

式中　$\overline{H}$——同一性质、不同类型分项工程的平均时间定额。

2)当同一性质、不同类型的分项工程，其工程量不相等时，平均定额应用加权平均值。如式（4-8）所示：

$$H = \frac{Q_1 + Q_2 + \cdots + Q_n}{\dfrac{Q_1}{S_1} + \dfrac{Q_2}{S_2} + \cdots + \dfrac{Q_n}{S_n}} - \frac{\sum Q_i（总工程量）}{\sum P_i（总劳动量）} \tag{4-8}$$

$$\overline{H} = \frac{1}{\overline{S}} \tag{4-9}$$

式中　$\overline{S}$——同一性质、不同类型分项工程的平均产量定额；

　　　Q_i—工程量；

　　　P_i—劳动量。

■ **4.4.2　单位工程施工进度计划编制内容和步骤** ⋯⋯⋯⋯⋯⋯⋯⋯⋯⋯⋯⋯⋯⋯⋯⋯⋯

编制单位工程施工进度计划时，应按照设计文件和施工顺序，将拟建单位工程分解为若干个施工过程，再进行有关内容的计算和设计。

1. 划分施工过程

(1)施工过程划分的粗细程度。施工过程划分的粗细程度主要根据单位工程施工进度计划的作用来确定。

对于控制性施工进度计划，其施工过程的划分可以粗一些，一般可按分部工程划分施工过程。例如：开工前准备、基础工程、主体结构工程、设备安装工程、装饰工程等。

对于指导性施工进度计划，其施工过程的划分可以细一些，要求每个分部工程所包括的主要分项工程均应一一列出，起到指导施工的作用。例如：预应力施工流程、装配式柱安装注浆流程等。

(2)施工过程划分应简明清晰。为了使进度计划简明清晰、突出重点、便于操作，一些辅助的施工过程应合并到主要施工过程中去。如地下结构的防水施工可合并到基础工程施工过程内，同期施工的同一工种施工的项目应合并在一起。

(3)施工过程的划分应考虑施工工艺和施工方案的要求。

1)划分施工过程应考虑施工工艺要求。基础工程施工，一般可分为开挖土方、做垫层、砌基础、回填土等施工过程，是合并还是单独列项，应视工程工程量、结构性质、劳动组织等因素研究确定。

2)划分施工过程，应考虑所选择的施工方案。现浇混凝土框架结构施工过程中，梁、板混凝土可以一起浇筑，梁、板混凝土也可以分开浇筑，如何划分需要根据施工方案来确定。

3)建筑的水、暖、天然气、电等房屋设备安装是单位工程项目重要组成部分，应单独列项，土建施工进度计划中需要列出设备安装的施工过程，表明其与土建施工的配合关系。

(4)明确施工过程对施工进度的影响程度。根据施工过程对工程进度的影响程度，可分为以下三类：

1)资源驱动的施工过程，这类施工过程直接在拟建工程上进行作业(如墙体砌筑、现浇混凝土等)，占用时间、资源，对工程的完成与否起着决定性的作用，在条件允许的情况下，可以缩短或延长它的工期。

2)辅助性施工过程，一般不占用拟建工程的工作面，虽需要一定的时间消耗和一定的材料资源，但不占用工期，故可不列入施工计划内，如场外构件加工或预制、构件运输等。

3)施工过程虽直接在拟建工程上进行作业，需要消耗一定时间但是不占用材料资源，应根据具体情况将它列入施工计划，如混凝土的养护、油漆的干燥等。

施工过程划分和确定之后，应按前述施工顺序列出施工过程(分部分项工程)一览表，见表4-18。

表4-18　分部分项工程一览表

序号	分部分项工程名称	序号	分部分项工程名称
一	柱施工	二	先张法预应力工程
1	支模板	5	支模板
2	绑钢筋	…	安装钢筋及张拉
3	浇混凝土		浇筑混凝土
4			

2.计算工程量

当确定了施工过程后，应计算每个施工过程的工程量。工程量应根据施工图纸、工程量计算规则及相应的施工方法进行计算，即按工程的几何形状进行计算。如果施工图预算已经编制，一般可采用施工图预算的数据，但有些项目应根据实际情况做适当的调整。计算工程量时应注意以下三个问题：

(1)注意工程量的计算单位。每个施工过程的工程量的计量单位应与采用的施工定额的计量单位相一致。这样，在计算劳动量、材料消耗量及机械台班量时就可直接套用施工定额，不需再进行换算。

(2)注意采用的施工方法。计算工程量时，应与采用的施工方法相一致，以便计算的工程量与施工的实际情况相符合。例如，土方工程中，应明确挖土方是否放坡，坡度是多少，是否需增加开挖工作面。当上述因素不同时，土方开挖工程量是不同的。

(3)正确取用预算文件中的工程量。如果编制单位工程施工进度计划时，已编制出预算文件(施工图预算或施工预算)，则工程量可从预算文件中找出并计算汇总。但是，施工进度计划中某些施工过程与预算文件的内容不同或有出入时(如计量单位、计算规则、采用的定额等)，则应根据施工实际情况加以修改、调整或重新计算。

3. 套用定额

明确施工过程及其工程量后，套用建筑工程施工定额，以确定劳动量和机械台班量。在套用国家或当地颁布的定额时，必须注意结合本单位工人的技术等级、实际操作水平、施工机械情况和施工现场条件等因素，确定定额的实际水平，使计算出来的劳动量、机械台班量等符合实际需要。采用新技术、新设备、新工艺、新材料以及其他特殊工艺的施工过程，如定额中未编入，可参考类似的施工过程的定额、经验资料和实际情况确定。

4. 计算劳动量和机械台班数

劳动量和机械台班量可根据各分部分项工程的工程量、施工方法和施工定额来确定。一般计算公式为

$$P_i = \frac{Q_i}{S_i} = Q_i H_i \tag{4-10}$$

式中　P_i——某分部分项工程劳动量或机械台班量（工日或台班）；

Q_i——某分部分项工程工程量（m³、m²、m、t 等）；

S_i——某分部分项工程计划产量定额［m³/工日（台班）、m²/工日（台班）、m/工日（台班）、t/工日（台班）等］；

H_i——某分部分项工程计划时间定额［工日（台班）/m³、工日（台班）/m²、工日（台班）/m、工日（台班）/t 等］。

当某一施工过程由两个或两个以上不同分部分项工程合并而成时，其总劳动量应按式（4-11）计算：

$$P_总 = \sum_{i=1}^{n} P_i = P_1 + P_1 + \cdots + P_n \tag{4-11}$$

当某一施工过程由同一工种但不同做法、不同材料的若干个分项工程合并组成时，应按式（4-12）或式（4-13）计算其综合产量定额，再求其劳动量。

$$\overline{S} = \frac{\sum_{i=1}^{n} Q_i}{\sum_{i=1}^{n} P_i} = \frac{Q_1 + Q_2 + \cdots + Q_n}{P_1 + P_1 + \cdots + P_n} = \frac{Q_1 + Q_2 + \cdots + Q_n}{\dfrac{Q_1}{S_1} + \dfrac{Q_2}{S_2} + \cdots + \dfrac{Q_n}{S_n}} \tag{4-12}$$

$$\overline{H} = \frac{1}{S} \tag{4-13}$$

式中　$\overline{S}$——某施工过程的综合产量定额（m³/工日（台班）、m²/工日（台班）、m/工日（台班）、t/工日（台班）等）；

$\overline{H}$——某施工过程的综合时间定额（工日（台班）/ m³、工日（台班）/m²、工日（台班）/m、工日（台班）/t 等）；

$\sum_{i=1}^{n} P_i$——总劳动量（工日（台班））；

$\sum_{i=1}^{n} Q_i$——总工程量（m³、m²、m、t 等）；

$Q_1，Q_2，\cdots，Q_n$——同一施工过程的各分项工程的工程量；

$S_1，S_2，\cdots，S_n$——与 $Q_1，Q_2，\cdots，Q_n$ 相对应的产量定额。

【例4-3】 某基础工程土方开挖总量为1 000，计划用两台挖掘机进行施工，挖掘机台班定额为200 m³/台班。计算挖掘机所需的台班量。

【解】 $P_{机械} = \dfrac{Q_{机械}}{S_{机械}} = 10\ 000/(200 \times 2) = 25(台班)$

【例4-4】 某分项工程依据施工图计算的工程量为100 m³，该分项工程采用的施工时间定额为0.5工日/m³。计算完成该分项工程所需的劳动量。

【解】 $P_i = Q_i H_i = 1\ 000 \times 0.5 = 500(工日)$

5. 确定各施工过程的持续时间

施工过程持续时间的确定方法有经验估算法、定额计算法和工期计算法三种。

(1)经验估算法。经验估算法先估计出完成该施工过程的最长时间、最短时间和最可能时间三种施工时间，再根据公式计算出该施工过程的持续时间。这种方法适用于四新技术以及特殊的无定额参考的分部分项工程。其计算公式为

$$D = \frac{A + 4B + C}{6} \tag{4-14}$$

式中　D——施工过程的持续时间；

　　　A——最短的时间；

　　　B——正常的时间；

　　　C——最长的时间。

(2)定额计算法。定额计算法是根据分部分项工程需要的劳动量或机械台班量，以及配备的劳动人数或机械台班，确定施工过程持续时间。其计算公式为

$$D = \frac{P}{N \times R} \tag{4-15}$$

$$D_{机械} = \frac{P_{机械}}{N_{机械} \times R_{机械}} \tag{4-16}$$

式中　D——某人工劳动为主的施工过程持续时间(天)；

　　　P——该分部分项工程所需的劳动量(工日)；

　　　R——该分部分项工程所配备的施工班组人数(人)；

　　　N——每天采用的工作班制(班)；

　　　$D_{机械}$——某机械施工为主的施工过程持续时间(天)；

　　　$P_{机械}$——该分部分项工程所需的机械台班数(台班)；

　　　$R_{机械}$——该分部分项工程所配备的机械台班数(台)；

　　　$N_{机械}$——每天采用的工作台班数(台班)。

(3)工期计划法。工期计划法是根据施工的工期要求，先确定分部分项工程的持续时间、工作班制，再确定施工班组人数或机械台数。其计算公式为

$$R = \frac{P}{N \times D} \tag{4-17}$$

$$R_{机械} = \frac{P_{机械}}{N_{机械} \times D_{机械}} \tag{4-18}$$

式中，参数意义同上。

6. 初排施工进度计划

编制施工进度计划的初始方案时，必须考虑各分部分项工程合理的施工顺序，尽可能

按流水施工进行组织和编制，尽量使主要工种的施工班组连续施工，并做到劳动力、资源计划的均衡，具体编制方法如下：

(1)先安排主要分部工程并组织其流水施工。主要分部工程尽可能采用流水施工方式编制进度计划，或者采用流水施工与搭接施工相结合的方式编制施工进度计划，尽可能使各种工种连续施工，同时也能做到各种资源消耗的均衡，总的原则是应使每个施工过程尽快投入施工。

(2)按工艺的合理性和施工过程尽可能搭接的原则，将各施工阶段的流水作业图表搭接起来，得到单位工程施工进度计划的初始方案。

7. 检查与调整施工进度计划

(1)施工顺序检查与调整。施工顺序的检查和调整要注意以下几点：各施工工序的先后顺序是否合理；主导施工过程是否最大限度地进行流水作业和搭接施工；其他工序是否与主导工序相配合，是否影响主导工序的施工；施工过程中的技术和组织间歇时间是否符合工艺和组织的要求，如有不合理的地方应及时调整和修改。

(2)施工工期的检查与调整。施工工期应满足合同规定的工期，如果不能满足要求，需要重新安排进度计划或对施工方案进行调整和修改。

(3)劳动消耗量的检查与调整。对于整个工程项目而言，劳动量消耗应力求均衡，根据劳动量消耗动态图进行调整，不应出现短期的高峰或者长期的低谷，提高劳动资源的有效性。

(4)主要施工机械用量的检查与调整。在编制施工进度计划时，要求机械利用程度高，要充分发挥机械效率，提高机械资源的有效性。

■ 4.4.3 单位工程施工进度计划技术经济评价 ····················

1. 施工进度计划技术经济评价的主要指标

施工进度计划技术经济评价的主要指标是评价单位工程施工进度计划编制的优劣。主要有下列指标。

(1)工期指标。

1)提前时间：

$$提前时间＝上级要求或合同要求工期－计划工期 \tag{4-19}$$

2)节约时间：

$$节约时间＝定额工期－计划工期 \tag{4-20}$$

(2)劳动量消耗的均衡性指标。用劳动量不均衡性指标(K)加以评价：

$$K＝\frac{最高峰施工时期工人人数}{施工期间每天平均工人人数} \tag{4-21}$$

对于单位工程或各工种来说，每天出勤的工人人数应保证尽量稳定，即劳动量消耗应力求均衡。为了反映劳动量消耗的均衡情况，应画出劳动量消耗的动态图。在劳动量消耗动态图上，不允许出现短时期的高峰或长时期的低谷情况，允许出现短时期的甚至是很大的低谷。最理想的情况是 K 接近于 1，在 2 以内为好，超过 2 则不正常。当一个施工单位在一个施工项目上有许多单位工程时，则一个单位工程的劳动量消耗是否均衡就不是主要问题，应控制整个施工项目的劳动力动态图，力求在全工地范围内的劳动量消耗均衡。

（3）主要施工机械的利用程度。主要施工机械一般是指挖土机、塔式起重机、混凝土泵等台班费高、进出场费用大的机械，提高其利用程度有利于降低施工费用，加快施工进度。主要施工机械利用率的计算公式为

$$主要施工机械利用率=\frac{报告期内施工机械工作台班数}{报告期内施工机械制度台班数}\times100\%\quad(4-22)$$

2. 施工进度计划技术经济评价的参考指标

进行施工进度计划的技术经济评价，除以上主要指标外，还可以考虑以下参考指标。

（1）单方用工数：

$$总单位用工数=\frac{单位工程用工数（工日）}{建筑面积/m^2}\quad(4-23)$$

$$分部工程单位用工数=\frac{分部工程用工数（工日）}{建筑面积/m^2}\quad(4-24)$$

（2）工日节约率：

$$总工日节约率=\frac{施工预算用工数（工日）-计划用工数（工日）}{施工预算用工数（工日）}\times100\%\quad(4-25)$$

$$分部工程工日节约率=\frac{施工预算分部工程用工数（工日）-计划分部工程用工数（工日）}{施工预算分部工程用工数（工日）}\times100\%$$

$$(4-26)$$

（3）大型机械单方台班用量（以吊装机械为主）：

$$大型机械单方台班用量=\frac{大型机械台班量（台班）}{建筑面积/m^2}\quad(4-27)$$

（4）建安工人日产量：

$$建安工人日产量=\frac{计划施工工程总产值（元）}{进度计划日期\times每日平均人数（工日）}\quad(4-28)$$

4.5 施工准备工作计划

■ 4.5.1 施工准备工作计划的编写内容 ···

施工准备工作的主要内容包括技术准备、施工现场准备和资金准备。

1. 技术准备

制订专项施工方案编制计划，试验工作计划，新技术、新材料应用计划，样板间施工计划，坐标点引入等。

2. 施工现场准备

包括障碍物拆除、"七通一平"、临时设施搭建、施工用水用电，有关证件办理；原材料订货；劳动力计划，机械设备进场计划等。

3. 资金准备

编制资金使用计划。

■ **4.5.2 施工准备工作计划的编写方法** ···

1. 技术准备

此处技术准备是指完成本单位工程所需的技术准备工作。技术准备一般称为现场管理的"内业"，它是施工准备的核心内容，指导着施工现场准备。技术准备的主要内容一般包括以下三个方面。

（1）一般性准备工程。

1）熟悉施工图纸，组织图纸会审，准备好本工程所需要的规范、标准、图集等，见表4-19。

表 4-19 图纸会审计划安排表

序号	内容	依据	参加人员	日期安排	目标
1	图纸初审	设计文件以及相关国家、地方规范和标准	施工单位技术、质量相关人员		熟悉施工图纸，分专业列出图纸中不明确部位、问题部位及问题项
2	内部会审	设计文件以及相关国家、地方规范和标准	施工单位技术、质量相关人员		熟悉施工图纸、设计图、各专业问题汇总，找出专业交叉打架问题；列出图纸会审纪要，向设计院提出问题清单
3	图纸会审	设计文件以及相关国家、地方规范和标准	建设单位组织，施工单位、监理单位、设计单位参与		向设计院提出设计文件存在的问题，形成图纸会审记录

2）技术培训。

第一步，管理人员培训。管理人员上岗培训，组织参加和技术交流，由专家进行专业培训，推广新技术、新材料、新工艺、新设备应用培训和学习规范、规程、标准、法规的重要条文等。

第二步，劳务人员培训。对劳务人员的进场教育、上岗培训，对专业人员的培训，如新技术、新工艺、新材料、新设备的操作培训等，提高使用操作的适应能力。

（2）仪器工具配置计划，见表4-20。

表 4-20 仪器工具配置计划表

序号	器具名称	规格型号	单位	数量	进场时间	检测状态
1	全站仪	RTS112 S	台	3		检验合格证
2	测距仪	SW	台	8		检验合格证
3	水准仪	GOL32 D	台	8		检验合格证
……	……					

（3）技术工作计划。

1）施工方案编制计划。将重要、复杂的分部分项工程编制专项施工方案，以表格形式表现，见表4-21。

表 4-21　专项施工方案编制计划

序号	方案名称	编制人	编制完成时间	审批人(部门)
1	预应力张拉方案	项目技术负责人		单位技术负责人
2	基坑支护方案	项目技术负责人		单位技术负责人
…				

2)试验、检测工程计划。试验工作计划内容应包括常规取样试验计划及见证取样试验计划,试验工作计划见表 4-22。

表 4-22　试验工作计划表

序号	试验内容	取样批量	试验数量	备注
1	钢筋原料	≤60 t	1组	同一钢号的混合批,每批不超过 6 个炉号,各炉罐号含碳量之差不大于 0.02%,钢含锰量之差不大于 0.15%
		>60 t	每 60 t 为一组	
2	钢筋焊接接头	300 个接头	3 根拉件	同施工条件,同一批材料的同等级、同规格接头 300 个以下为一验收批,不足 300 个也为一验收批
3	水泥(袋装)	≤200 t	1组	每一组取样至少 12 kg
4	混凝土试块	一次浇注量≤1 000 m³,每 100 m³ 为一个取样单位(3块);一次浇注量≥1 000 m³,每 200 m³ 为一个取样单位(3块)		同一配合比
5	混凝土抗渗试块	500 m³	1组	同一配合比,每组 6 个试件。
6	砌筑砂浆	250 m³	6块	同一配合比
		一个楼层		
7	高聚物改性沥青防水卷材	100 卷以内	2 卷尺寸和外观	物理性能试验
		100~499 卷	3 卷尺寸和外观	
		500~1 000 卷	4 卷尺寸和外观	
		>1 000 卷	5 卷尺寸和外观	
9	……	……		……

3)样板带路计划。"方案先行、样板带路",样板带路使施工质量形成统一标准,有利于控制质量标准,是保证工期和质量的重要措施,需要制定的样板计划见表 4-23。

表 4-23　样板项、样板间计划一览表

序号	项目名称	部位(层、段)	施工时间	备注
1	防水工程	地下外墙,屋面		
2	保温工程	外墙面		
...				

注："样板"是某项工程应达到的标准。一般它有"选"和"做"两种方法。此处,样板项、样板间计划是指做样板。

4)新技术、新工艺、新材料、新设备推广应用计划,列表加以说明,见表 4-24。

表 4-24　"四新"推广应用计划

序号	新技术名称	应用部位	应用数量	负责人	总结完成时间
1	高强高性能混凝土技术	柱、梁	5 000 m³	项目技术负责人	
2	BIM 技术	复杂节点	50 节点	项目技术负责人	
...					

5)质量控制计划。为了加强质量控制,根据工程特点,在施工过程中,针对施工中出现的质量问题定期进行汇总,通过质量管理研讨进行处理,质量管理研讨计划见表 4-25。

表 4-25　质量管理研讨计划表

序号	组织部门部门	参加部门	时间安排
1	施工单位质量管理部	技术部门、安全部门、总工办	
2			
...			

2. 施工准备工作计划

为落实各项施工准备工作,加强对施工准备工作的检查监督,通常施工准备工作可列表表示,其表格形式见表 4-26。

表 4-26　施工准备工作计划

序号	准备工作内容	负责部门	参与部门	完成时间	备注
1	"七通一平"	项目部	公司技术部门		
2	资金准备	项目部	公司预算部门		
3					

4.6　各项资源需要量计划的编制

根据施工进度计划编制各项资源需用量计划,是做好各项资源的供应、调度、平衡、落实的依据,一般包括劳动力、施工机具、主要材料、预制构配件等需用量计划。

■ 4.6.1 劳动力需求计划 ···

劳动力需求计划是根据施工预算、劳动定额和进度计划编制的，主要反映工程施工过程中所需要的各类技术工人和普通工人的数量。其编制方法是按进度表上每天需要的施工人数，分工种进行统计，得出每天所需工种及人数，按时间进度要求叠加汇总编出，表格形式见表4-27。

表 4-27　劳动力需求计划

序号	专业工种名称	分部分项工程						备注
		年　　月			年　　月			
		上旬	中旬	下旬	上旬	中旬	下旬	
1	混凝土工							
2	模板工							
…	钢筋工							

■ 4.6.2 主要材料需求量计划 ···

主要材料需求量计划是施工备料、供料、确定仓库和堆场面积以及做好运输组织工作的依据。其编制方法是根据施工进度计划表、施工预算中的工料分析表以及材料消耗定额、储备定额进行编制，其表格形式见表4-28。

表 4-28　主要材料需求量计划

序号	材料名称	规格	需求量		需求时间					
					年　　月			年　　月		
			单位	数量	上旬	中旬	下旬	上旬	中旬	下旬
1	钢筋									
2	模板									
3										

■ 4.6.3 预制构配件需求量计划 ···

预制构配件需求量计划主要用于落实加工的工厂，按照所需的规格、数量和时间组织生产、运输以及存放。所需规格和数量是根据施工图、施工方案及施工进度计划要求编制。所需时间根据施工进度计划进行编制，表格形式见表4-29。

表 4-29　预制构配件需求量计划

序号	预制构配件名称	规格	型号	需求量		使用部位	生产单位	供应日期	备注
				单位	数量				
	门								
	窗								
	预制过梁								

■ 4.6.4 施工机具需求量计划 ···

施工机具需求量计划主要是确定施工机具的类型、数量和使用时间，并组织其进场，为施工的顺利进行提供保障。编制方法是将施工进度计划表中每一个施工过程所需机具类型、数量，按施工时间进行汇总以表格形式列出，表格形式见表 4-30。

表 4-30　施工机具需求量计划

序号	机具名称	型号	需求量		电功率/(kV·A)	使用起止时间	机械来源
			单位	数量			
	混凝土振捣棒						
	钢筋切割机						
	钢筋弯曲机						

4.7　施工现场平面布置图

■ 4.7.1　施工现场平面布置图设计概述 ·····································

单位工程施工平面布置图即一建筑物(或构筑物)的施工现场平面布置图，其包含的内容十分丰富，可分不同阶段进行绘制，即基础、主体和装修。其是施工组织设计的重要组成部分，是布置施工现场的依据，是施工准备工作的一项重要内容，也是实现有组织有计划进行文明施工的先决条件。

1. 施工现场平面布置图的设计原则和依据

(1)设计原则。

1)平面布置紧凑、少占地，不占或少占农田。

2)临时建筑设施应尽量少搭设，应尽量利用已有的或拟建的各种设置为施工服务，以降低临时工程费用。

3)主要材料尽量在当地采购，减少运输费用，最大限度地缩短场内运距，避免不必要的二次搬运。

4)平面布置应满足施工、生活、安全、消防、环保、劳动保护等方面的要求，并符合国家的法律法规、规范标准。

(2)设计主要依据。

1)自然条件调查资料。例如天气、地形、水质、水文及地质勘察资料等。

2)技术经济条件调查资料。例如，道路运输、水源、电源，材料物资、生产和生活设施、地上地下管道的布置等资料。

3)拟建工程施工图纸及有关资料。包括建筑总平面图、地形图。

4)施工方案与进度计划。根据施工方案确定施工机械和相关预制构件的场地面积及位置，根据进度计划确定施工机械和相关预制构件的进场时间。

5）建设单位能提供的已有建筑物以及其他生活设施的面积等有关情况，以便决定临时设施的搭设数量。

6）其他需要掌握的有关资料以及特殊要求。

2. 单位工程施工平面布置图的内容

（1）工程施工区域内，将已建的和拟建的地上、地下建筑物及构筑物的平面尺寸、位置标注出来，并标注出河流、湖泊等位置和尺寸，以及指北针，风向玫瑰图，必要的图例、比例、方向。

（2）拟建工程所需的起重机械、垂直运输设备、搅拌机械及其他机械的位置，起重机械开行的路线及方向等。

（3）施工现场运输道路的布置以及出入口的位置。

（4）水源、电源、变压器的位置，临时供电线路、临时供水管网、泵房、消火栓位置以及通信线路布置。

（5）各种预制构件堆放及预制场地所需的面积、布置位置，主要材料堆场的面积位置，仓库的面积和位置的确定。

（6）施工、生产、生活用临时设施、面积、位置，如钢筋加工厂、木工房、工具房、混凝土搅拌站、砂浆搅拌站、化灰池等，工人生活区宿舍、食堂、开水间、超市等。

3. 单位工程施工平面图的设计步骤

单位工程施工平面图的设计步骤如图4-55所示。

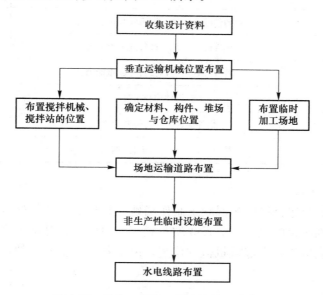

图 4-55 单位工程施工平面图的设计步骤

■ 4.7.2 垂直运输机械的布置 ···

常用的垂直运输机械有施工电梯、塔式起重机、井架等，选择时主要根据建筑物平面形状和大小、施工段划分情况、起重高度、材料和构件的质量、材料供应和已有运输道路等情况来确定选择合适的垂直机械。其目的是充分发挥起重机械的能力,做到使用安全、方便,便于组织流水施工,使现场水平运输距离最短。一般情况下,低层房屋施工中多采用井架、小型塔式起重机等;而高层房屋施工,一般采用施工电梯和自升式或爬升式塔式起重机等作为垂直运输机械。

1. 起重机械数量的确定

起重机械的数量应根据项目工程量大小和工期要求,考虑到起重机械的工作能力,按经验公式进行确定:

$$N = \frac{1}{TCK} \times \sum \frac{Q_i}{S_i} \tag{4-29}$$

式中　N——起重机台数;

　　　T——工期(天);

　　　C——每天工作班次;

　　　K——时间利用参数,一般取 0.7～0.8;

　　　Q_i——各构件(材料)的运输量;

　　　S_i——每台起重机械台班产量。

常用起重机械的台班产量见表 4-31。

表 4-31　常用起重机械台班产量一览表

起重机械名称	工作内容	台班产量
履带式起重机	构件综合吊装,按每吨起重能力计	5～10 t
轮胎式起重机	构件综合吊装,按每吨起重能力计	7～14 t
汽车式起重机	构件综合吊装,按每吨起重能力计	8～10 t
塔式起重机	构件综合吊装	80～120 吊次
卷扬机	构件提升,按每吨牵引力计	30～50 t
	构件提升,按提升次数计(四、五层楼)	60～100 次

2. 起重机械的布置

起重运输机械的位置直接影响混凝土制作场地、材料加工地、材料和构件的堆场或仓库的位置,道路、临时设施及水、电管线的布置等。因此,它是施工现场全局的中心,施工现场平面布置图应首先确定起重机械的位置。由于各种起重机械的性能不同,其布置位置要求也不相同。

(1)塔式起重机。

1)有轨式塔式起重机的布置。有轨式塔式起重机的轨道一般沿建筑物的长向布置,其位置和尺寸取决于建筑物的平面形状和尺寸、构件自重、起重机的性能及施工现场的条件。

塔式起重机的平面布置,通常有单侧布置、双侧布置、跨内单行布置和跨内环形布置四种布置方案,如图 4-56 所示。

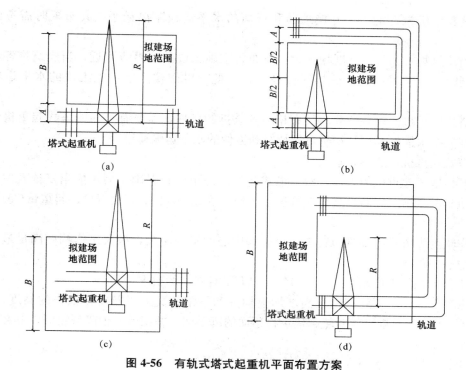

图 4-56　有轨式塔式起重机平面布置方案

(a)单侧布置；(b)双侧布置；(c)跨内单面布置；(d)跨内环形布置

①单侧布置。当建筑物宽度较小，可在场地较宽的一面沿建筑物的长向布置，其优点是轨道长度较短，并有较宽的场地堆放材料和构件。其起重机半径 R 应满足式（4-30）的要求：

$$R \geqslant B + A \qquad\qquad (4-30)$$

式中　R——塔式起重机的最大回转半径(m)；

　　　B——建筑物平面的最大宽度，单位(m)

　　　A——塔轨中心线至外墙外边线的距离，单位(m)。

一般当无阳台时，A=安全网宽度＋安全网外侧至轨道中心线距离。

当有阳台时，A=阳台宽度＋安全网宽度＋安全网外侧至轨道中心线距离。

②双侧布置（或环形布置）。当建筑物较宽，构件重量较重时，可采用双侧布置（或环形布置）。起重半径应满足式（4-31）的要求：

$$R \geqslant B/2 + A \qquad\qquad (4-31)$$

③跨内单行布置。当建筑物周围场地狭窄，或建筑物较宽，构件较重时，采用跨内单行布置。其起重半径应满足式（4-32）要求：

$$R \geqslant B/2 \qquad\qquad (4-32)$$

④跨内环形布置。当建筑物较宽，采用跨内单行布置不能满足构件吊装要求，且不可能跨外布置时，应选择跨内环形布置。

2)固定式塔式起重机的布置。固定式塔式起重机的布置主要根据机械性能、建筑物的平面形状和尺寸、施工段划分的情况、材料来向和现场道路布置来确定。其布置原则是：

充分发挥起重机械的能力，并使地面和楼面的水平运输距离最小。其布置时需考虑以下两点。

①当建筑物各部位的高度相同时，应布置在施工段的分界线附近，当建筑物各部位的高度不同时，应布置在高低分界线较高部位一侧，以使楼面上各施工段的水平运输互不干扰。

②塔式起重机的安装位置应具有相应安装拆卸条件，需要有可靠的塔式起重机基础并设有良好的排水措施，可与结构可靠拉结和方便的水平运输通道等。

3)塔式起重机布置注意事项。

①复核塔式起重机的工作参数。塔式起重机的平面布置确定后，应当复核其主要工作参数，使其满足施工需要。主要参数包括工作幅度(R)、起重高度(H)、起重量(Q)和起重力矩。

工作幅度为塔式起重机回转中心至吊钩中心的水平距离，最大工作幅度满足最远吊点至回转中心的距离。

塔式起重机的工作幅度(回转半径)要满足式(4-32)的要求。

起重高度应不小于建筑物总高度加上构件和吊索的高度以及安全操作的高度(一般为2～3 m)。当塔式起重机需要超越建筑物顶面的脚手架、井架或其他障碍物时，其超越高度一般不小于1 m。

塔式起重机的起重高度 H 要满足式(4-33)的要求：

$$H \geqslant H_0 + h_1 + h_2 + h_3 \tag{4-33}$$

式中　H_0——建筑物的总高度；

　　　h_1——吊运中的预制构件或起重材料与建筑物之间的安全高度(安全间隙高度，一般不小于0.3 m)；

　　　h_2——预制构件或起重材料底边至吊索绑扎点(或吊环)之间的高度；

　　　h_3——吊具、吊索的高度。

起重量包括吊物(包括笼斗和其他容器)、吊具(铁扁担、吊架)和索具等作用于塔机起重吊钩上的全部重量，起重力矩为起重量乘以工作幅度。因此，式起重机的技术参数中一般都给出最小工作幅度时的最大起重量和最大工作幅度时的最大起重量。应当注意，塔式起重机一般宜控制在其额定起重力矩的75%以下，以保证式起重机本身的安全，延长使用寿命。

塔式起重机的起重力矩 M 要大于或等于吊装各种预制构件时所产生的最大力矩 M_{max}，其计算公式为

$$M \geqslant M_{max} = \max\{(Q_i + q) \times R_i\} \tag{4-34}$$

式中　Q_i——起重的预制构件或材料的自重；

　　　R_i——预制构件或起重材料的安装位置至塔式起重机回转中心的距离；

　　　q——吊具、吊索的自重。

②绘出塔式起重机服务范围。以塔基中心点为圆心，以最大工作幅度为半径画出一个圆形，该圆形所包围的部分即为塔式起重机的服务范围。

塔式起重机布置的最佳状况应使建筑物平面尺寸均在塔式起重机服务范围之内，以保证各种材料与构件直接运到建筑物的设计位置上，避免出现死角。建筑物处于塔式起重机

服务范围以外的阴影部分称为死角。有轨式塔式起重机服务范围及死角如图 4-57 所示。如果难以避免，则要求死角越小越好，且使最重、最大、最高的构件不出现在死角，有时配合龙门架以解决死角问题。并且在确定吊装方案时，提出具体的技术和安全措施，以保证处于死角的构件顺利安装。此外，在塔式起重机服务范围内应考虑有较宽的施工场地，以便安排构件堆放、搅拌设备出料后能直接起吊，主要施工道路也应处于塔式起重机服务范围内。

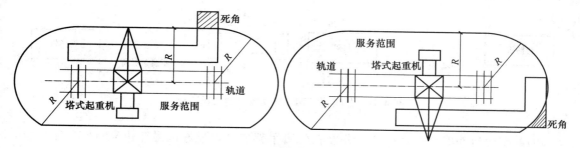

图 4-57 有轨式塔式起重机服务范围及死角示意图

③当采用两台或多台塔式起重机，或采用一台塔式起重机、一台井架时，必须明确规定各自的工作范围和二者之间的最小距离，并制订严格的切实可行的防止碰撞的措施。

④在高空有高压电线通过时，高压线必须高出塔式起重机，并保证规定的安全距离，否则应采取安全防护措施。

⑤固定式塔式起重机安装前应制订安装和拆除施工方案，塔式起重机位置应有较宽的空间，可以满足两台汽车式起重机安装或拆除塔式起重机吊臂的工作需要。

(2)井字架、龙门架的布置。井字架和龙门架是固定式垂直运输机械，其稳定性好、运输量大，是施工中最常用，也是最为简便的垂直运输机械，采用附着式可搭设超过 100 m 的高度。井架内设吊盘，井架截面尺寸为 1.5～2.0 m，可视需要设置拔杆，其起重量一般为 0.5～1.5 t，回转半径可达 10 m。

井字架和龙门架的布置，主要是根据机械性能，工程的平面形状和尺寸、流水段划分情况、材料来源和已有运输道路情况而定。布置的原则是：充分发挥起重机械的能力，并使地面和楼面的水平运输最短，布置时应考虑以下几个方面的因素：

1)当建筑物呈长条形，层数、高度相同时，一般布置在流水段分界处靠现场较宽的面或长度方向居中位置。

2)当建筑物各部位高度不同时，如只设置一副井架(龙门架)，应布置在高低分界线较高部位一侧。

3)其布置位置以窗口处为宜，以避免砌墙留槎和减少井架拆除后的修补工作。

4)一般考虑布置在现场较宽的一面，因为这一面便于堆放材料和构件，以达到缩短运距的要求。

5)井架的高度应视拟建工程屋面高度和井架形式确定。一般不带悬臂拔杆的井架应高出屋面 3～5 m。

6)井架的方位一般与墙面平行，当有两条进楼运输道路时，井架也可按与墙面呈 45°的方位布置。

7)井字架、龙门架的数量要根据施工进度、提升的材料和构件数量、台班工作效率等因素计算确定，其服务范围一般为 50～60 m。

8)卷扬机应设置安全作业棚，其位置不应距起重机械太近，以便操作人员的视线能看到整个升降过程，一般要求此距离大于建筑物高度，且最短距离不小于 10 m，水平距外脚手架 3 m 以上（多层建筑不小于 3 m；高层建筑宜不小于 6 m）。井架（龙门架）与卷扬机的布置距离，如图 4-58 所示。

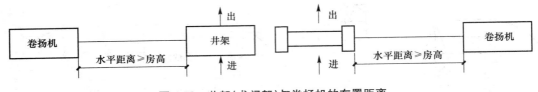

图 4-58　井架（龙门架）与卷扬机的布置距离

9)井架应与外墙有一定距离，并立在外脚手架之外，最好以吊篮边靠近脚手架为宜，这样可以减少过道脚手架的搭设工作。

10)缆风设置，高度在 15 m 以下时设一道，15 m 以上时每增高 10 m 增设一道，宜用钢丝绳，与地面夹角以 30°～45°为宜，不得超过 60°，当附着于建筑物时可不设缆风。

（3）建筑施工电梯的布置。建筑施工电梯（也称施工升降机、外用电梯）是高层建筑施工中运输施工人员及建筑小型设备的主要垂直运输设施，它附着在建筑物外墙或其他结构部位上，随着建筑物升高，架设高度可达 200 m 以上。

在确定建筑施工电梯的位置时，应考虑便于施工人员上下和物料集散；由电梯口至各施工处的平均距离应最短；便于安装附墙装置；接近电源，有良好的夜间照明。

（4）自行无轨式起重机械。自行无轨式起重机械分为履带式、汽车式和轮胎式三种。它移动方便灵活，能为整个工地服务，一般专作构件装卸和起吊之用，适用于装配式单层工业厂房主体结构的吊装。其吊装的开行路线及停机位置主要取决于建筑物的平面布置、构件重量、吊装高度和吊装方法等。

（5）混凝土泵和泵车。高层建筑施工中，混凝土的垂直运输量十分巨大，通常采用混凝土泵进行浇筑。混凝土泵是在压力推动下沿管道输送混凝土的一种设备，能一次连续完成水平运输和垂直运输，配以布料杆或布料机还可以有效地进行布料和浇筑。在泵送混凝土的施工中，混凝土泵和泵车的停放布置是一个关键，不仅影响混凝土输送管的配置，同时也影响到泵送混凝土的施工能否按质按量完成，其布置要求如下：

1)混凝土泵设置处的场地应平整坚实，具有重车行走条件，且有足够的场地、道路畅通，使供料调车方便。

2)混凝土泵应尽量靠近浇筑地点。

3)其停放位置接近排水设施，供水、供电方便，便于泵车清洗。

4)混凝土泵作业范围内，不得有障碍物、高压电线，同时要有防范高空坠物的措施。

5)当高层建筑采用接力泵泵送混凝土时，其设置位置应使上、下泵的输送能力匹配，且验算其楼面结构部位的承载力，必要时采取加固措施。

■ 4.7.3 临时建筑设施的布置 ··

临时建筑设施类型和规模因工程而定，主要内容有：工地加工场的设置，工地临时仓库的设置。工地交通运输组织，办公、生活临时建筑物的设置，工地临时供水和供电设计等。

1. 临时行政、生活用房的布置

(1)临时行政、生活用房分类。

1)行政管理和生产用房：包括办公室、会议室、传达室、消防站、车库及辅助性修理车间等。

2)居住生活用房：包括员工宿舍、食堂、工作休息室、开水房。

3)文化生活用房：包括娱乐室、医务室、理发室、文化活动室、超市等。

(2)临时行政、生活用房的布置原则。

1)确定建筑工地人数。

①直接参与建筑施工生产的工人，包括施工过程中装卸与运输的工人。

②辅助施工生产的工人包括机械维修工人运输及仓库管理人员、动力设施管理工人、冬期施工的附加工人等。

③行政及技术管理人员。

④为建筑工地上居民生活服务的人员。

⑤以上各项人员的家属。

(3)临时行政、生活用房设计规定。《施工现场临时建筑物技术规范》(JGJ/T 188—2009)对临时建筑物的设计规定如下：

1)总平面。

①办公区、生活区和施工作业区应分区设置。

②办公区、生活区宜位于塔式起重机等机械作业半径外面。

③生活房屋宜集中建设、成组布置，并设置室外活动区域。

④厨房、卫生间宜设置在主导风向的下风侧。

2)建筑设计。

①办公室的人均使用面积不宜小于 4 m^2，会议室使用面积不宜小于 30 m^2。

②办公用房室内净高不应低于 2.5 m。

③餐厅、资料室、会议室应设在临时建筑的底层。

④宿舍人均使用面积不宜小于 2.5 m^2，室内净高不应低于 2.5 m，每间宿舍居住人数不宜超过 16 人。

⑤食堂应设在厕所、垃圾站的上风侧，且相距不宜小于 15 m。

⑥厕所蹲位男厕每 50 人一位，女厕每 25 人一位。男厕每 50 人设 1 m 长小便槽。

(4)临时行政、生活用房建筑面积计算。在工程项目施工时，必须考虑施工人员的办公、生活用房及车库、修理车间等设施的建设。这些临时性建筑物建筑面积需要数量应视工程项目规模大小、工期长短、施工现场条件、项目管理机构设置类型等因素而定，依据建筑工程劳动定额，先确定工地年(季)高峰平均职工人数，然后根据现行定额或实际经验数值，按式(4-35)计算：

$$S = N \cdot P \qquad\qquad\qquad (4\text{-}35)$$

式中　S——建筑面积(m^2)；

　　　N——人数；

　　　P——建筑面积指标，见表 4-32。

表 4-32　行政、生活等临时建筑面积参考指标

序号	临时建筑物名称	指标使用方法	参考指标/($m^2 \cdot 人^{-1}$)
一	办公室	按使用人数	3～4
二	宿舍		
1	单层通铺	按高峰年(季)平均人数	2.5～3.0
2	双层床	(扣除不在工地住的人数)	2.0～2.5
3	单层床	(扣除不在工地住的人数)	3.5～4.0
三	家属宿舍		16～25 m^2/户
四	食堂	按高峰年(季)平均人数	0.5～0.8
五	其他		
1	医务所	按高峰年(季)平均人数	0.05～0.07
2	浴室	按高峰年(季)平均人数	0.07～0.1
3	理发室	按高峰年(季)平均人数	0.01～0.03
4	娱乐室	按高峰年(季)平均人数	0.1
5	超市	按高峰年(季)平均人数	0.03(不小于 40 m^2)
6	其他公共用房	按高峰年(季)平均人数	0.05～0.10
7	开水房	每个项目设置一处	10～40 m^2
8	厕所	按工地平均人数	0.02～0.07
9	工人休息室	按工地平均人数	0.15
10	会议室	按高峰年(季)平均人数	0.6～0.9

2. 临时仓库、堆场的布置

临时仓库的设置应在保证工地施工能顺利进行的前提下，尽量使存储的材料最少、存储期最短、装卸和运输费用最省。这样可以减少临时设施投入的资金，避免材料积压，节约周转资金和各种保管费用。

(1)工地仓库的类型。

1)转运仓库：是设置在货物的转载地点(如火车站、码头和专用线卸货物)的仓库。

2)中心仓库：是专供储存整个建筑工地所需材料、构件等物资的仓库，一般设在现场附近或施工区域中心。

3)现场仓库：是为某项工程服务的仓库，一般在工地内或就近布置。

通常单位工程施工组织设计仅考虑现场仓库布置，施工组织总设计需对中心仓库和转运仓库做出设计布置。

(2)仓库结构。现场仓库按其存储材料的性质和重要程度，可采用露天仓库、半封闭式(棚)或封闭式(仓库)三种形式。

1)露天仓库：用于堆放不因自然条件影响性能、质量的材料，如砌块、砂、石、砖、装配式混凝土构件。

2)半封闭式(棚)：用于堆放防止雨、雪、阳光直接侵蚀的材料，如防水卷材、沥青、钢材等。

3)封闭式(仓库)：用于存储防止风霜雨雪直接侵蚀变质的物品、贵重材料、五金器具以及容易散失或损坏的材料。如水泥、石膏、五金零件和贵重设备等。

(3)仓库和材料、构件的堆放与布置。

1)仓库尽量利用拟拆迁的建筑物或者便于装拆的工具式仓库，临时仓库的搭设和使用必须遵守防火规范的要求。

2)仓库位置和材料的堆放尽可能靠近使用位置，尽可能避免二次搬运，同时考虑到运输及卸料方便。基础施工用的材料可堆放在基坑四周，但离基坑边缘不得小于 0.5 m，避免基坑支护结构破坏引起基坑坍塌。

3)采用固定式机械作为垂直运输设备时，材料和构件堆场应尽量靠近垂直运输设备，以减少二次搬运，或布置在塔式起重机起重半径之内。

4)装配式预制构件的堆放位置要根据施工吊装顺序进行存放，使吊装构件供应满足施工进度要求，避免因材料供应不及时影响工期。

5)钢筋堆放应与钢筋加工棚统一考虑布置，并应注意进场、加工和使用的先后顺序。应按型号、直径、用途分类存放。

6)易燃材料的仓库设在拟建工程的下风方向。

(4)各种仓库及堆场所需面积的确定。

1)转运仓库和中心仓库面积的确定。转运仓库和中心仓库面积可按系数估算仓库面积，其计算公式为

$$F=\varphi \times m \tag{4-36}$$

式中　F——仓库总面积(m^2)；

φ——系数，见表4-33；

m——计算基数(生产工人数或全年计划工作量)，见表4-33。

表 4-33　按系数计算仓库面积表

序号	名称	计算基数 m	单位	系数 φ
1	仓库(综合)	按全员(工地)	m^2/人	0.7~0.8
2	水泥库	按当年水泥用量的40%~50%	m^2/t	0.7
3	其他仓库	按当年工作量	m^2/万元	2~3
4	五金杂品库	按年建安工作量计算 按在建建筑面积计算	m^2/100 m^2	0.2~0.3 0.5~1
5	土建工具库	按高峰年(季)平均人数	m^2/人	0.1~0.2
6	水暖器材库	按年在建建筑面积	m^2/100 m^2	0.2~0.4
7	电器器材库	按年在建建筑面积	m^2/100 m^2	0.3~0.5
8	化工油漆危险品库	按年建安工作量	m^2/万元	0.1~0.15
9	三大工具库 (脚手架、跳板、模板)	按年建建筑面积 按年建安工作量	m^2/万元	1~2 0.5~1

2)现场仓库及堆场面积的确定。各种仓库及堆场所需的面积，可根据施工进度、材料供应情况等，确定分批分期进场，并根据式(4-37)计算：

$$F=Q/(nqk) \tag{4-37}$$

式中　F——仓库或材料堆场需要面积；

　　　Q——各种材料在现场的总用量(m^3、t、千块、m^2 等)；

　　　n——该材料分期分批进场的次数；

　　　q——该材料每平方米储存定额；

　　　k——堆场、仓库面积利用系数。

常用材料仓库或堆场面积计算参考指标见表 4-34。

表 4-34　常用材料仓库或堆场面积计算参考指标

序号	材料、半成品名称	单位	每平方米储存定额 q	面积利用系数 k	备注	库存或堆场
1	水泥	t	1.2～1.5	0.7	堆高 12～15 袋	封闭库存
2	生石灰	t	1.0～1.5	0.8	堆高 1.2～1.7 m	棚
3	砂子(人工堆放)	m^3	1.0～1.2	0.8	堆高 1.2～1.5 m	露天
4	砂子(机械堆放)	m^3	2.0～2.5	0.8	堆高 2.4～2.8 m	露天
5	石子(人工堆放)	m^3	1.0～1.2	0.8	堆高 1.2～1.5 m	露天
6	石子(机械堆放)	m^3	2.0～2.5	0.8	堆高 2.4～2.8 m	露天
7	块石	m^3	0.8～1.0	0.7	堆高 1.0～1.2 m	露天
8	卷材	卷	45～50	0.7	堆高 2.0 m	库
9	木模板	m^2	4～6	0.7	—	露天
10	红砖	千块	0.8～1.2	0.8	堆高 1.2～1.8 m	露天
11	泡沫混凝土	m^3	1.5～2.0	0.7	堆高 1.5～2.0 m	露天

3. 加工厂的布置

(1)工地加工厂类型及结构形式。工地加工厂类型主要有装配式预制加工厂、模板加工厂、钢筋加工厂、金属结构构件加工厂和机械修理厂。

各种加工厂的结构形式应根据使用期限长短和建设地区的条件而定，尽可能采用标准化、工具化、可拆卸的结构。

(2)工地加工厂面积的确定。现场加工作业棚主要包括各种料具仓库、加工棚等，其面积大小参考表 4-35 确定。

表 4-35　现场作业棚面积计算基数和计算指标表

序号	名称	面积	场地占地面积
1	木作业棚	2 m^2/人	棚的 3～4 倍
2	电锯房	80 m^2	
3	钢筋作业棚	3 m^2/人	棚的 3～4 倍
4	搅拌棚	10～18 m^2/台	
5	卷扬机棚	6～12 m^2/台	
6	烘炉棚	30～40 m^2	

序号	名称	面积	场地占地面积
7	焊工棚	20～40 m²	
8	电工棚	15 m²	
9	钢筋对焊棚	15～24 m²	棚的3～4倍
10	油漆工棚	20 m²	
11	机钳工修理	20 m²	
12	立式锅炉房	5～10 m²/台	
13	发电机房	0.2～0.3 m²/kW	
14	水泵房	3～8 m²/台	

(3) 工地加工厂布置原则。通常工地设有钢筋、混凝土、模板、金属结构等加工厂，加工厂布置时应使材料及构件的总运输费用最小，减少进入现场的二次搬运量，同时使加工厂有良好的生产条件，做到加工与施工互不干扰。一般情况下，把加工厂布置在工地的边缘，这样既便于管理又能降低铺设道路、动力管线及给排水管道的费用。

1) 钢筋加工厂的布置，应尽量采用集中加工布置方式，同时应有钢材和成品的堆放场地。

2) 混凝土搅拌站的布置，可采用集中、分散、集中与分散相结合三种方式。集中布置通常采用二阶式搅拌站。当要求供应的混凝土有多种强度时，可配置适当的小型搅拌机，采用集中与分散相结合的方式。当在城市内施工，采用商品混凝土时，现场只需布置泵车及输送管道位置。

3) 模板加工厂的布置，木加工厂的布置应有一定的场地堆放木材和成品，同时还应考虑远离火源及残料锯屑的处理问题。

4) 金属结构、锻工、机修等车间联系紧密，应尽可能布置在一起。

5) 产生有害气体和污染环境的加工厂，如熬制沥青、石灰熟化等，应位于场地下风向，沥青堆场及熬制锅的位置要远离易燃仓库和堆场。

4. 搅拌站的布置

砂浆及混凝土的搅拌站位置，要根据房屋的类型、场地条件、起重机和运输道路的布置来确定。在一般的砖混结构中，砂浆的用量比混凝土用量大，要以砂浆搅拌站位置为主。在现浇混凝土结构中，如采用自拌混凝土时，混凝土用量大，要以混凝土搅拌站为主来进行布置。搅拌站的布置要求如下：

(1) 搅拌站应有后台上料的场地，尤其是混凝土搅拌机，要与砂石堆场、水泥仓库一起考虑布置，既要互相靠近，又要便于材料的运输和装卸。

(2) 搅拌站应尽可能布置在垂直运输机械附近或其服务范围内，以减少水平运距。

(3) 搅拌站应设置在施工道路近旁，使小车、翻斗车运输方便。

(4) 搅拌站场地四周应设置排水沟，以有利于清洗机械和排除污水，避免造成现场积水。

(5) 混凝土搅拌台所需面积约 25 m²，砂浆搅拌台约 15 m²。

当现场较窄，混凝土需求量大且采用现场搅拌泵送混凝土时，为保证混凝土供应量和减少砂石料的堆放场地，宜建置双阶式混凝土搅拌站，骨料堆于扇形仓库。

5. 运输道路的布置

施工运输道路应按材料和构件运输的需要，沿着仓库和堆场进行布置，方便材料和构配件的运输。

(1)施工道路的技术要求。

1)道路的最小宽度和回转半径见表4-36和表4-37。架空线及管道下面的道路，其通行空间宽度应大于道路宽度0.5 m，空间高度应大于4.5 m。

2)道路的做法。一般砂质土可采用碾压土路方法。当土质黏或泥泞、翻浆时，可采用加集料碾压路面的方法，集料应尽量就地取材，如碎砖、卵石、碎石及大石块等。

表 4-36 施工现场道路最小宽度

序号	车辆类别及要求	道路宽度/m
1	汽车单行道	不小于 3.0
2	汽车双行道	不小于 6.0
3	平板拖车单道	不小于 4.0
4	平板拖车双行道	不小于 8.0

表 4-37 施工现场道路最小转弯半径

序次	通行车辆类别	路面内侧最小曲率半径/m		
		无拖车	有一辆拖车	有两辆拖车
1	小客车、三轮汽车	6		
2	二轴载重汽车 三轴载重汽车 重型载重汽车	单车道9 双车道7	12	15
3	公共汽车	12	15	18
4	超重型载重汽车	15	18	21

为了排除路面积水，保证正常运输，道路路面应高出自然地面0.1~0.2 m，雨量较大的地区，应高出0.5 m左右，道路两侧设置排水沟，一般沟深和底宽不小于0.4 m。

(2)施工道路的布置要求。

1)尽可能利用永久性道路，在施工前先修筑永久性道路路基并铺设简易路面，以减少临时设施的费用。

2)主要道路应布置成环形或纵横交错，次要道路可布置成单行线，在道路端头应有回车场，临时道路要尽量避免与铁路交叉。

3)临时道路满足施工机械和工地消防的要求，消防通道宽度不小于3.5 m，并保持畅通。

6. 围挡的设计布置

根据《施工现场临时建筑物技术规范》(JGJ/T 188—2009)工地现场围挡的设计应遵循以下规定：

(1)围挡宜选用彩钢板、砌体等硬质材料搭设。禁止使用彩条布、竹笆、安全网等易变质材料，做到坚固、平稳、整洁、美观。

(2)围挡高度：

市区主要路段、闹市区 $h\geqslant 2.5$ m

市区一般路段 $h\geqslant 2.0$ m

市郊或靠市郊 $h\geqslant 1.8$ m

(3)围挡的设置必须沿工地四周连续进行，不能留有缺口。

(4)彩钢板围挡应符合下列规定：

1)围挡的高度不宜超过 2.5 m。

2)当高度超过 1.5 m 时，宜设置斜撑，斜撑与水平地面的夹角宜为 45°。

3)立柱的间距不宜大于 3.6 m。

(5)砌体围挡不应采用空斗墙砌筑方式，墙厚度大于 200 mm，并应在两端设置壁柱，柱距小于 5.0 m，壁柱尺寸不宜小于 370 mm×490 mm，墙柱间设置拉结钢筋 6 mm×500 mm，伸入两侧墙≥1 000 mm。

(6)砌体围挡长度大于 30 m 时，宜设置变形缝，变形缝两侧应设置端柱。

7. 施工现场标牌的布置

(1)施工现场的大门口应有整齐明显的"五牌一图"。"五牌"：工程概况牌、组织机构牌、消防保卫牌、安全生产牌、文明施工牌。"一图"：施工现场总平面布置图。

(2)门头及大门应设置企业标志。

(3)在施工现场显著位置，设置必要的安全施工内容的标语。

(4)宜设置读报栏、宣传栏和黑板报等宣传园地。

■ 4.7.4 临时供水设计 ···

建筑工地必须有足够的水量和水压来满足生产、生活和消防用水的需要，建筑工地临时供水设计，包括确定用水量、选择水源、设计临时给水系统三部分。

1. 用水量计算

建筑工地的用水包括生产、生活和消防用水三个方面，其计算如下：

(1)施工用水量计算(q_1)。施工用水量是指施工高峰的某一天或高峰时期内平均每天需要的最大用水量。可按式(4-38)计算：

$$q_1 = k_1 \sum \frac{Q_1 \times N_1}{T_1 \times t} \times \frac{k_2}{8 \times 3\,600} \tag{4-38}$$

式中 q_1——施工用水量(L/s)

   k_1——未预见的施工用水系数，取 1.05～1.15；

   Q_1——年(季、月)度工程量(以实物计量单位表示)；可从总进度计划及主要工种工程量中求得；

   T_1——年(季、月)度有效工作日；

   N_1——施工用水定额，见表 4-38；

   t——每天工作班数；

   k_2——用水不均衡系数，见表 4-39。

表 4-38 施工用水参考定额

序号	用水对象	单位	耗水量(N_1)	备注
1	浇筑混凝土全部用水	L/m³	1 700~2 400	
2	搅拌普通混凝土	L/m³	250	
3	搅拌轻质混凝土	L/m³	250~350	
4	搅拌泡沫混凝土	L/m³	300~400	
5	搅拌热混凝土	L/m³	300~350	
6	混凝土养护(自然养护)	L/m³	200~400	
7	混凝土养护(蒸汽养护)	L/m³	500~700	
8	冲洗模板	L/m³	5	
9	搅拌机清洗	L/台班	600	
10	人工冲洗石子	L/m³	1 000	3%>含泥量>2%
11	机械冲洗石子	L/m³	600	
12	洗砂	L/m³	1 000	
13	砌砖工程全部用水	L/m³	150~250	
14	砌石工程全部用水	L/m³	50~80	
15	抹灰工程全部用水	L/m²	30	
16	耐火砖砌体工程	L/m³	100~150	包括砂浆搅拌
17	洗砖	L/千块	200~250	
18	浇硅酸盐砌块	L/m³	300~350	
19	抹面	L/m²	4~6	不包括调制用水
20	楼地面	L/m²	190	主要是找平面
21	搅拌砂浆	L/m³	300	
22	石灰消化	L/t	3 000	
23	上水管道工程	L/m	98	
24	下水管道工程	L/m	1 130	
25	工业管道工程	L/m	35	

表 4-39 施工用水不均衡系数

编号	用水名称	系数
1	现场施工用水 附属生产企业用水	1.5 1.25
2	施工机械、运输机械用水 动力设备用水	2.0 1.05~1.10
3	施工现场生活用水	1.30~1.50
4	生活区生活用水	2.00~2.50

(2)施工机械用水量计算(q_2)。

$$q_2 = k_1 \sum Q_2 N_2 \times \frac{k_3}{8 \times 3\,600} \tag{4-39}$$

式中　q_2——机械用水量(L/s)；

　　　k_1——未预计施工用水系数，取 $1.05 \sim 1.15$；

　　　Q_2——同一种机械台数(台)；

　　　N_2——施工机械台班用水定额，参考表 4-40 中的数据换算求得；

　　　k_3——施工机械用水不均衡系数，参考表 4-39 中的数据。

表 4-40　施工机械用水量参考定额

序号	用水名称	单位	耗水量(N_1)	备注
1	内燃挖土机	L/(台班·m³)	$200 \sim 300$	以斗容量立方米计
2	内燃起重机	L/(台班·t)	$15 \sim 18$	以起重吨数计
3	蒸汽起重机	L/(台班·t)	$300 \sim 400$	以起重吨数计
4	蒸汽打桩机	L/(台班·t)	$1\,000 \sim 1\,200$	以起重吨数计
5	蒸汽压路机	L/(台班·t)	$100 \sim 150$	以压路机吨数计
6	内燃压路机	L/(台班·t)	$12 \sim 15$	以压路机吨数计
7	拖拉机	L/(昼夜·台)	$200 \sim 300$	
8	汽车	L/(昼夜·台)	$400 \sim 700$	
9	标准轨蒸汽机车	L/(昼夜·台)	$10\,000 \sim 20\,000$	
10	窄轨蒸汽机车	L/(昼夜·台)	$4\,000 \sim 7\,000$	
11	空气压缩机	L/[台班·(m³·min⁻¹)]	$40 \sim 80$	以压缩机排气量(m³/min)计
12	内燃机动力装置	L/(台班·马力)	$120 \sim 300$	直流水
13	内燃机动力装置	L/(台班·马力)	$25 \sim 40$	循环水
14	锅驼机	L/(台班·马力)	$80 \sim 160$	不利用凝结水
15	锅炉	L/(h·t)	$1\,000$	以小时蒸发量计
16	锅炉	L/(h·m²)	$15 \sim 30$	以受热面积计

(3)施工现场生活用水量计算(q_3)。生活用水量是指施工现场人数最多时，职工及民工的生活用水量。其计算公式如下：

$$q_3 = \frac{p_1 \cdot N_3 \cdot k_4}{t \times 8 \times 3\,600} \tag{4-40}$$

式中　q_3——施工现场生活用水量(L/s)；

　　　p_1——施工现场高峰昼夜人数(人)；

　　　N_3——施工现场生活用水定额，取 $20 \sim 60$ L/人·班，见表 4-41；

　　　k_4——施工现场用水不均衡系数，参考表 4-39 中的数据；

　　　t——每天工作班数。

(4)生活区用水量计算(q_4)。

$$q_4 = \frac{p_2 \cdot N_4 \cdot k_5}{24 \times 3\,600} \tag{4-41}$$

式中　q_4——生活区生活用水(L/s)；

p_2——生活区居民人数(人);

N_4——生活区生活用水定额,见表4-41。

k_5——生活区用水不均衡系数,参考表4-39中的数据。

表4-41　生活用水量(N_3、N_4)参考定额

用水名称	单位	耗水量
盥洗、饮用水	L/人·日	20~40
食堂	L/(人·日)	10~20
淋浴带大池	L/(人·次)	50~60
洗衣服	L/(kg·干衣)	40~60
理发室	L/(人·次)	10~25
学校	L/(学生·日)	10~30
幼儿园、托儿所	L/(幼儿·日)	75~100
医院	L/(病床·日)	100~150
施工现场生活用水	L/(人·班)	20~60
生活区全部生活用水	L/(人·日)	80~120

(5)消防用水量(q_5)计算。消防用水主要是满足发生火灾时消火栓用水的要求,其用水量见表4-42。

表4-42　消防用水参考定额

序号	用水名称	火灾同时发生次数	单位	用水量
1	居民区消防用水 5 000人以内 10 000人以内 25 000人以内	一次 两次 三次	L/s L/s L/s	10 10~15 15~20
2	施工现场消防用水 施工现场在25公顷以内 每增加25公顷	一次 一次	L/s L/s	10~15 5

(6)总用水量计算(Q)。

当$(q_1+q_2+q_3+q_4) \leqslant q_5$时,则$Q=q_5+\dfrac{1}{2}(q_1+q_2+q_3+q_4)$。

当$(q_1+q_2+q_3+q_4) > q_5$时,则$Q=q_1+q_2+q_3+q_4$。

当工地面积小于5公顷,且$(q_1+q_2+q_3+q_4) < q_5$时,则$Q=q_5$。

最后计算出的总用水量,还应增加10%,以补偿不可避免的水管漏水损失,即

$$Q_总=1.1Q \tag{4-42}$$

2. 水源选择

建筑工地临时供水水源有供水管道和天然水源两种。尽可能利用施工现场附近已有的供水管道,只有在施工现场附近没有现成的供水管道或现有供水管道无法使用以及供水管道供水量难以满足使用要求时,再使用江河、水库、井水等天然水源。选择水源时应注意下列因素:

（1）水量充足可靠。

（2）生活饮用水、生产用水的水质应符合要求。

（3）尽量与农业水利综合利用。

（4）取水、输水、净水设施要安全可靠，经济。

（5）施工、运转、管理和维护方便。

3. 确定临时给水系统

临时给水系统包括取水设施、净水设施、储水构筑物（水池、水塔、水箱）、输水管和配水管网。

（1）确定取水设施。取水设施一般由进水装置、进水管及水泵组成。取水口距河底（或井底）距离一般为 0.25～0.9 m。给水工程所用的水泵有离心泵、隔膜泵及活塞泵三种。所用的水泵要有足够的抽水能力和扬程。

水泵应具有的扬程按下列公式计算。

1）将水送至水塔时的扬程：

$$H_p = (Z_T - Z_p) + H_T + a + h + h_s \tag{4-43}$$

式中　H_p——水泵所需的扬程（m）；

Z_T——水塔所处的地面标高（m）；

Z_p——水泵中心的标高（m）；

H_T——水塔高度（m）；

a——水塔的水箱高度（m）；

h——从水泵到水塔间的水头损失（m）；

h_s——水泵的吸水高度（m）。

水头损失计算：

$$h = h_1 + h_2 \tag{4-44}$$

式中　h_1——沿程水头损失（m），$h_1 = i \times L$；

h_2——局部水头损失（m）；

i——单位管长水头损失（m/m）；

L——计算管段长度（km）。

实际工程中，局部水头损失一般不做详细计算，按沿程水头损失的 15%～20% 估计即可，即

$$h = (1.15 \sim 1.2)h_1 = (1.15 \sim 1.2)iL$$

2）将水直接送到用户时的扬程：

$$H_p = (Z_y - Z_p) + H_y + h + h_s \tag{4-45}$$

式中　Z_y—供水对象（即用户）最不利处之标高（m）；

H_y—供水对象最不利处的自由水头，一般为 8～10 m。

其他符号意义同前。

（2）净水设施。自然界中未经过净化的水，含有许多杂质，需要进行净化处理后，才可用作生产、生活用水。在这个过程中，要经过使水软化、去杂质（如水中含有的盐、酸、石灰质等）、沉淀、过滤和消毒等工程。

生活饮用水必须经过消毒后方可使用。消毒可通过氯化，在临时供水设施中，可以加

入漂白粉使水氯化，氯化时间夏季 0.5 h、冬季 1～2 h。

（3）储水构筑物。储水构筑物是指水池、水塔和水箱。在临时供水中，如水泵房不能连续抽水，需要设置储水构筑物。水箱的容量以每小时消防用水量决定，但容量一般不小于 10～20 m³。储水构筑物高度与供水范围、供水对象及水塔本身的位置关系有关，可用式（4-6）确定：

$$H_1 = (Z_y - Z_T) + H_y + h \qquad (4-46)$$

式中符号意义同前。

（4）配水管网布置。

1）布置方式。临时供水管网布置一般有三种方式，即环状管网、枝状管网和混合式管网，如图 4-59 所示。

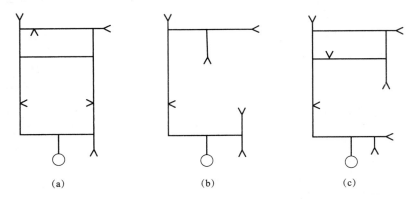

图 4-59　临时供水管网布置
(a)环状；(b)枝状；(c)混合式

①环状管网能保证供水的可靠性，当管网某处发生故障时，水仍能由其他管路供应。但管线长、造价高、管材消耗大。它适用于要求供水可靠的建设项目或建筑群工程。

②枝状管网由干管及支管组成，管线短、造价低，但供水可靠性差，若在管网中某一处发生故障时，会造成断水，故适用于一般中小型工程。

③混合式管网可兼有上述两种管网的优点，总管采用环状、支管采用枝状，一般适用于大型工程。

管网的铺设可采用明管或暗管。一般宜优先采用暗铺，以避免妨碍地面施工，影响场地运输。在冬期施工中，水管宜埋置在冰冻线下或采取防冻措施。

2）布置要求。

①应尽量提前修建并充分利用拟建的永久性供水管网作为工地临时供水系统，节约修建费用，在保证供水要求的前提下，新建供水管线的长度越短越好，并应适当采用胶皮管、塑料管作为支管，使其具有可移动性，以便于施工。

②供水管网的铺设要与土方平整规划协调一致，以防重复开挖，管网的布置要避开拟建工程和室外管沟的位置，以防二次拆迁改建。

③有高层建筑的施工工地，一般要设置水塔、蓄水池或高压水泵，以满足高空施工与消防用水的要求，临时水塔或蓄水池应设置在地势较高处。

④供水管网应按防火要求布置室外消火栓。室外消火栓应靠近十字路口、工地出入口，

并沿道路布置，距路边应不大于 2 m，距建筑物的外墙应不小于 5 m，为兼顾拟建工程防火而设置的室外消火栓与拟建工程的距离也不应大于 25 m，消火栓之间的间距不应超过 120 m，工地室外消火栓必须设有明显标志，消火栓周围 3 m 范围内不准堆放建筑材料、停放机具和搭设临时房屋等；消火栓供水干管的直径不得小于 100 m。

4. 管径的选择

(1)计算法：

$$d=\sqrt{\frac{4Q\times1\,000}{\pi\times u}} \qquad (4\text{-}47)$$

式中　d——配水管直径(mm)；

　　　Q——管段的用水量(L/s)；

　　　u——管网中水流速度(m/s)，临时水管经济流速范围如表 4-43 所示，一般生活及施工用水取 1.5 m/s，消防用水取 2.5 m/s。

(2)查表法。为了减少计算工作，只要确定管段流量和流速范围，可直接查表 4-43、表 4-44 和表 4-45 选取管径。

表 4-43　临时水管经济流速参考表

管径 d/mm	流速/(m·s^{-1})	
	正常时间	消防时间
<100	0.5~1.2	—
100~300	1.0~1.6	2.5~3.0
>300	1.5~2.5	2.5~3.0

表 4-44　临时给水铸铁管计算表

项次	管径 d/mm	75		100		150		200		250	
	流量 q/(L·s^{-1})	i	v	i	v	i	v	i	v	i	v
1	2	7.98	0.46	1.94	0.26						
2	4	28.4	0.93	6.69	0.52						
3	6	61.5	1.39	14	0.78	1.87	0.34				
4	8	109	1.86	23.9	1.04	3.14	0.46	0.77	0.26		
5	10	171	2.33	36.5	1.3	4.69	0.57	1.13	0.32		
6	12	246	2.79	52.6	1.56	6.55	0.69	1.58	0.39	0.53	0.25
7	14			71.6	1.82	8.71	0.8	2.08	0.45	0.69	0.29
8	16			93.5	2.08	11.1	0.92	2.64	0.51	0.88	0.33
9	18			118	2.34	13.9	1.03	3.28	0.58	1.09	0.37
10	20			146	2.6	16.9	1.15	3.97	0.64	1.32	0.41
11	22			177	2.86	20.2	1.26	4.73	0.71	1.57	0.45
12	24					24.1	1.38	5.56	0.77	1.83	0.49
13	26					28.3	1.49	6.44	0.84	2.12	0.53

项次	管径 d/mm	75		100		150		200		250	
	流量 q/(L·s⁻¹)	i	v	i	v	i	v	i	v	i	v
14	28					32.8	1.61	7.38	0.9	2.42	0.57
15	30					37.7	1.72	8.4	0.96	2.75	0.62
16	32					42.8	1.84	9.46	1.03	3.09	0.66
17	34					48.4	1.95	10.6	1.09	3.45	0.7
18	36					54.2	2.06	11.8	1.16	3.83	0.74
19	38					60.4	2.18	13	1.22	4.23	0.78

注：v 为流速(m/s)；i 为单位管长水头损失(m/km 或 mm/m)

表 4-45 临时给水钢管计算表

项次	管径 d/mm	25		40		50		70		80	
	流量 q/(L·s⁻¹)	i	v	i	v	i	v	i	v	i	v
1	0.1										
2	0.2	21.3	0.38								
3	0.4	74.8	0.75	8.89	0.32						
4	0.6	159	1.13	18.4	0.48						
5	0.8	279	1.51	31.4	0.64						
6	1	437	1.88	47.3	0.8	12.9	0.47	3.76	0.28	1.61	0.2
7	1.2	629	2.26	66.3	0.95	18	0.56	5.18	0.34	2.27	0.24
8	1.4	856	2.64	88.4	1.11	23.7	0.66	6.83	0.4	2.97	0.28
9	1.6	1118	3.01	114	1.27	30.4	0.75	8.7	0.45	3.96	0.32
10	1.8			144	1.43	37.8	0.85	10.7	0.51	4.66	0.36
11	2.0			178	1.59	46	0.94	13	0.57	5.62	0.4
12	2.6			301	2.07	74.9	1.22	21	0.74	9.03	0.52
13	3			400	2.39	99.8	1.14	27.44	0.85	11.7	0.6
14	3.6			577	2.86	144	1.69	38.4	1.02	16.3	0.72
15	4					177	1.88	46.8	1.13	19.8	0.81
16	4.6					235	2.17	61.2	1.3	25.7	0.93
17	5					277	2.35	72.3	1.42	30	1.01
18	5.6					348	2.64	90.7	1.59	37	1.13
19	6					399	2.82	104	1.7	42.1	1.21

注：v 为流速(m/s)；i 为单位管长水头损失(m/km 或 mm/m)

(3)经验法。单位工程施工供水也可以根据经验进行安排，一般 5 000~10 000 m² 的建筑物，施工用水的总管管径为 50 mm，支管管径为 40 mm 或 25 mm。消防用水一般采用城市或建设单位的永久消防设施。当需在工地范围设置室外消火栓时，消火栓干管的直径不得小于 100 mm。

5. 管材的选择

（1）工地输水主干管常用铸铁管和钢管，一般露出地面用钢管，埋入地下用铸铁管，支管采用钢管。

（2）为了保证水的供给，必须配备各种直径的给水管，施工常用管材见表4-46。

硬聚氯乙烯管、铝塑复合管、聚乙烯管、镀锌钢管公称直径为 15 mm、20 mm、25 mm、32 mm、40 mm、50 mm、70 mm、80 mm、100 m 的管使用比较普遍；铸铁管公称直径为 125 mm、50 mm、200 mm、250 mm、300 mm。

表 4-46　施工常用管材表

管材	介绍参数		使用范围
	最大工作压力/MPa	温度不大于/℃	
硬聚氯乙烯管 铝塑复合管	0.25～0.6	−15～60	给水
聚乙烯管	0.25～1.0	40～60	室内、外排水
镀锌钢管	≤1	<100	室内、外排水

6. 水泵的选择

可根据管段的计算流量 Q 和总扬程 H，从有关手册的水泵工作性能表中查出需要的水泵型号。

■ 4.7.5　临时用电设计 ···

施工现场安全用电的管理，是安全生产文明施工的重要组成部分，临时用电施工组织设计也是施工组织设计的组成部分。

1. 临时用电施工组织设计的内容和步骤

（1）现场勘探。

（2）确定电源进线、变电所、配电室、总配电箱、分配电箱等的位置及线路走向。

（3）进行荷载计算。

（4）选择变压器容量、导线截面和电器的类型、规格。

（5）绘制电器平面图、立面图和接线系统图。

（6）制定安全用电技术措施和电器防火措施。

2. 施工现场临时用电计算

在施工现场临时用电设计中应按照临电负荷进行现场临电的负荷验算，校核业主所提供的电量是否能够满足现场施工所需电量，以及如何合理布置现场临电的系统。通过计算确定变压器规格、导线截面、各级电箱规格和系统图。

（1）用电量计算。施工现场用电量大体可分为动力用电量和照明用电量两类，在计算用电量时应考虑以下几点：

1）全工地使用的电力机械设备工具和照明用电的功率。

2）施工总进度计划中，施工高峰期同时用电的机械设备最高数量。

3）各种电力机械的利用情况。

总用电量可按以下公式计算：

$$p_{计} = (1.05 \sim 1.1)(\frac{k_1}{\cos\varphi}\sum p_1 + k_2\sum p_2 + k_3\sum p_3 + k_4\sum p_4) \qquad (4\text{-}48)$$

式中　$p_{计}$——计算用电量（kV·A）；

　　　$1.05 \sim 1.1$——用电不均衡系数；

　　　$\sum p_1$——全部施工用电设备中电动机额定容量之和；

　　　$\sum p_2$——全部施工用电设备中电焊机额定容量之和；

　　　$\sum p_3$——室内照明设备额定容量之和；

　　　$\sum p_4$——室外照明设备额定容量之和；

　　　$\cos\varphi$——电动机的平均功率因素（在施工现场最高为 $0.75 \sim 0.78$，一般为 $0.65 \sim 0.75$）；

　　　k_1、k_2、k_3、k_4——需要系数，如表 4-47 所示。

表 4-47　k_1、k_2、k_3、k_4 系数表

用电名称	数量	需要系数		备注
		k	数值	
电动机	3~10 台 11~30 台 30 台以上	k_1	0.7 0.6 0.5	(1)为使计算结果切合实际，各项动力和照明用电，应根据不同工作性质分类计算 (2)单班施工时，用电量计算可不考虑照明用电 (3)由于照明用电比较动力用电要少得多，故在计算用电时，只在动力用电量式(4-48)括号内第1、2项之外再加10%作为照明用量即可
加工厂动力设备		k_2	0.5	
电焊机	3~10 台 10 台以上	k_3	0.6 0.5	
室内照明		k_4	0.8	
室外照明			1.0	

综合考虑施工用电约占总用电量的 90%，室内外照明用电约占 10%，则式(4-48)可进一步简化为

$$p_{计} = 1.1(k_1\sum p_C + 0.1\, p_{计}) = 1.24\, k_1\sum p_C \qquad (4\text{-}49)$$

式中　p_C——全部施工用电设备额定容量之和。

现场室内照明用电定额见表 4-48。

表 4-48　室内照明用电定额参考表

序号	用电定额	容量/(W·m^{-2})	序号	用电定额	容量/(W·m^{-2})
1	混凝土及灰浆搅拌站	5	7	金属结构及机电维修	12
2	钢筋室外加工	10	8	空气压缩机及泵房	7
3	钢筋室内加工	8	9	卫生技术管道加工	8
4	木材加工（锯木及细木制作）	5~7	10	设备安装加工厂	8
5	木材加工（模板）	8	11	变电所及发电站	10

序号	用电定额	容量/(W·m⁻²)	序号	用电定额	容量/(W·m⁻²)
6	混凝土预制构件厂	6	12	机车或汽车停放库	5
13	学校	6	19	理发店	10
14	招待所	5	20	淋浴间及卫生间	3
15	医疗所	6	21	办公楼、试验室	6
16	托儿所	9	22	棚仓间及仓库	2
17	食堂或娱乐场所	5	23	锅炉房	3
18	宿舍	3	24	其他文化福利场所	3

室外照明用电参考表见表4-49。

表4-49 室外照明用电参考表

序号	用电定额	容量	序号	用电定额	容量
1	安装及铆焊工程	2.0 W/m²	6	行人及车辆主干道	2 000 W/km
2	卸车场	1.0 W/m²	7	行人及非车辆主干道	1 000 W/km
3	设备存放，砂、石、木材、钢材、半成品存放	0.8 W/m²	8	打桩工程	0.6 W/m²
4	夜间运料(或不运料)	0.8 (0.5) W/m²	9	砖石工程	1.2 W/m²
5	警卫照明	1 000 W/km	10	混凝土浇筑工程	1.0 W/m²
			11	机械挖土工程	1.0 W/m²
			12	人工挖土工程	0.8 W/m²

(2)选择电源。选择建筑工地临时供电电源时，应考虑的因素有以下五点：

1)建筑工程及设备安装工程的工程量和施工进度。

2)各施工阶段的电力需用量。

3)施工现场的大小。

4)用电设备在施工现场的分布，以及距离电源的远近。

5)现有电气设备的容量情况。

临时供电电源的选择通常有如下四种方案：

1)完全由工地附近的电力系统供给。

2)工地附近的电力系统只能提供一部分，工地需增设临时电站，以补充不足。

3)利用附近的高压电网作临时变电所和配电变压器。

4)工地处于新开发地区，没有电力系统，完全由自备临时电站供给。

采用何种方案应根据工程实际情况并经过分析比较后确定，通常将附近的高压电经设在工地的变压器降压后，引入施工现场。

（3）变压器容量计算。工地附近有 10 kV 或 6 kV 高压电源时，一般采取在工地设小型临时变电所，装设变压器将二次电源降至 380 V/220 V，有效供电半径一般在 500 m 以内，大型工地可在几处设变压器（变电所）。

需要变压器容量可按式（4-50）计算：

$$p_{变} = \frac{1.05\ p_{计}}{\cos\varphi} = 1.4\ p_{计} \tag{4-50}$$

式中　　$p_{变}$——变压器容量（kV·A）；

　　　　1.05——功率损失系数；

　　　　$p_{计}$——变压器服务范围内的总用电量（kW）；

　　　　$\cos\varphi$——用电设备功率因数，一般建筑工地取 0.70～0.75。

求得 $p_{变}$ 值，可查表 4-50 选择变压器容量和型号。

表 4-50　常用电力变压器性能表

型号	额定容量/ (kV·A)	额定电压/kV		耗损/W		总量/kg
		高压	低压	空载	短路	
SL7—30/10	30	6；6.3；10	0.4	150	800	317
SL7—50/10	50	6；6.3；10	0.4	190	1 150	480
SL7—63/10	63	6；6.3；10	0.4	220	1 400	525
SL7—80/10	80	6；6.3；10	0.4	270	1 650	590
SL7—100/10	100	6；6.3；10	0.4	320	2 000	685
SL7—125/10	125	6；6.3；10	0.4	370	2 450	790
SL7—160/10	160	6；6.3；10	0.4	460	2 850	945
SL7—200/10	200	6；6.3；10	0.4	540	3 400	1 070
SL7—250/10	250	6；6.3；10	0.4	640	4 000	1 235
SL7—315/10	315	6；6.3；10	0.4	760	4 800	1 470
SL7—400/10	400	6；6.3；10	0.4	920	5 800	1 790
SL7—500/10	500	6；6.3；10	0.4	1 080	6 900	2 050
SL7—630/10	630	6；6.3；10	0.4	1 300	8 100	2 760
SL7—50/35	50	35	0.4	265	1 250	830
SL7—100/35	100	35	0.4	370	2 250	1 090
SL7—125/35	125	35	0.4	420	2 650	1 300
SL7—160/35	160	35	0.4	470	3 150	1 465
SL7—200/35	200	35	0.4	550	3 700	1 695
SL7—250/35	250	35	0.4	640	4 400	1 890
SL7—315/35	315	35	0.4	760	5 300	2 185

型号	额定容量/	额定电压/kV		耗损/W		总量/kg
	(kV·A)	高压	低压	空载	短路	
SL7—400/35	400	35	0.4	920	6 400	2 510
SL7—500/35	500	35	0.4	1 080	7 700	2 810
SL7—630/35	630	35	0.4	1 300	9 200	3 225
SL7—200/10	200	10	0.4	540	3 400	1 260
SL7—250/10	250	10	0.4	640	4 000	1 450
SL7—315/10	315	10	0.4	760	4 800	1 695
SL7—400/10	400	10	0.4	920	5 800	1 975
SL7—500/10	500	10	0.4	1 080	6 900	2 200
SL7—630/10	630	10	0.4	1 400	8 500	3 140
SL6—10/10	10	10	0.433	60	270	245
SL6—30/10	30	10	0.4	125	600	140
SL6—50/10	50	10	0.433	175	870	540
SL6—80/10	80	6~10	0.4	250	1 240	685
SL6—100/10	100	6~10	0.4	300	1 470	740
SL6—125/10	125	6~10	0.4	360	1 720	855
SL6—160/10	160	6~10	0.4	430	2 100	990
SL6—200/10	200	6~10	0.4	500	2 500	1 240
SL6—250/10	250	6~10	0.4	600	2 900	1 330
SL6—315/10	315	6~10	0.4	720	3 450	1 495
SL6—400/10	400	6~10	0.4	870	4 200	1 750
SL6—500/10	500	6~10	0.4	1 030	4 950	2 330
SL6—630/10	630	6~10	0.4	1 250	5 800	3 080

（4）配电导线截面计算。配电导线要正常工作，必须具有足够的机械强度，满足耐受电流通过所产生的升温要求，并且使得电压损失在允许范围内，因此，选择配电导线有以下三种方法。

1）按允许电流强度选择导线截面。配电导线必须能承受负荷电流长时间通过所引起的温升，而其最高温升不超过规定值，电流强度的计算如下。

①三相四线制线路上的电流强度可按式（4-51）计算：

$$I = \frac{1\,000P}{\sqrt{3}U_{\text{线}}\cos\varphi} \tag{4-51}$$

式中　I——某一段线路上的电流强度(A)；

　　　　P——该段线路上的总用电量(kW)；

　　　　$U_{线}$——线路工作电压值(V)，三相四线制低压时，$U=380$ V；

　　　　$\cos\varphi$——功率因数，临时电路系统时，取 $\cos\varphi=0.70\sim0.75$（一般取 0.75）。

将三相四线制低压线时，$U_{线}=380$ V 值代入，式(4-51)可简化为

$$I_{线}=2P \tag{4-52}$$

即表示 1 kW 耗电量等于 2 A 电流。

②二线制线路上的电流可按式(4-53)计算：

$$I=\frac{1\,000P}{U\cos\varphi} \tag{4-53}$$

式中　U——线路工作电压值(V)，二相制低压时，$U=220$ V。

其余符号意义同前。

求出线路电流后，可根据导线持续允许电流，按表 4-51 初选导线截面，使导线中通过的电流控制在允许范围内。

表 4-51　配电导线持续允许电流强度(A)（空气温度为 25℃ 时）

序号	导线标称截面 /mm²	裸线			橡皮或塑料绝缘线(单芯 500 V)			
		TJ 型导线	钢芯铝绞线	LJ 型导线	BX 型（铜、橡）	BLX 型（铜、橡）	BV 型（铜、橡）	BLV 型（铜、橡）
1	0.75	—	—	—	18	—	16	—
2	1	—	—	—	21	—	19	—
3	1.5	—	—	—	27	19	24	18
4	2.5	—	—	—	35	27	32	25
5	4	—	—	—	45	35	45	32
6	6	—	—	—	58	45	55	42
7	10	—	—	—	85	65	75	50
8	16	130	105	105	110	85	105	80
9	25	180	135	135	145	110	138	105
10	35	220	170	170	180	138	170	130
11	50	270	215	215	230	175	215	165
12	70	340	265	265	285	220	265	205
13	95	415	325	325	345	265	325	250
14	120	485	375	375	400	310	375	285
15	150	570	440	440	470	360	430	325
16	185	645	500	500	540	420	490	380
17	240	770	610	610	600	510	—	—

2）按机械强度要求选择导线截面。配电导线必须具有足够的机械强度，以防止受拉或机械损伤时折断，在不同敷设方式下，导线按机械强度要求所必须达到的最小截面面积应符合表 4-52 的规定。

表 4-52　导线按机械强度要求所必须达到的最小截面面积

导线用途	导线最小截面面积/mm²	
	铜线	铝线
照明装置用导线：户外用	0.5	2.5
户外用	1.0	2.5
双芯软电线：用于吊灯	0.35	—
用于移动式生产用电设备	0.5	—
双芯软电线及软电缆：用于移动式生产用电设备	1.0	—
绝缘导线： 固定架设在户内支持件上，其间距为： 2 m 及以下	1.0	2.5
6 m 及以下	2.5	4.0
25 m 及以下	4.0	10.0
裸导线：户内用	2.5	4.0
户外用	6.0	16.0
绝缘导线：穿在管内	1.0	2.5
设在木槽板内	1.0	2.5
绝缘导线：户外沿墙敷设	2.5	4.0
户外其他方式敷设	4.0	10.0

3）按导线允许电压降选择配电导线截面。配电导线上的电压降必须限制在一定限度之内，否则距变压器较远的机械设备会因电压不足而难以启动，或经常停机而无法正常使用，即使能够使用，也因电动机长期处在低压运转状态，会造成电动机电流过大，升温过高而过早地损坏或烧毁。

按导线允许电压降选择配电导线截面的计算公式如下：

$$S = \frac{\sum (PL)}{C \cdot [\varepsilon]} = \frac{\sum M}{C \cdot [\varepsilon]} \qquad (4\text{-}54)$$

式中　S——配电导线的截面积（mm²）；

　　　P——线路上所负荷的电功率（即电动机额定功率之和）或线路上所输送的电功率（即用电量）（kW）；

　　　L——用电负荷至电源（变压器）之间的送电线路长度（m）；

　　　M——每一次用电设备的负荷距（kW·m）；

[ε]——配电线路上允许的相对电压降（即以线路的百分数表示的允许电压降），一般为 $2.5\% \sim 5\%$；

C——系数，是由导线材料、线路电压和输电方式等因素决定的输电系数，见表 4-53。

表 4-53　按允许电压降计算时的 C 值

线路额定电压/V	线路系统及电流种类	系数 C 值	
		铜线	铝线
380/220	三相四线	77	46.3
380/220	二相三线	34	20.5
220	单线或直流	12.8	7.75
110		3.2	1.9
36		0.34	0.21
24		0.153	0.092
12		0.038	0.023

通过计算或查表所选择的配电导线截面面积，必须同时满足以上三项要求，并以求得的三个导线截面面积中最大者为准，作为最后确定选择配电导线的截面面积。

实际上，配电导线截面面积计算与选择的通常方法是：当配电线路比较长，线路上的负荷比较大时，通常以允许电压降为主确定导线截面；当配电线路比较短时，通常以允许电流强度为主确定导线截面；当配电线路上的负荷比较小时，通常以导线机械强度要求为主选择导线截面。当然，无论以哪一种为主选择导线截面，都要同时符合其他两种要求，以求无误。

根据实践，一般建筑工地配电线路较短，导线截面可由允许电流选定，而在道路工程和给水排水工程，工地作业线比较长，导线截面由电压降确定。

4.8　主要技术组织措施

■ 4.8.1　质量保证措施 ⋯⋯⋯⋯⋯⋯⋯⋯⋯⋯⋯⋯⋯⋯⋯⋯⋯⋯⋯⋯⋯⋯⋯⋯⋯⋯⋯

工程质量是建筑工程施工的核心问题，是建设单位和施工单位所追求的主要目标，因此在单位工程施工组织设计中，必须遵守国家的施工技术规范、规程标准，针对拟建工程的特点、施工条件、施工方法、施工机械和技术要求，提出具体的保证质量的技术组织措施，其主要内容如下：

(1)工程实行质量目标管理，按要求运行质量保证体系，合理配置资源，将质量策划、过程控制、效果评测和措施改进等要素分配到每个管理部门中，对每个管理人员明确质量责任，实施质量奖惩制度，确保质量控制体系正常运转。

（2）编制施工组织设计、专项方案等作业指导性文件，必须经施工单位技术负责人和项目总监理工程师审批确认后，才能在工程上实施，涉及超过一定规模的危险性较大的专项工程施工方案还需增加专家论证环节，论证通过后方能实施。

（3）加强对全体管理人员和工人的质量管理教学培训，项目技术负责人根据施工组织设计的要求对现场管理人员和操作人员进行技术交底，让现场每一位工作人员明确质量控制要求，避免质量通病的产生。

（4）施工总承包单位对施工质量负总责，因此总承包单位对专业承包、劳务分包单位的施工水平应进行严格考察，确保施工质量满足设计文件的要求。

（5）加强材料、成品、半成品的管理，严格执行材料、成品、半成品进场验收制度和材料存储保管制度。

（6）严格执行计量器具管理制度，确保所有测量仪器、计量器具在检定有效期内。

（7）按国家和行业相关质量验收规范要求实施质量控制，对于施工主要分项或关键部位以及新技术、新工艺、新材料、新结构采用"样板带路"的施工管理方法，对工程进行全面质量控制。

（8）工程实体质量坚持"自检、互检、交接检"三检制以及检验批—分项工程—分部工程—单位工程程序进行验收，各分部、分项以及检验批等技术质量验收资料及各类原材料试验报告和质量保证书进行严格控制，工程资料与施工进度同步建立电子版技术质量施工资料，资料编目、分卷、分册整理齐全，准确有效，便于查找。

（9）工程项目部成立质量控制课题小组，对关键工序质量实行计划、实施、检查、处置的"PDCA"质量管理体系，提高关键工序质量。

（10）各个分部、分项以及各个分包施工单位、各个施工区域的界面和交叉节点，从质量标准、工序交接，界面设计、进度等进行总体协调。同时包括安全、文明施工的管理，体现"整体创优"的思想。

（11）雨期进行地下结构施工时，应注意基坑内和基坑周围水位和位移变化，确保地下结构施工的质量。

（12）雨期进行混凝土浇筑时，避免现浇混凝土受降雨影响而改变水胶比，影响混凝土性能。

（13）夏季施工时要避免混凝土在高温下暴晒，混凝土浇筑完立即用塑料薄膜或草袋进行覆盖，防止混凝土脱水影响强度增长，混凝土浇筑完毕 12 h 后需进行浇水或蓄水养护，确保混凝土质量满足设计要求。

（14）夏季施工时，应经常了解和掌握大风、暴雨警报，合理安排施工计划，避免施工质量受到夏季极端天气的影响。

（15）当室外日平均气温连续五天低于 5 ℃或每日最低温度低于 −3 ℃时，应按冬期施工要求组织施工，可采用蓄热法和掺化学剂相结合的防冻保温办法，以及掺入必要的外加剂来保证冬期混凝土施工质量。

■ 4.8.2　安全保证措施 ···

（1）按照国家和地方的有关法律及规范要求，建立健全的现场安全管理体系，组织安全施工，与各专业分包签署安全协议，对其进行施工安全管理，认真执行《建筑施工安全检查标准》(JGJ 59—2011)和《现场施工安全生产管理规范》(DGJ 08—903—2010)的规定。

(2)制定建立工地安全、防火责任制，由总承包、各专业分包的项目经理及安全员、消防员组成安全、消防领导小组，全面负责施工全过程的安全检查、安全布置、安全监督和安全奖惩。

(3)施工前对施工现场重大危险源进行登记建档，进行定期检测、评估、监控，并制定应急预案，告知从业人员和相关人员在紧急情况下应当采取的应急措施。

(4)所有特种作业人员持证上岗，认真做好进班组、进项目、进公司三级教育培训，未经教育不得上岗。

(5)按照要求开具各类施工作业申请，如动火作业、吊装作业、受限空间作业、挖土作业、带电作业、载人吊篮等高风险作业，另需按照指定要求进行申请，并做好相关安全措施。所有危险作业、特种作业必须有监护人，监护人必须在场，不得离岗。

(6)每月安排一次以上对本项目进行综合安全检查，施工高峰期时，每月不得少于两次以上安全检查，并将每次检查结果统计整理，并上报项目经理部和施工企业。

(7)加强易燃易爆物品的管理，危险品存放要符合距离的要求，落实专人管理，并建立存放和保管制度。

(8)严格执行现场"四口""五临边"的安全防护措施规定，临空、临边位置要设置围护，水平洞口要封闭，同时设置明显醒目的安全标志。

(9)严格执行起重机械三限位、两保险、十不吊规定，如遇6级以上风力时，停止吊装作业。

(10)施工用机电设备均设有良好的二级防护装置，机电维修人员经常检查设备触电漏电保护，确保其完好有效，且所有机械操作人员必须持证上岗作业。

(11)雨期进行基坑施工时，应做好基坑内外的排水沟疏通、集水井清淤和抽水泵布置工作，并应确保抽水泵运转良好能够及时将基坑内水排出，避免基坑塌方，确保基坑安全。

(12)夏季施工要做好防暑降温工作，确保劳防用品发放，超过38℃高温天气按政府相关要求避开极端高温时段施工。

(13)夏季是雷雨大风天气频发的季节，应当做好防台防汛措施，项目部组织以项目经理为第一责任人的防汛防台领导小组，各职能部门落实相关职责。

(14)冬季应注意防火安全，对现场各楼层的夹板、木料等堆放应整齐有序，严禁在现场吸烟，易燃物品严禁与木料堆放同一处。

(15)冬季宿舍严禁私自使用灯泡、明火等加热取暖设备取暖，杜绝乱拉乱接电线，总承包单位和各分包单位要定期对宿舍进行巡查。

(16)总承包单位要督促各分包单位做好劳动防护用品的落实，防止冻伤事故发生。工人宿舍做好防冻保温措施，门窗玻璃全面检查，损坏的立即更换。

■ 4.8.3　职业健康保证措施

(1)项目经理为职业健康管理第一责任人，安全管理部门对项目的职业卫生实行联合监督管理，对违反国家相关法律法规的行为和事件进行教育、监督，专业分包负责人、劳务作业队长、班组长兼职职业健康管理人员，负责本单位、本施工队、本班组的职业卫生管理工作。

（2）总承包单位向所在地有关行政主管部门申报施工项目的职业病危害，做好职业病和职业病危害事故的记录、报告和档案移交工作。

（3）严格督促作业人员遵守职业病防治法律、法规和操作规程，落实发放、指导、督促作业人员正确使用职业病防护设施和个人职业病防护用品，落实好职业卫生防护措施。

（4）在施工现场入口处位置设置公告栏，在施工岗位设置警示标识和说明，使进入施工现场的相关人员熟悉施工现场存在的职业病危害因素及其对人体健康的危害后果和预防救援措施。

（5）采购设备和材料时，优先采用有利于职业病防治和保护员工健康的新工艺、新技术和新材料，对确需使用存在有职业病危害设备和化学材料的，应注明其成分、性能、安全操作规程、维护和使用方法，并提供相应的防护和应急措施。

（6）对施工现场可能产生职业病和职业中毒危害的作业，在作业时应及时监测，采取通风、隔离、佩戴防护用品、专人监护等防护措施，杜绝违章作业，杜绝作业人员超时作业。

（7）做好相关职业健康安全应急救援预案，并做好演练工作和相关资料存档工作。

■ 4.8.4 文明施工保证措施

（1）由项目经理组织制订施工现场安全文明及环境保护管理实施细则，配置文明施工管理专职人员，加强工地文明施工管理，严格执行环境保护措施，把做好文明施工的责任落实到班组及个人，并加强检查和评比。

（2）加强现场工人管理和教育，施工人员均佩戴胸卡，胸卡以单位与身份证为依据，统一编号，不同工作单位佩戴不同颜色的安全帽，统一工作服装。

（3）施工现场安装按施工平面布置图的要求布置材料、构件和临时设施，施工项目实行围挡封闭施工，工地四周设置不低于 $1.8\,m$ 的封闭式围挡，大中城市主要街道商业区的围挡高度不低于 $2.5\,m$，围挡要统一美观。

（4）施工现场配备专职保安人员，实行出入门禁制度、打卡管理、三班值勤和巡逻制度，确保出入有序、治安良好。

（5）加强三废的治理措施，如泥浆废水不得直接排出场外，建筑垃圾不随意乱倒，各种锅炉要有消烟措施。

（6）施工现场道路应硬化或半硬化，并进行经常清理，保持道路通畅平整干净。

（7）确保临时设施生活区周围环境卫生安全，实行门前三包责任制，现场材料、构件堆放整齐有序，机具整洁、定点安放。

■ 4.8.5 施工进度保证措施

（1）确保各个阶段的施工进度节点按计划顺利完成，建立完整、高效的承包管理协调体系。

（2）在总承包管理架构上，按照领导层、管理层、生产实施层三个层面规划管理路线，优化组织构架，确保管理顺畅。

（3）编制全面的总承包管理大纲、各个职能部门的管理制度，明确各个专业管理人员的管理职责，通过有效的目标考核制度，来激励、管控总承包及各个专业分包的工作积极性。

（4）在技术标基础上，进一步细化施工组织设计、各专项施工方案，对需要专家评审的方案提前编制，尽早通过评审论证，为后续施工创造条件。

（5）在工程开始实施后，将在投标总进度计划的基础上，进行进一步细致研究，完善和确定工程实施总进度计划，并报送业主和监理单位审核通过后实施。

（6）总承包单位将在各个专业分包方的招标工作过程中，将拟定的总进度计划列入招标文件中，将各关键节点工期作为招标要求，并在与中标的专业分包单位签订合同时，将总进度计划、节点要求和对专业分包的进度计划编制要求作为重点条款，写入总包与专业分包的合同中，并明确奖罚措施，以约束分包。

（7）总承包要求各专业分包在总进度计划的框架下，编制专业分包详细生产计划，按照年度、季度、月度、周计划来编制，并细致到每个分区、每个楼层的专业进度计划，以理清专业工程进度管理思路和明确目标，以大节点来控制小节点，达到步步设防的目的。

（8）除进度计划的控制外，项目部还将对自身和各专业分包的劳动力安排、机械配备、材料供应、施工方法、作业环境等情况进行细致掌握，对不符合进度要求的相关资源，要求各专业分包增加投入，以确保资源的配置和支撑。

（9）总承包将与进场施工的专业分包就已经确定的总进度计划，分阶段讨论、研究相关工作面安排，并在项目管理技术的支持下，分阶段进行碰撞检查，提前了解和优化相关土建、钢结构、机电管线、装饰装修等工程节点做法，以减少因现场节点矛盾而产生的返工和工期延误。

（10）为保证工程顺利进行，总承包单位还将强化材料管理、工程预结算、节点款的支付控制和资金流控制，通过"三同步"管理来确保成本、结算、工程款支付均在可控范围内，以此保障总包进度和各专业分包施工进度。

（11）总承包积极协调现场自有的和专业分包的大型施工机械、脚手架、轴线标高、用水用电、堆场仓库、施工道路、垃圾清运等各方面资源，合理安排工作面，确保各专业施工有序进行。

（12）总承包单位进行全方位的现场安全管理工作，尽全力避免安全事故的发生，以免影响工程进度。

（13）对于质量管理方面，设定工程质量目标，施工单位根据质量目标积极主动策划、管理好各专业工程质量，确保各分部分项工程一次验收合格，尽力达到评奖要求，避免返工造成的工期损失。

（14）为保证工程顺利进行，施工单位与业主、监理、顾问、安监站、质监站、环保部门、渣土部门、消防部门、街道、公安、交管等所有与工程建设有关的单位保持良好沟通，确保各方面信息的畅通，为工程保驾护航。

📖 复习思考题

1. 单位工程施工组织设计中的工程概论包括哪些内容？
2. 单位工程施工进度计划的作用和依据是什么？

3. 单位工程施工现场平面布置图一般包括哪些内容？

4. 施工方案要解决哪些问题？

5. 装配式建筑的施工顺序是什么？

6. 固定式垂直运输机械布置需要考虑哪些因素？

7. 如何确定施工过程的劳动量或机械台班量？

8. 施工技术组织措施的主要内容是什么？

第5章 施工组织总设计

5.1 概述

■ 5.1.1 施工组织总设计的作用 ··

施工组织总设计是以若干单位工程组成的群体工程或特大型项目为主要对象编制的施工组织设计。施工组织总设计对整个建设项目的施工过程起统筹规划、重点控制的作用，是根据初步设计或扩大初步设计图纸以及其他有关资料和现场施工条件编制，指导整个建设项目施工现场各项施工准备和组织施工活动的技术经济性文件。一般由建设单位编制，或是建设单位委托施工总承包单位编制，其具体作用如下：

(1)为建设项目或群体工程的施工作出全局性的战略部署。

(2)为建设项目施工准备工作和各类资源供应提供依据。

(3)为建设单位编制投资计划提供依据。

(4)为施工单位编制单位工程施工组织设计提供依据。

(5)为确定建设项目施工可行性和经济合理性提供依据。

■ 5.1.2 施工组织总设计编制依据 ··

为了保证施工组织总设计的编制工作高效完成，使设计文件更能符合工程实际情况，更好地发挥施工组织总设计的作用，在编制施工组织总设计时需参考以下相关文件。

(1)建设项目审批计划及相关合同。其包括国家批准的基本建设计划、可行性研究报告、工程项目一览表、分期分批投产期限要求、投资指标、建设地点所在地区主管部门的批件、施工单位以及上级主管部门下达的各项施工任务计划、招标投标文件及签订的工程施工承包合同、工程材料和设备的供货合同等。

(2)设计文件及有关资料。其包括建设项目的初步设计与扩大初步设计或技术设计的有关图纸、设计说明书和总概算。

(3)工程勘察和原始资料。其包括建设地区的地形、地貌、工程地质及水文地质、气象等自然条件；交通运输条件、建设地区的政治、能源、预制构件、建筑材料、水电供应及机械设备等技术经济条件；经济、文化、生活、卫生等社会生活条件。

(4)现行规范、规程和有关技术规定。其包括国家现行的施工验收规范、概算指标、扩大结构定额、工期定额、操作规程、技术规定和技术经济指标。

(5)同类型建筑的统计资料和数据。

■ 5.1.3 施工组织总设计编制内容和程序

施工组织总设计编制内容根据工程性质、规模、工期、结构的特点及施工条件的不同而有所不同，通常包括工程概况，总体施工部署，施工总进度计划，施工准备与主要资源配置计划，主要施工方法，施工总平面布置图和主要技术经济指标等。施工组织总设计的编制程序如图 5-1 所示。

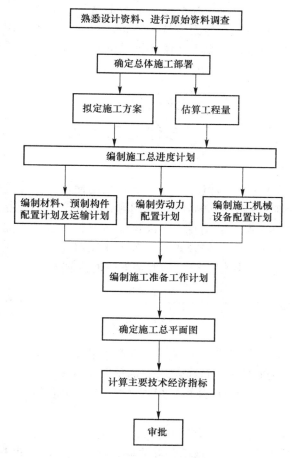

图 5-1 施工组织总设计编制程序

■ 5.1.4 工程概况

工程概况是对整个建设项目的总说明和总分析，包括项目主要情况和项目主要施工条件等，是对整个建设项目或建筑群所作的一个简单扼要、突出重点的文字介绍。有时为了补充文字介绍的不足，还可以附有建设项目总平面图，主要建筑的平、立、剖示意图及辅助表格。一般应包括以下内容。

1. 项目工程特点

简单说明工程项目的名称和用途，建设地点、规模、工期、分期分批投入使用的工程项目和施工工期，工程占地面积，建筑面积，主要项目工程量，设备安装量，总投资，资金来源和投资使用要求，施工区和生活区的工程量，建筑结构类型，施工技术的复杂程度和有关新技术、新材料、新工艺、新设备、新结构应用。

2. 项目主要施工条件

其包括项目建设地点天气状况；项目施工区域地形地貌和工程水文地质状况；项目施工区域地上、地下管线及相邻的地上、地下建（构）筑物情况；与项目施工有关的道路、河流等情况；当地建筑材料、设备供应和交通运输等服务能力状况；当地供电、供水、供热和通信能力状况；施工企业的生产能力、技术装备、管理水平等情况；有关建设项目的决议、合同、协议、土地征用范围、数量和居民搬迁时间等情况，其他与施工有关的主要因素。

5.2　总体施工部署

施工部署是施工组织总设计的核心，施工部署是用简洁的文字完整地阐述完成整个建设项目的总体设想，针对影响施工全局的关键问题作出决策，拟定指导组织全局施工的战略规划，目的是用具体的技术方案说明施工决策的可行性，其重点是根据有关要求确定分期分批施工项目的开工顺序和竣工期限规划，各项施工准备工作，组织施工力量明确参加施工的各单位的任务和要求，规划为全工地服务的临时设施等。

■ 5.2.1　工程开展程序

1. 主体工程施工顺序

对于新建的大型工业企业来讲，根据产品生产工艺的流程，分为主体生产、辅助生产和附属生产系统，在拟定施工部署时要合理确定每期工程施工项目的组成，保证主要项目能早投产，而建设费用最小，时间最短，根据此要求在确定分期分批施工的工程项目时，应考虑以下四个问题：

(1)各期施工项目必须满足生产流程要求，在工艺上应是配套的、完整的、合理的。

(2)必须是有关生产流程的生产规模相互协调，在建设进度上也基本一致。

(3)在确定分期分批建设的工程项目中，应避免投产后生产与施工间的相互干扰，既避免前期项目的生产给后期工程的施工造成不便，又避免后期工程的施工给前期项目的生产带来困难。

(4)应使每个工程竣工投产后，有一个运转调试和试生产的时间，以及有为下一工序生产配料的时间，此外还需考虑设备到货及安装的时间，因此，在安排建设工程施工顺序时，在时间上应留有适当的余地。

2. 辅助和附属工程施工顺序

一个大型工程项目，除主体工程系统外，还有许多为整个企业服务的设备系统、动力供应系统、运输系统、控制系统等辅助工程系统，还有为生产工程中综合利用余热、废料等附属产品的附属工程系统。因此，在安排这些项目的施工顺序时，应优先安排能为施工服务的生产车间和其他水电动力设施的道路工程，对于节约临时设施的投资具有积极的意义。附属和辅助工程系统施工的顺序安排应与主体生产系统相适应，保证各生产系统按计划投入生产。

■ 5.2.2 主要施工项目的施工方案

施工组织总设计中要拟定一些主要工程项目的施工方案，与单位工程施工组织设计中的施工方案所要求的内容和深度不同。这些项目是整个建设项目中工程量大、施工难度大、工期长，对整个建设项目的完成起关键作用的建筑物或构筑物，以及全场范围内工程量大、影响全局的主要分部(分项)工程，以及脚手架工程、起重吊装工程、模板工程、季节性施工等专项工程。拟定主要工程项目施工方案的目的是完成技术和资源的准备工作，同时也为保证施工顺利进行和现场合理的布局。主要内容包括施工方法、施工工艺流程、施工机械设备等。

对施工方法的确定要考虑技术工艺的先进性和经济上的合理性，对施工机械的选择，应使主导机械的性能既能满足工程的需要，又能发挥其效能，在各个工程上都能够实现综合流水作业，减少其安装、拆卸、运输的次数，对于辅助机械，其性能应与主导施工机械相适应，以便充分发挥主导施工机械的工作效率。

■ 5.2.3 施工任务的划分与组织安排

在明确施工项目管理体制、机构的条件下，划分参与建设的各施工单位的施工任务，明确总承包单位与分包单位的关系，建立施工现场统一的组织领导机构及职能部门，确定综合专业化的施工组织，明确各施工单位之间的分工与协作关系，划分施工阶段，确定各施工单位分期分批的主导施工项目和穿插施工项目。

■ 5.2.4 全场临时设施的规划

根据工程开展程序和施工项目施工方案的要求，对施工现场临时设施进行规划，主要内容包括：安排生产和生活性临时设施的建设；安排原材料、成品、半成品、构件的运输和存储方式；安排场地平整方案和全场排水设施；安排场内外道路、水、电方案；安排场区内的测量标志等。

5.3 施工总进度计划

■ 5.3.1 基本要求

施工总进度计划是施工现场各项施工活动在时间上和空间上的体现，编制施工总进度计划是根据施工总体部署中的施工方案和施工项目开展的程序，对整个工地的所有施工项目作出时间上和空间上的安排。其作用在于确定各个建筑物及其主要工种、分项工程、准备工作和全场工程的施工期限及开工和竣工的日期，从而确定施工现场上劳动力、原材料、成品、半成品、施工机械的供应情况，以及现场临时设施、水电以及能源、交通的需要量等。因此，正确地编制施工总进度计划是保证各项目以及整个建设工程按期交付使用，充分发挥投资效益，降低建筑工程成本的重要条件。

编制施工总进度计划的基本要求是：保证拟建工程在规定的期限内完成，发挥投资效益、保持施工的连续性和均衡性，节约施工费用，施工总进度计划可采用网络图或横道图表示，并附必要说明。

根据施工总体部署中拟建工程分期分批的投产顺序，将每个系统的各项工程分别划出，在控制的期限内进行各项工程的具体安排。如建设项目的规模不大，各系统不多时，也可不按照分期分批投产顺序安排，而直接安排总进度计划。

■ 5.3.2 编制步骤 ⋯⋯⋯⋯⋯⋯⋯⋯⋯⋯⋯⋯⋯⋯⋯⋯⋯⋯⋯⋯⋯⋯⋯⋯⋯⋯⋯⋯⋯⋯⋯⋯⋯⋯

1. 列出工程项目一览表并计算工程量

施工总进度计划主要起控制总工期的作用，因此项目划分不宜过细，可按照确定的主要工程项目的开展顺序排列，一些附属项目、辅助工程及临时设施可以合并列出。

（1）列出工程项目。总进度计划主要起控制工期的作用，其项目不易列得过细，列项应根据施工部署中分期分批开工的顺序进行，突出每一个系统的主要工程项目，分别列入工程名称栏内，附属建筑可与其合并。

（2）计算拟建工程项目及全工地性工程的工程量。根据批准的建设项目一栏表，按工程分类计算各单位工程的主要工种的工程量，目的是为选择施工方案、选择施工和运输机械提供依据，同时也为确定主要施工过程的劳动力、技术物资和施工时间提供依据。

工程量只需粗略计算，一般可根据初步设计图纸，并套用万元定额概算指标或扩大结构定额，也可按标准设计或已建房屋、构筑物资料来估算出工程量及各项物资的消耗，按上述方法算出的工程量，填入汇总表内，计算出相应的劳动量并将其进行综合，分别填入总进度计划表中相应的栏目内。

除建筑物外，还必须计算主要的、全工地性工程的工程量，如场地平整、道路和地下管线的长度等，这些都可以根据建筑总平面图来计算。

将按照上述方法计算的工程量填入统一的工程量汇总表中，见表 5-1。

表 5-1　工程项目工程量汇总表

工程项目分类	工程项目名称	结构类型	建筑面积	幢（跨）数	概算投资	主要实物工程量							
						场地平整	土方工程	桩基工程	…	砖石工程	钢筋混凝土工程	…	装饰工程	…
			1 000 m²	个	万元	1 000 m²	1 000 m²	1 000 m²		1 000 m²	1 000 m²		1 000 m²	
全工地性工程														

工程项目分类	工程项目名称	结构类型	建筑面积	幢(跨)数	概算投资	主要实物工程量								
						场地平整	土方工程	桩基工程	…	砖石工程	钢筋混凝土工程	…	装饰工程	…
			1 000 m²	个	万元	1 000 m²	1 000 m²	1 000 m²		1 000 m²	1 000 m²		1 000 m²	
主体工程														
辅助工程														
永久住宅														
临时建筑														
	合计													

2. 确定各单位工程的施工期限

单位工程的施工期限应根据施工单位的具体条件(施工技术与施工管理水平、机械化程度、劳动力水平和材料供应等)及单位工程的建筑结构类型、体积大小和现场地形、地质、施工条件、现场环境等因素加以确定。此外，也可参考有关的工期定额来确定各单位工程的施工期限。

3. 确定各单位工程的开工、竣工时间和相互搭接关系

根据施工部署及单位工程施工期限，就可以安排各单位工程的开、竣工时间和相互搭接关系。通常应考虑下列因素：

(1)保证重点，兼顾一般。在安排进度时，要分清主次，抓住重点，同一时期进行的项目不宜过多，以免分散有限的人力和物力。

(2)要满足连续、均衡的施工要求。尽量使劳动力和技术物资在全工程施工过程中均衡消耗，避免资源负荷出现高峰和减轻劳动力调度的困难。

(3)要满足生产工艺要求，合理安排各个建筑物的施工顺序，以缩短建设周期，尽快发挥投资效益。

(4)认真考虑施工总平面布置图的空间关系。应在满足有关规范要求的前提下，使各拟建临时设施布置尽量紧凑，节省占地面积。

(5)全面考虑各种条件限制。在确定各建筑物施工顺序时，应考虑各种客观条件限制，如施工企业的施工力量，各种原材料、机械设备的供应情况，设计单位提供图纸的时间，各年度建设投资数量等，对各项建筑物的开工时间和先后顺序予以调整。同时，由于建筑施工受季节、环境影响较大，施工单位经常会对某些项目的施工时间提出具体要求，从而对施工的时间和顺序安排产生影响。

4. 安排施工总进度计划

施工总进度计划可以用横道图和网络图表达。由于施工总进度计划只是起控制性作用，而且施工条件复杂，因此项目划分不必过细，一般采用横道图表达施工总进度计划，项目的排列可按施工总方案所确定的工程展开程序排列。横道图上表达出各施工项目开、竣工时间及其施工持续时间，见表 5-2。

表5-2 施工总进度计划

序号	工程项目名称	结构类型	工程量	建筑面积	总工日	施工总进度计划									
						××年				××年				××年	

5. 施工总进度计划的调整和修正

施工总进度计划表绘制完成后，将同一时期各项工程的工作汇总，用一定的比例画在施工总进度计划的底部，即可得出建设项目工作量的动态曲线。若曲线上存在较大的高峰和低谷，则表明在该时间内各种资源的需要量变化较大，需要调整一些单位工程的施工速度或开、竣工时间，以便消除高峰和低谷，使各个时期的工作量尽可能均衡。

5.4 主要资源配置及施工准备工作计划

主要资源配置计划是做好劳动力及物资的供应、平衡、调度、落实的依据，其内容一般包括以下方面。

■ 5.4.1 综合劳动力配置计划 ····································

劳动力配置计划是规划临时设施工程和组织劳动力进场的依据。编制时，首先根据工程量汇总表中分别列出的各个建筑物的主要实体工程量，通过查预算定额或有关资料，确定各个建筑物主要工种的劳动量，再根据施工总进度计划表的各单位工程各工种的持续时间，确定某一个单位工程在某段时间里的平均劳动力数。按同样方法可计算出各个建筑物各主要工种在各个时期的平均工人数。将施工总进度计划表纵坐标方向上各单位工程同工种的人数叠加在一起并连成一条曲线，即为某工种的劳动力动态曲线图。其他工种也用同样方法绘成曲线图，从而可根据劳动力曲线图列出主要工种劳动力配置计划表，见表 5-3。

表 5-3　劳动力配置计划

序号	工程品种	劳动量	施工高峰人数	××年			××年			现有人数	多于或不足
	模板工										

■ 5.4.2　材料、构件及半成品配置计划

根据工程量汇总表所列各建筑物的工程量，通过查询定额或有关资料，得出各建筑物所需的建筑材料、构件和半成品的需要量。然后根据施工总进度计划表，大致算出某些建筑材料在某一时间内的需要量，从而编制出建筑材料、构件和半成品的配置计划，见表 5-4，作为材料供应部门和有关加工厂准备所需的建筑材料、构件和半成品并及时供应的依据。

表 5-4　主要材料、构件和半成品配置计划

序号	工程名称	××年 ××年								
		水泥	砂	石	砌体	…	混凝土	砂浆	…	木结构	…
		t	m³	m³	块		m³	m³		m³	
	主体工程										

■ 5.4.3　施工机具配置计划

主要施工机械的配置是根据施工总进度计划、主要建筑物施工方案和工程量，套用机械产量定额获得。辅助机械可根据建筑安装工程每 10 万元扩大概算指标获得，运输机具的需要量根据运输量计算，施工机具配置计划见表 5-5。

表 5-5　施工机具配置计划

序号	机具名称	规格型号	数量	功率	需要量计划								
					××年			××年			××年		
	混凝土搅拌机												

■ 5.4.4　总体施工准备工作计划

为了落实各项施工准备工作，加强检查和监督，必须根据各项施工准备工作的内容、

时间和人员，编制出施工准备工作计划，见表 5-6。总体施工准备包括技术准备、现场准备和资金准备等，应满足项目分阶段（期）施工的需要。

表 5-6　施工准备工作计划

序号	施工准备时间	内容	负责单位	负责人	起止时间		备注
					××年	××年	
		场地平整	施工单位	项目经理			

5.5　施工总平面布置

施工总平面布置是按照施工方案和施工总进度计划的要求，将施工现场的交通道路、材料仓库、附属企业、临时房屋、临时水电管线等作出合理的规划布置，从而正确处理全工地施工期间所需各项临时设施和永久建筑以及拟建项目之间的空间关系。

■ 5.5.1　施工总平面布图原则

(1)在平面布置科学合理，保证施工顺利进行的前提下，尽可能少占用地。

(2)合理组织运输，尽量减少和避免二次搬运，现场运输成本应最少。

(3)施工区域的划分和场地的临时占用应符合总体施工部署和施工流程的要求，减少相互干扰。

(4)充分利用既有建（构）筑物和既有设施为项目施工服务，降低临时设施的建造费用。

(5)临时设施应方便生产和生活，办公区、生活区和生产区按规范要求分开设置。

(6)遵循劳动保护和技术安全以及防火规划，施工现场符合节能、环保、安全和消防、文明施工等要求。

■ 5.5.2　施工总平面布图内容

(1)项目施工用地范围内的地形状况，现场运输道路的位置。

(2)全部拟建的建（构）筑物和其他临时设施的位置，辅助用房的大小取决于施工现场的人数。

(3)规划施工用水，用水量包括生产用水量、施工机械用水量、生活用水量和消防用水量，根据用水总量和现场具体条件选择水源，确定水管和布置管网。

(4)规划施工用电，选择供电方式，布置供电线路，必要时应设置自发电设备。

(5)施工现场必备的安全、消防、保卫、文明施工和环境保护等设施。

(6)相邻的地上、地下既有建（构）筑物及相关环境。

■ 5.5.3　施工总平面图的设计依据

(1)各种设计资料，包括建筑总平面图、地形图、区域规划图及已有和拟建的各种设施位置。

(2)建设地区的自然条件和技术经济条件。

(3)建设项目的概况、施工部署、施工总进度计划。

(4)各种建筑材料、构件、半成品、施工机械需要量一览表。

(5)各构件加工厂、仓库及其他临时设施情况。

■ 5.5.4 施工总平面图的设计方法 ····················

1. 场外交通的引入

设计全工地性施工总平面图时，首先应从主要材料、成品、半成品、设备等进入施工现场的运输方式入手。当大量材料采用铁路运输时，首先要解决铁路的引入问题。当大量材料采用水路运输时，应考虑运输码头的问题；当大量材料采用公路运输时，要考虑运输道路的布置。

2. 材料现场布置

(1)当采用铁路运输时，材料堆场和仓库应分布在铁路沿线，同时要有充足的场地进行货物装卸。如果没有场地进行货物装卸，需要在铁路附近设置转运仓库。布置铁路沿线堆场和仓库时，应将堆场和仓库设置在靠近施工现场一侧，避免跨越铁路运输，堆场和仓库不宜设置在弯道或坡道上。

(2)当采用水路运输时，应在码头附近设置转运堆场和仓库，保证船只到码头后能及时卸载货物。

(3)当采用公路运输时，可以灵活设置堆场和仓库。主要的堆场和仓库布置在施工现场中心位置，也可以设置在靠近外部交通进口处。水泥、砂、石、木材等仓库或堆场宜布置在搅拌站、预制场和加工厂附近；砌块、预制构件等应该直接布置在使用部位附近，避免二次搬运。工业建筑项目现场还应考虑主要设备的仓库或堆场，一般较重设备尽量放在车间附近，其他设备可布置在外围空地上。

3. 加工厂和搅拌站的布置

各种加工厂布置，应以方便使用、安全、防火、运输费用少、不影响工程项目正常施工为原则。一般应将加工厂与相应的仓库布置在同一区域，并位于施工场地边缘。

(1)预制加工厂，尽量利用附近已有加工厂，只有在运输成本和技术问题时，才考虑在施工现场设置预制加工厂。

(2)钢筋加工厂。根据现场实际情况采用分散和集中两种方式，对于需要进行冷加工、对焊、点焊的钢筋或大片钢筋网，宜集中布置在中心加工厂；对于利用单个简单机具就能加工的小型钢筋加工件，宜分散在钢筋加工棚中进行。

(3)木材加工厂。应视木材加工的工作量、加工性质和种类决定是集中设置还是分散设置。

(4)混凝土搅拌站。根据工程具体情况优先采用商品混凝土，当现浇混凝土量大时，宜在工地设置搅拌站，当运输条件好时，以采用集中搅拌为好；当运输条件较差时，宜采用分散搅拌。

(5)砂浆搅拌站宜采用分散就近布置。

(6)金属结构、锻工、电焊和机修等车间，因各个车间在生产上联系密切，应尽可能布置在一起。

各类加工厂、作业棚等所需面积见表 5-7～表 5-9。

表 5-7　现场作业棚所需面积参考资料

序号	名称	单位	面积/m²	备注
1	木工作业棚	m²/人	2	占地为建筑面积的 2～3 倍
2	电锯房	m²	80	863～914 mm 圆锯 1 台
	电锯房	m²	40	小圆锯 1 台
3	钢筋作业棚	m²/人	3	占地为建筑面积的 3～4 倍
4	搅拌棚	m²/台	10～18	
5	卷扬机棚	m²/台	6～12	
6	烘炉房	m²	30～40	
7	焊工房	m²	20～40	
8	电工房	m²	15	
9	机、钳工维修房	m²	20	
10	发电机房	m²/kW	0.2～0.3	
11	水泵房	m²/台	3～8	
12	空压机房(移动式)	m²/台	18～30	
	空压机房(固定式)	m²/台	9～15	

表 5-8　现场机运站、机修间、停放场所需面积参考资料

序号	机械设备名称	所需场地/(m²·台⁻¹)	存放方式	功率 内容	功率 数量/m²
	一、起重、土方机械名称				
1	塔式起重机	200～300	露天	10～20 台设 1 个检修台位(每增加 20 台增设 1 个检修台位)	200(增 150)
2	履带式起重机	100～125	露天		
3	履带式正铲或反铲、拖式铲运机,轮胎式起重机	75～100	露天		
4	推土机、拖拉机、压路机	25～35	露天		
5	汽车式起重机 二、运输机械类	20～30	露天或室内		
6	汽车(室内)　　(室外)	20～30 40～60	一般情况下室内不小于 10%	每 20 台设 1 个检修台位(每增加 1 个检修台位)	170(增 160)
7	平板拖车	100～150	一般情况下室内不小于 10%		
8	三、其他机械类	4～6	一般情况下室内占 30%,露天占 70%	每 50 台设 1 个检修台位(每增加 1 个检修台位)	50(增 50)

表 5-9　临时加工厂所需面积参考资料

序号	加工厂名称	年产量		单位产量所需建筑面积	占地总面积/m²	备注
		单位	数量			
1	混凝土搅拌站	m³	3 200	0.022(m²/m³)	按沙石堆场考虑	400 L 搅拌机 2 台
		m³	4 800	0.021(m²/m³)		400 L 搅拌机 3 台
		m³	6 400	0.020(m²/m³)		400 L 搅拌机 4 台
2	临时性混凝土预制厂	m³	1 000	0.25(m²/m³)	2 000	生产屋面板和中小型梁柱板等,配有蒸汽养护设施
		m³	2 000	0.20 (m²/m³)	3 000	
		m³	3 000	0.15 (m²/m³)	4 000	
		m³	5 000	0.125 (m²/m³)	小于 6 000	
3	半永久性混凝土预制厂	m³	3 000	0.6(m²/m³)	9 000~12 000	露天
		m³	5 000	0.4(m²/m³)	12 000~15 000	
		m³	10 000	0.3(m²/m³)	15 000~20 000	
4	木材加工厂	m³	16 000	0.024 4(m²/m³)	18 000~3 600	进行原木、大方加工
		m³	24 000	0.019 9(m²/m³)	2 200~4 800	
		m³	30 000	0.018 1 (m²/m³)	3 000~5 500	
	综合木工加工厂	m³	200	0.30(m²/m³)	100	加工门窗、模板、地板和屋架等
		m³	600	0.25(m²/m³)	200	
		m³	1 000	0.20(m²/m³)	300	
		m³	2 000	0.15(m²/m³)	420	
	粗木加工厂	万 m³	5 000	0.12(m²/m³)	1 350	加工屋架、模板
		万 m³	10 000	0.10(m²/m³)	2 500	
		万 m³	15 000	0.09(m²/m³)	3 750	
		万 m³	20 000	0.08(m²/m³)	4 800	
	细木加工厂	m³	5	0.140(m²/m³)	7 000	加工门窗、地板
			10	0.011 4(m²/m³)	10 000	
			15	0.010 6(m²/m³)	14 300	
5	钢筋加工厂	t	200	0.35(m²/t)	280~560	加工、成型、焊接
		t	500	0.25(m²/t)	380~750	
		t	1 000	0.20(m²/t)	400~800	
		t	2 000	0.15(m²/t)	450~900	

序号	加工厂名称	年产量		单位产量所需建筑面积	占地总面积/m²	备注
		单位	数量			
5	现场钢筋拉直或冷拉			所需场地(长×宽)		包括材料及成品堆放 3～5 t 电动卷扬机一台
	拉直场			(70～80)×(3～4)(m²)		
	卷扬机棚			15～20(m²)		
	冷拉场			(40～60)×(3～4)(m²)		
	时效场			(30～40)×(6～8)(m²)		
	钢筋对焊			所需场地(长×宽)		包括材料及成品堆放寒冷地区应适当增加
	对焊场地			(30～40)×(4～5)(m²)		
	对焊棚			15～24(m²)		
	钢筋冷加工			所需场地(m²/台)		
	冷拔、冷轧机			40～50		
	剪断机			30～50		
	弯曲机 φ12 以下			50～60		
	弯曲机 φ40 以下			60～70		
6	金属结构加工(包括一般铸铁)			所需场地(m²/t) 年产量 500 t 为 10 年产量 1 000 t 为 8 年产量 2 000 t 为 6 年产量 3 000 t 为 5		按一批加工数量计算
7	沥青锅场地			20～24(m²)		台班产量 1～1.5 t/台

4. 施工现场道路的布置

根据各加工厂、仓库及各施工项目的相对位置，考虑货物运转，区分主干道和次干道的布置。

(1)合理规划临时道路与地下管网的施工程序。应充分利用拟建的永久性道路，提前修建永久性道路或先修路基和简易路面，作为施工所需的临时道路，以达到节约投资的目的。合理规划地下管网的走向，提前做好预埋工作。

(2)保证运输道路的畅通。尽可能采用环形布置，道路的设置要符合国家和地方规范和标准的要求。

(3)选择合理的路面结构。根据运输情况和运输工具的不同类型而定，所有道路路面材料都要符合运载清单要求。

现场内临时道路的技术要求和临时路面的种类见表5-10。

表 5-10　简易道路技术要求

指标名称	单位	技术标准
设计速度	km/h	≤20
路基宽度	m	双车道 6～6.5；单车道 4.4～5；困难地段 3.5
路面宽度	m	双车道 5～5.5；单车道 3～3.5
平面曲线最小半径	m	平原、丘陵地区 20；山区 15；回头转弯 12
最大纵坡	%	平原地区 6；丘陵地区 8；山区 11
纵坡最大长度	m	平原地区 100；山区 50
桥面宽度	m	木桥 4～4.5
桥梁载重等级	t	木桥涵 7.8～10.4(汽—6～汽—8)

5. 临时设施布置

临时设施包括办公室、车库、开水房、食堂、活动室、浴室等。根据工地施工人数，计算临时设施的建筑面积，应尽量利用原有建筑物，减少设施的建造。

一般全场性的行政管理用房宜设在施工现场入口处，以便对外联系，也可设在施工现场中间，便于工地管理，工人用的福利设施尽可能集中设置在工人生活区，现场场地面积不够的情况下，生活区应设在场外，距施工现场 500～1 000 m 为宜。食堂可布置在施工现场内部或施工现场与生活区之间，方便现场人员使用；临时设施的设计，应以经济、适用、拆装方便为原则，并根据当地的气候条件、工期长短确定结构形式，临时建筑面积见表 5-11。

表 5-11　行政、生活、福利、临时设施建筑面积参考资料(m^2/人)

序号	临时房屋名称	指标使用方法	参考指标	序号	临时房屋名称	指标使用方法	参考指标
一	办公室	按使用人数	3～4	3	理发师	按高峰年平均人数	0.01～0.03
二	宿舍			4	俱乐部	按高峰年平均人数	0.1
1	单层通铺	按高峰年(季)平均人数	2.5～3.0	5	小卖部	按高峰年平均人数	0.03
2	双层床	扣除不在工地居住人数	2.0～2.5	6	招待所	按高峰年平均人数	0.06
3	单层床	扣除不在工地居住人数	3.5～4.0	7	托儿所	按高峰年平均人数	0.03～0.06
三	家属宿舍		16～25 m^2/户	8	子弟学校	按高峰年平均人数	0.06～0.08
四	食堂	按高峰年平均人数	0.5～0.8	9	其他公用	按高峰年平均人数	0.05～0.10
	食堂兼礼堂	按高峰年平均人数	0.6～0.9	六	小型		
五	其他合计	按高峰年平均人数	0.5～0.6	1	开水房		10～40
1	医务室	按高峰年平均人数	0.05～0.07	2	厕所	按工地平均人数	0.02～0.07
2	浴室	按高峰年平均人数	0.07～0.1	3	工人休息室	按工地平均人数	0.15

6. 临时水电管网及其他动力设施的布置

当有可以利用的水源、电源时，可以将水、电直接接入施工现场。临时总变电站应设置在高压电引入处，不应放在施工现场中心，临时水池应放在地势较高处。

当无法利用现有水源、电源时，为获得电源，可在施工现场中心或附近设置临时发电设备；为获得水源，可利用地下水或地表水设置临时供水设备(水塔、水池)。施工现场供水管网有环状、枝状和混合式三种形式，过冬的临时水管须埋在冰冻线以下或采取保温措施。

消火栓应设置在易燃建筑物附近,并有通畅的出口和车道,其宽度不应小于 6 m,与拟建房屋的距离不得大于 25 m,也不得小于 5 m,消火栓间距不应大于 100 m,到路边的距离不应大于 2 m。

临时配电线路布置与供水管网相似。工地电力网,一般 3～10 kV 的高压线采用环状,沿主干道布置;380/220 V 低压线采用枝状布置。通常采用架空布置,距路面或建筑物不小于 6 m。

上述布置应采用标准图例绘制在总平面图上,图幅可选用 1～2 号图纸,比例为1:1 000或1:2 000。在进行各项布置后,经分析比较,调整修改,形成施工总平面图,并作必要的文字说明,标上图例、比例、指北针等。完成的施工总平面图比例要正确,图例要规范,线条粗细分明,字迹端正,图面整洁美观。施工平面图绘图图例见表 5-12。

表 5-12　施工平面图图例

序号	名称	图例
1	水准点	 ⊗ 点名 高程
2	原有房屋	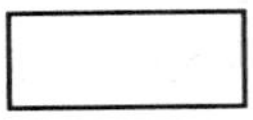 □
3	拟建正式房屋	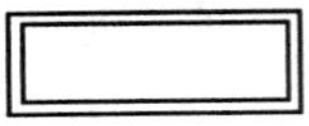 □
4	施工期间利用的拟建正式房屋	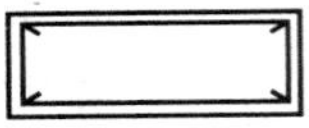 □
5	将来拟建正式房屋	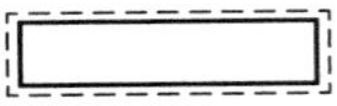 ⸬ (虚线框)
6	临时房屋:密闭式 敞棚式	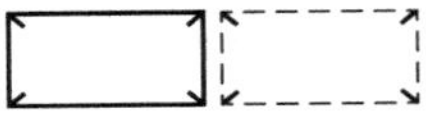 □ ⸬
7	拟建的各种材料围墙	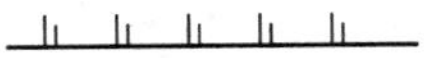 ⊥⊥⊥⊥
8	临时围墙	—×—×—
9	建筑工地界限	— - - - —
10	烟囱	 (烟囱符号)

204

序号	名称	图例
11	水塔	
12	房角坐标	$x=1\,530$ $y=2\,156$
13	室内地面水平标高	105.10
14	现有永久公路	
15	施工用临时道路	
16	临时露天堆场	需要时可注明材料名称
17	施工期间利用的永久堆场	需要时可注明材料名称
18	土堆	
19	砂堆	
20	砾石、碎石堆	
21	块石堆	
22	砖堆	
23	钢筋堆场	

序号	名称	图例
24	型钢堆场	
25	铁管堆场	
26	钢筋成品场	
27	钢结构场	
28	屋面板存放场	
29	一般构件存放场	
30	矿渣、灰渣堆	
31	废料堆场	
32	脚手、模板堆场	
33	原有的上水管线	
34	临时给水管线	— S — S —
35	给水阀门	
36	支管接管位置	— S —
37	消火栓(原有)	

序号	名称	图例
38	消火栓(临时)	
39	原有化粪池	
40	拟建化粪池	
41	水源	
42	电源	
43	汽车式起重机	
44	缆式起重机	
45	铁路式起重机	
46	多斗挖土机	
47	总降压变电站	
48	发电站	
49	变电站	
50	变压器	
51	投光灯	

序号	名称	图例
52	电杆	
53	现有高压 6 kV 线路	—WW₆——WW₆—
54	施工期间利用的永久高压 6 kV 线路	—LLW₆——LLW₆—
55	塔轨	
56	塔式起重机	
57	井架	
58	门架	
59	卷扬机	
60	履带式起重机	
61	灰浆搅拌机	
62	洗石机	
63	打桩机	
64	脚手架	
65	推土机	

序号	名称	图例
66	铲运机	
67	混凝土搅拌机	
68	淋灰池	灰
69	沥青锅	
70	避雷针	

上述各设计步骤不是完全独立的，而是相互联系、相互制约的，需要综合考虑、反复修正才能确定下来。若有几种方案时，应进行方案比较。

复习思考题

1. 施工组织总设计的作用和编制依据是什么？
2. 施工总平面图的内容和设计方法是什么？
3. 施工总进度计划的编制原则和内容是什么？
4. 施工总进度计划的编制方法是什么？
5. 施工组织总设计的内容和编制程序是什么？

第6章 BIM 技术的工程应用

本章首先介绍了 BIM 技术的基础知识，接着列出了 BIM 技术在设计阶段的应用，重点总结了 BIM 技术在施工准备阶段以及施工实施阶段中的应用，从管理内容、质量管理、进度管理、安全管理等方面出发，介绍 BIM 技术在传统建筑施工中发挥的巨大作用。同时介绍 BIM 技术在竣工交付阶段的应用，最后列出施工企业在 BIM 应用中的问题。BIM 技术不仅在传统现浇式混凝土结构建造过程中发挥作用，更适合在装配式建筑中应用。与现浇混凝土结构建筑的区别是，装配式建筑需要在工厂生产预制构件，构件的生产制造更易纳入全生命周期管理范围内，BIM 技术在装配式建筑全生命周期管理中的应用框架，如图 6-1 所示。

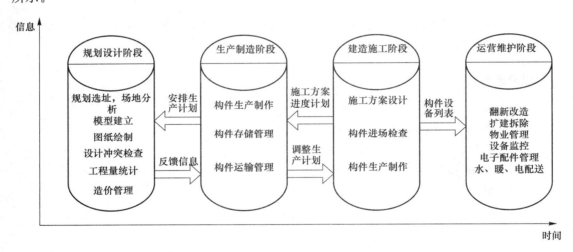

图 6-1 BIM 技术在装配式建筑全生命周期管理中的应用框架

6.1 BIM 基础知识

建筑信息模型（BuildingInformationModeliing，BIM）是运用软件建立建筑工程项目三维实体模型，将项目各种相关信息的工程数据集成在模型中。通过工程数据模型的应用，与大数据、AI、电子、通信等技术相结合，使人们提前感知项目未来具体情况，在建筑全生命周期内各个环节展开应用，解决建筑工程立项、设计、施工、运维中的具体问题，使建筑工程的品质进一步提升，发挥更好的经济及社会效益。BIM方法体现了工程信息的集中、可运算、可视化、可出图、可流动等诸多特性。

目前建筑信息模型的概念在社会中已经得到了认可，很多项目采用了此项技术。市面上的BIM软件也较多，基本覆盖了建筑工程全寿命周期的应用。在设计阶段的国外应用软件有Autodesk公司的Revit、Graphisoft公司的ArchiCAD、Bentley公司的TriForma等，国内应用软件有鸿业BIM系列软件、PKPM－BIM系列软件、广厦GSCAD软件等；施工准备及施工阶段有Autodesk公司的Navisworks、广联达的BIM5D、斯维尔的BIM5D、品茗BIM5D、广联达BIM造价软件、鲁班BIM造价软件、晨曦工程造价软件等；运维阶段有ARCHIBUS、蓝色星球等。可见，丰富的BIM软件为建筑信息化技术在建筑全生命周期中的应用提供了可能。

为了指导BIM技术在建筑业及基础建设中的推广，中央及各级政府出台了相应的政策，主要有以下五点：

（1）住房和城乡建设部关于印发《2016—2020建筑业信息化发展纲要》的通知中明确提出：到2020年末实现企业BIM团队管理一体应用；到2020年末90%建设项目采用BIM进行管理。

（2）住房和城乡建设部关于发布国家标准《绿色建筑评价标准》的公告中指出："应用建筑信息模型（BIM）技术，评价总分值为15分"。

（3）住房和城乡建设部关于发布国家标准《建设项目工程总承包管理规范》的公告中指出："建设单位对承诺采用BIM技术或装配式技术的投标人应当适当设置加分条件"。

（4）住房和城乡建设部组织编制《建筑业发展"十三五"规划》，"规划"中指出：我国现阶段的建筑业要巩固保持超高层房屋建筑、高速铁路、高速公路、大体量坝体、超长距离海上大桥、核电站等领域的国际技术领先地位。加大信息化推广力度，增多应用BIM技术的新开工项目数量。甲级工程勘察设计企业，一级以上施工总承包企业技术研发投入占企业营业收入比重在"十二五"期末基础上提高1个百分点。加强关键技术研发支撑。完善政产学研用协同创新机制，着力优化新技术研发和应用环境，针对不同类建筑产品，总结推广先进建筑技术体系。组织资源投入，并支持产业现代化基础研究，开展适用技术应用试点示范。培育国家和区域性研发中心、技术人员培训中心，鼓励建设、工程勘察设计、施工、构件生产和科研等单位建立产业联盟。加快推进BIM技术在规划、工程勘察设计、施工和运营维护全过程的集成应用，支持基于具有自主知识产权三维图形平台的国产BIM软件的研发和推广使用。

（5）江苏省住房和城乡建设厅组织起草的《关于进一步加快推进我省建筑信息模型（BIM）应用的指导意见（征求意见稿）》指出：力争到2020年末，我省建筑、市政甲级设计单位以及一级以上施工企业全面掌握并实施BIM技术一体化集成应用，以国有资金投资为主的新建公共建筑、市政工程集成应用BIM的比率达到90%，建筑产业现代化示范项目普遍应用BIM技术，全省BIM技术应用和管理水平走在全国前列，各级政府均为BIM技术的应用铺平了道路。

近些年，越来越多的施工方和业主也开始逐渐引入BIM技术，并将其作为重要的信息化技术手段逐步应用于企业管理中。部分公司已经实现基于BIM的施工招标投标、采购、施工进度管理，并积极投入研发基础BIM软件数据的信息管理平台。下面举例近年来应用BIM技术的项目，如图6-2～图6-5所示。

图 6-2　北京大兴国际机场

图 6-3　上海迪士尼乐园

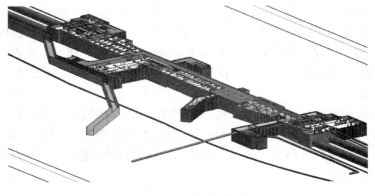

　　　　　　　　　　　图 6-4　地铁项目应用

图 6-5 交通道路应用

BIM 在建筑施工项目管理中的应用主要分为设计阶段、招标投标阶段、施工准备阶段、施工阶段和竣工交付阶段五个阶段的应用，每个阶段的具体应用点见表 6-1。

表 6-1 BIM 应用清单

阶段	序号	应用点
设计阶段	1	管线综合深化设计
	2	土建结构深化设计
	3	钢结构深化设计
	4	幕墙深化设计
招标投标阶段	1	技术方案展示
	2	工程量计价及报价
施工准备阶段	1	施工方案管理
	2	关键工艺展示
	3	施工过程模拟
施工阶段	1	预制加工管理
	2	进度管理
	3	安全管理
	4	质量管理
	5	成本管理
	6	物料管理
	7	绿色施工管理
	8	工程变更管理
竣工支付阶段	1	基于三维可视化的成果验收

6.2 BIM 技术在设计阶段的应用

目前较为常见的是 BIM 翻模设计，在 CAD 图纸完成之后，由 BIM 建模人员将二维施工图纸转换为三维 BIM 模型，并根据后续的模型使用目的确定翻模的深度以及要添加的信息，通常将这种方式称为"BIM 逆向设计"。在逆向设计的流程工作流程中，存在大量的"三边"工程以及图纸改动频繁的现象，逆向设计很难与传统设计保持一致的节奏。在常规的配合中，逆向设计形成的 BIM 模型通常与施工图不完全一致。在国家规范的层面上，目前仅二维蓝图具有法定的公信力，BIM 模型本身并不具备国家规范赋予的公信力，因此，与施工图不完全一致的 BIM 模型经常不能作为传递到下一个流程的交付物，进而失去继续深化的价值和信息传递的价值。

与"逆向设计"相对应的是"正向设计"，这种方法主要是基于 BIM 技术"先建模，后出图"的设计方法。BIM 正向设计要求设计师将设计思想首先表达在三维模型上，并赋予相应的信息，之后再由三维模型输出二维图纸。其目标是使设计师能在三维的信息化平台上，直观地表达设计思想，省去"设计时由三维表达为二维，施工时由二维还原为三维"的过程，并通过计算机的参数化功能减轻设计师的一部分工作量，使设计师能够专注于设计而非绘图。BIM 正向设计也是一次对传统项目设计流程的再造，三维设计的高集成性有别于传统设计图形＋表格的设计流程，使不同维度的信息在同一平台中高度集成，有利于帮助设计师清理项目思路，获取管理信息，从而提高设计质量。

■ 6.2.1 设计实施阶段应用 ·······

在正常的建筑设计环节中，需要建筑、结构、电气、给水排水、暖通等多专业的配合。以 Revit 软件为例，各个专业均可以在其中完成专业图纸绘制及设计工作。

建筑专业通过构件属性的设定，在平面图中绘制即可形成三维模型，且当调整图纸时，平面、立面、剖面图纸联动修改，较大地减轻了设计师的工作量。各专业之间也可以完成协同设计，通过建立活动工作集，设定不同的权限，同期完成设计工作，专业之间的碰撞可以提前感知，比传统的设计方式中的各专业会签，效率更高且成功率更高，大大减少了后期变更工作量。

结构专业可以通过 Revit 建模，确定梁、板、墙、柱等构建的尺寸，输入荷载，完成结构计算参数的设置，直接挂接结构计算软件完成结构计算，通过模型的调整，完成构件尺寸的优化，最后返回 Revit 确定最终结构模型。此类软件有广厦建筑结构 CAD 软件（图 6-6）、PKPM－BIM 软件等，它们既考虑了国家规范的适应性，也与 BIM 软件实现了无缝对接。

设备专业可以通过 MEP 软件，完成给水排水、电气、暖通专业的图纸绘制工作，同时对设备专业的计算也可以在程序中直接完成，方便快捷。此类软件有鸿业 MEP 系列软件，如图 6-7 所示。

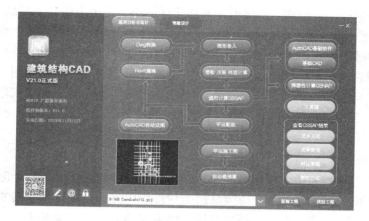

图 6-6 广厦结构 CAD 软件

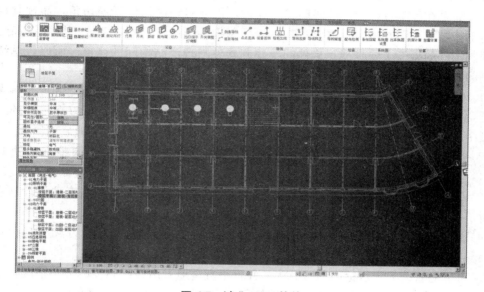

图 6-7 鸿业 MEP 软件

■ 6.2.2 图纸会审阶段应用 ···

1. 总结图纸问题

传统的二维设计方式各专业之间工作相对独立，由于设计容许时间较短，专业之间的配合较少，仅靠有限的图纸会审很难解决问题。其中最常见的错误就是信息在复杂的平面图、立面图、剖面图之间的传递差错，一个项目有几十张、几百张甚至更多的设计图纸，对于整个项目来说，每一张图纸都是一个相对独立的组成部分。这么多分散的信息需要经过专业工程师的分析才能整合出所有的信息，形成一个可理解的整体。因此，如何处理各项设计内容与专业之间的协同配合，形成一个中央数据库来整合所有的信息，使设计意图沟通顺畅、意思传达准确一致，始终是项目面临的艰巨挑战。对于 BIM 而言，项目的中央数据库信息包含建筑项目的所有实体和功能特征，项目成员之间能够顺利地沟通和交流依赖于这个中央数据库，也使项目的整合度和协作度在很大程度上得到了提高。

基于 BIM 技术提供的三维动态可视化设计，具体表现为立体图形将二维设计中线条式的构件展示，如暖通空调、给水排水、建筑电气间的设备走线、管道等都用更加直观、形象的三维效果图表示；通过优化设计方案，使建筑空间得到了更好的利用，使各个专业之间管、线"打架"现象得到了有效避免，使各个专业之间的配合与协调得到了提高，有效减少了各个专业、工种图纸间的"错、漏、碰、缺"的发生，便于施工企业及时地发现问题、解决问题。

2. 检查碰撞

BIM 技术在碰撞检查中的应用可分为单专业碰撞和多专业碰撞，多专业碰撞是指建筑、结构、机电专业间的碰撞，多专业碰撞是因为构件管道过多，因此需要分组集合分别进行碰撞检查。其中，装配式结构除跟现行结构一样可应用多专业的碰撞外，预制构件间的碰撞检查对 BIM 模型的检查具有重要作用。预制构件在工厂预制然后运输至施工现场进行装配安装，如果在施工过程中构件之间发生碰撞，需要对预制构件开槽切角，而预制构件在成型后不能随意开洞开槽，则需要重新运输预制构件至施工现场，造成工期延误和经济损失。预制构件的碰撞主要是预制构件间及预制构件与现浇结构间的碰撞。所以，总结在碰撞检测的方法方面，BIM 的优势体现在以下几方面：

（1）BIM 技术能将所有的专业模型都整合到一个模型，然后对各专业之间以及各专业自身进行全面彻底的碰撞检查。由于该模型是按照真实的尺寸建造的，所以在传统的二维设计图纸中不能展现出来的深层次问题在模型中均可以直观、清晰、透彻地展现出来。

（2）全方位的三维建筑模型可以在任何需要的地方进行剖切，并调整好该处的位置关系。

（3）BIM 软件可以彻底地检查各专业之间的冲突矛盾问题并反馈给各专业设计师来进行调整解决，基本上可以消除各专业的碰撞问题。

（4）BIM 软件可以对各预制构件的连接进行模拟，如若预制主梁的大小或开口位置不准确，将导致预制次梁与预制主梁无法连接，预制梁无法使用。

（5）可以对管线的定位标高明确标注，并且很直观地看出楼层高度的分布情况，很容易发现一维图中难以发现的问题，间接地达到了优化设计，避免了碰撞现象的发生。

（6）BIM 三维模型除了可以生成传统的平面图、立面图、剖面图、详图等图形外，还可以通过漫游、浏览等手段对该模型进行观察，使广大的用户更加直观形象地看到整个建筑项目的详情。

（7）由于 BIM 模型不仅是一个项目的数据库，还是一个数据的集成体，所以它能够对材料进行准确的统计。

利用 BIM 技术进行碰撞检测，不仅能提前发现项目中的硬碰撞和软碰撞等交叉碰撞情况，还可以基于预先的碰撞检测优化设计，使相关的工作人员可以利用碰撞检测修改后的图形进行施工交底、模拟，一方面减少在施工过程中不必要的浪费和损失，优化施工过程；另一方面加快了施工的进度，提高了施工的精确度，如图 6-8 所示。

3. 优化管线综合排布

管线综合平衡技术是应用于机电安装工程的施工管理技术，涉及安装工程中的暖通、给水排水、电气等专业的管线安装。在该项目安装专业的管理上，建立了各专业的 BIM 模

图 6-8　碰撞检测

型，进行云碰撞检测，发现了碰撞点后，将其汇总到安装模型中，再通过三维 BIM 模型进行调整，并考虑各方面因素，确定了各专业的平衡优先级，如当管线发生冲突时，一般避让原则是：小管线让大管线、有压管让无压管、施工容易管线的避让施工难度大的管线，电缆桥架不宜在管道下方等。同时，考虑综合支架的布置与安装空间及顶棚高度等，如图 6-9 所示。

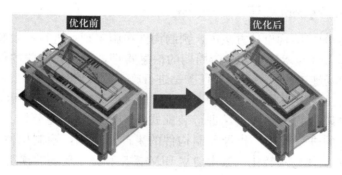

图 6-9　优化管线综合排布

　　通过提前发现问题、提前定位、提前解决问题，协调了各专业之间的关系。由于 BIM 技术的应用，相比传统施工流程，其地下室管道可提前进行模拟安装，为后续地下室管道安装工作提前做好准备。

　　传统的管线综合是在二维的平面上来进行设计，难以清晰地看到管线的关系，实际施工效果不佳，应用 BIM 技术后，以三维模型来进行管线设计，确定管线之间的关系，呈现出很大的优势：

　　(1)各专业协调优化后的三维模型，在建筑的任意部位剖切形成该处的剖面图及详图，能看到该处的管线标高以及空间利用情况，能够及时避免碰撞现象的发生。

　　(2)各楼层的净空间可以在管线综合后确定，利于配合精装修的展开。

　　(3)管线综合后，可通过 BIM 模型进行实时漫游，对于重要的、复杂的节点可进行观察批注等。通过 BIM 技术可实现工程内部漫游检查设计的合理性，并可根据实际需要，任意设定行走路线，也可用键盘进行操作，使设备动态碰撞对结构内部设备、管线的查看更加方便、直观。

（4）由于各种设备管线的数据信息都集成在 BIM 模型，因此，对设备管线的列表能够进行较为精确的统计。

6.3　BIM 技术在施工准备阶段的应用

现阶段建筑施工的方式主要为现浇和装配式两种方式。现浇结构一般为混凝土结构，通过在现场支模板、绑扎钢筋、浇筑混凝土完成结构的建造工作；装配式结构一般分为混凝土装配式结构、钢结构装配式结构、木结构装配式结构。近些年，随着国家政策的支持，混凝土装配式结构越来越多的应用在新建工程中。混凝土装配式结构主要采取构件工厂生产部分混凝土预制构件，构件运输至工地后通过吊装设备，吊装至相应标高及位置，采用部分预制部分现浇的形式完成结构的建造工作。因此，BIM 技术在施工阶段的应用不仅包括现场现浇结构的施工应用，还包括工厂内预制的施工应用。本节将详细介绍 BIM 技术在施工准备阶段的应用。

■ 6.3.1　构件生产精细化管理 ···

基于 BIM 的装配式结构设计方法中，预制构件在施工现场进行有效装配是施工的一个主要任务。同时，BIM 技术注重全生命周期的信息管理，工程各阶段的信息传递与共享至关重要，所以，现场施工的另一个主要任务是进行施工阶段信息的采集、传递与共享。

基于 BIM 的装配式结构设计、生产、施工的信息传递如图 6-10 所示，设计阶段从预制构件库中查询需要调用的预制构件，进行装配式结构预设计，经分析和优化后的 BIM 模型，结合施工单位的进度模拟，指导预制构件的生产和运输，预制构件在现场装配施工，设计的 BIM 模型向实体建筑转化。其中建立 BIM 模型和施工现场的预制构件间一一对应联系是设计阶段的关键。

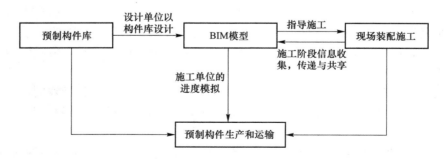

图 6-10　基于 BIM 的装配式结构设计、生产、施工的信息传递

由图 6-10 中的信息传递的过程可知，要实现这种对应联系，需解决 BIM 模型中的建筑预制构件与生产预制构件的对应联系，并据此进行信息的收集。解决一一对应的关系，唯有依靠 BIM 模型中的 ID 编码和预制构件的 RFID 编码来实现。在 Revit 中，BIM 模型由族、类型组成，每一种类型均包含多个实例，这些实例的属性均相同。在 BIM 模型中不同位置代表不同的构件，区分它们的唯一标识就是 ID 号，ID 号在 BIM 建模时并没有很大作用，但是在二次开发时可以通过 ID 号识别并调用构件。在预制构件生产时可将 RFID 电子标签植入预制构件内，通过 RFID 存储构件生产信息，并将 RFID 编码作为唯一区别标识。很明显，BIM 模型中的预制构件应存储 ID 号和 RFID 编码，而生产的预制构件在植入的 RFID 芯片中的编码应存储 ID 号，以此实现预制构件库中的预制构件（预制构件编码）、BIM 模型预制构件（ID 号）、生产预制构件（RFID 编码）之间的对应联系，如图 6-11 所示。通过这种联系将施工现场预制构件施工信息传递至 BIM 模型中对应的预制构件，并运用到 4D 施工进度模拟中，实时反馈现场中的预制构件施工状态。

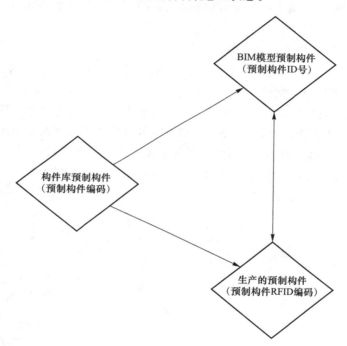

图 6-11　预制构件编码、ID 号和 RFID 编码对应关系

1. 优化整合预制构件生产流程

装配式建筑的预制构件生产阶段是装配式建筑生产周期中的重要环节，也是连接装配式建筑设计与施工的关键环节。为了保证预制构件生产中所需加工信息的准确性，预制构件生产厂家可以从装配式建筑 BIM 模型中直接调取预制构件的几何尺寸信息，制定相应的构件生产计划，并在预制构件生产的同时，向施工单位传递构件生产的进度信息。

为了保证预制构件的质量和建立装配式建筑质量可追溯机制，生产厂家可以在预制构件生产阶段为各类预制构件植入含有构件几何尺寸、材料种类、安装位置等信息的 RFID 芯片，通过 RFID 技术对预制构件进行物流管理，提高预制构件仓储和运输的效率，如图 6-12 所示。

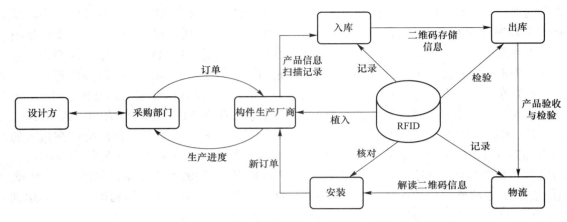

图 6-12 基于 BIM 和 RFID 技术的预制构件生产与物流流程优化

2. 加快装配式建筑模型试制过程

为了保证施工的进度和质量，在装配式建筑设计方案完成后，设计师将 BIM 模型中所包含的各种构配件信息与预制构件生产厂商共享，生产厂商可以直接获取产品的尺寸、材料、预制构件内钢筋的等级等参数信息，所有的设计数据及参数可以通过条形码的形式直接转换为加工参数，实现装配式建筑 BIM 模型中的预制构件设计信息与装配式建筑预制构件生产系统的直接对接，提高装配式建筑预制构件生产的自动化程度和生产效率。还可以通过 3D 打印的方式，直接将装配式建筑 BIM 模型打印出来，从而极大地加快装配式建筑的试制过程，并可根据打印出的装配式建筑模型校验原有设计方案的合理性，如图 6-13 所示。

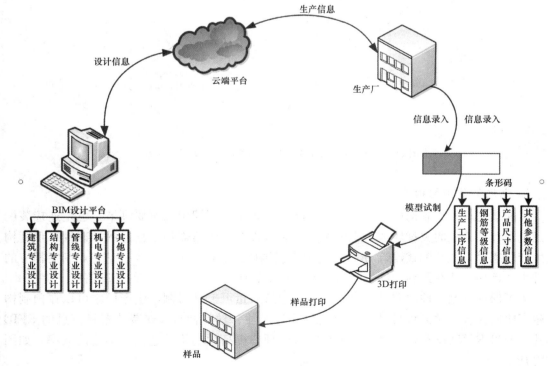

图 6-13 基于 BIM 技术的装配式建筑试制流程

3. 促进装配式构件成品精细化管理

随着计算机技术及 BIM 技术的发展，已将 BIM 技术应用于装配式工程建设领域，改善项目各参与方对装配式建筑施工过程的理解、对话、探索和交流，提高用户的工作效率和改善生产作业方式。基于 BIM 技术应用于装配式建筑施工过程中的各个环节，为建筑信息的集成与共享提供平台，通过这个平台实现对建筑施工过程的信息进行集成化管理，包括信息的提取、插入、更新和修改，改变传统建筑业的管理方式。基于 BIM 技术对装配式建筑施工能够解决传统施工过程中各阶段、各专业之间信息不通畅、沟通不到位等问题，确保工程施工项目的工期、质量、成本得到保证和沟通协调有序进行。基于 BIM 设计模型，通过融合无线射频(RFID)、物联网等信息技术，实现构件产品在装配过程中，充分共享装配式建筑产品的设计信息、生产信息和运输等信息，实时进行动态调整。

■ 6.3.2 构件运输信息化控制

依赖物流平台技术，通过搭建构件工厂—现场物流配送平台，实现根据实际进度下单、配送，达到现场零库存的目标，解决大面积铺开装配式建筑后产能、场地不足的问题。根据相关规范规定预制构件的运输应符合下列规定：

(1)预制构件的运输线路应根据道路、桥梁的实际条件确定，场内运输宜设置循环线路。

(2)运输车辆应满足构件尺寸和载重要求。

(3)装卸构件时应考虑车体平衡，避免造成车体倾覆。

(4)应采取防止构件移动或倾倒的绑扎固定措施。

(5)运输细长构件时应根据需要设置水平支架。

(6)对构件边角部或链索接触处的混凝土，宜采用垫衬加以保护。

对于预制构件的堆放应符合下列规定：

(1)场地应平整、坚实，并应有良好的排水措施。

(2)应保证最下层构件垫实，预埋吊件宜向上，标识宜朝向堆垛间的通道。

(3)垫木或垫块在构件下的位置宜与脱模、吊装时的起吊位置一致。重叠堆放构件时，每层构件间的垫木或垫块应在同一垂直线上。

(4)堆垛层数应根据构件与垫木或垫块的承载能力及堆垛的稳定性确定，必要时应设置防止构件倾覆的支架。

(5)施工现场堆放的构件，宜按安装顺序分类堆放，堆垛宜布置在起重机工作范围内且不受其他工序施工作业影响的区域。

(6)预应力构件的堆放应考虑反拱的影响。墙板构件应根据施工要求选择堆放和运输方式，对于外观复杂墙板宜采用插放架或靠放架直立堆放、直立运输。插放架、靠放架应有足够的强度、刚度和稳定性。采用靠放架直立堆放的墙板宜对称靠放、饰面朝外，倾斜角度不宜小于 80°。装配式构件常见形式，如图 6-14 所示。

通过对构件的预埋芯片，实现基于构件的设计信息、生产信息、运输信息、装配信息的共享。通过安装方案的制定，明确相对应构件的生产、装车、运输计划，如图 6-15 所示。依据现场构件吊装的需求和运输情况的分析，通过构件安装计划与装车、运输计划的协同，明确装车、运输构件类型及数量，协同配送装车、协同配送运输，保证满足构件现场及时准确安装的需求。

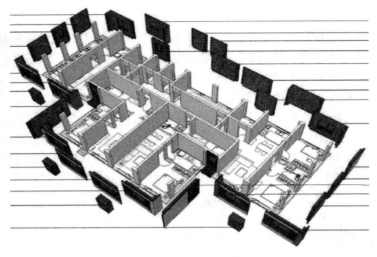

图 6-14　装配式构件

图 6-15　生产信息

■ 6.3.3　施工模拟应用 ···

　　施工模拟就是基于虚拟现实技术，在计算机提供的虚拟可视化三维环境中对工程项目过程按照施工组织设计进行模拟，根据模拟结果调整施工顺序，以得到最优的施工方案。施工模拟通过结合 BIM 技术和仿真技术进行，具有数字化的施工模拟环境，各种施工环境、施工机械及人员等都能以模型的形式出现，以此来仿真实际施工现场的施工布置、资源的消耗等。模拟的施工机械、人员、材料是真实可靠的，因此施工模拟的结果可信度很高。施工模拟具有的优势如下：

　　（1）先模拟后施工。在实际施工前对施工方案进行模拟论证，可观测整个施工过程，对不合理的部分进行修改，特别是对资源和进度方面实行有效控制。

　　（2）协调施工进度和所需要的资源。实际施工的进度和所需要的资源受到多方面因素的影响，对其进行一定程度的施工模拟，可以更好地协调施工中的进度和资源使用情况。

（3）可靠地预测安全风险。通过施工模拟，可提前发现施工过程中可能出现的安全问题，并制定方案规避风险，同时减少了设计变更，并节省资源。

施工进度模拟的目的是，在总控时间节点要求下，以 BIM 方式表达、推敲、验证进度计划的合理性，充分准确显示施工进度中各个时间点的计划形象进度，以及对进度实际实施情况的追踪表达。

通过将 BIM 与施工进度计划相链接，将空间信息与时间信息整合在一个可视的 4D(3D＋Time)模型中，可以直观、精确地反映整个建筑的施工过程。4D 施工模拟技术可以在项目建造过程中合理制定施工计划、精确掌握施工进度，优化使用施工资源以及科学地进行场地布置，直观地对各分包、各专业的进场、退场节点和顺序进行安排，达到对整个工程的施工进度、资源和质量进行统一管理和控制，以缩短工期、降低成本、提高质量。此外，借助 4D 模型，BIM 可以协助评标专家从 4D 模型中很快了解投标单位对投标项目主要施工的控制方法、施工安排是否均衡、总体计划是否基本合理等，从而对投标单位的施工经验和实力做出有效评估。

1. 总体施工进度模拟

基于 BIM 的虚拟建造技术的进度管理通过反复的施工过程模拟，让施工阶段可能出现的问题在模拟的环境中提前发生，逐一得到修改，并提前制定应对计划，使进度计划和施工方案达到最优，再用来指导实际的施工，从而保证项目施工的顺利完成。施工模拟应用于项目整个建造阶段，真正地做到前期指导施工，过程把控施工，结果校核施工，实现项目的精细化管理。

2. 施工场地布置模拟

为使现场使用合理，施工平面布置应有条理，尽量减少占用施工用地，使平面布置紧凑合理，同时做到场容整齐清洁、道路畅通，符合防火安全及文明施工的要求。施工过程中应避免多个工种在同一场地、同一区域进行施工而相互牵制、相互干扰。施工现场应设专人负责管理，使各项材料、机具等按已审定的现场施工平面布置图的位置堆放。

基于建立的 BIM 三维模型及搭建的各种临时设施，可以对施工场地进行布置，合理安排塔式起重机、库房、加工厂地和生活区等的位置，解决现场施工场地平面布置问题，解决现场场地划分问题；通过与业主的可视化沟通协调，对施工场地进行优化，选择最优施工路线。利用 BIM 三维动态展现施工现场布置，划分功能区域，便于场地分析。

3. 专项施工布置模拟

通过 BIM 技术指导编制专项施工方案，可以直观地对复杂工序进行分析，将复杂部位简单化、透明化，提前模拟方案编制后的现场施工状态，对现场可能存在的危险源、安全隐患、消防隐患等提前排查，对专项方案的施工工序进行合理排布，有利于方案的专项性、合理性。

4. 施工工艺模拟

针对工程中的重难点施工方案、特殊施工工艺实施前，运用 BIM 系统三维模型进行真实模拟，从中找出实施方案中的不足，并对实施方案进行修改，同时，可以模拟多套施工方案进行专家比选，最终达到最佳施工方案，在施工过程中，通过施工方案、工艺的三维模拟，给施工操作人员进行可视化交底，使施工难度降到最低，做到施工前的有的放矢，确保施工质量与安全。

模拟方案包括但不限于以下两点。

(1)施工节点模拟。对于工程施工的关键部位,如预制关键构件及部位的拼装,其安装相对比较复杂。合理的安装方案非常重要,正确的安装方法能够省时省费,传统方法只有工程实施时才能得到验证,容易造成二次返工等问题。同时,传统方法是施工人员在完全领会设计意图之后,再传达给建筑工人,相对专业性的术语及步骤对于工人来说难以完全领会。基于 BIM 技术,能够提前对重要部位的安装进行动态展示,提供施工方案讨论和技术交流的虚拟现实信息。基于 BIM 的装配式结构设计方法中调整优化后的 BIM 模型可用于指导预制构件的生产和装配式结构的施工。进度模拟能够优化预制构件装取施工的过程,并能够体现预制构件在施工时的需要量,利用进度模拟指导预制构件的生产和运输,可保证预制构件的及时供应以及施工现场的"零堆放"。通过进度模拟,可对每个时间点需要的预制构件数目一目了然,可以依据 BIM 模型同预制构件厂商议预制构件的订货。同时每个预制构件的进场时间等均可附加在 BIM 模型中的进场日期属性中,并通过时间的设置使得 BIM 模型中的预制构件呈现三种状态,即已完成施工、正在施工和未施工。通过这样的 BIM 模型,施工方可方便地对施工现场进行管理控制,并实时监控预制构件的生产和运输情况。预制构件厂可以根据需要直接从预制构件库中调取构件进行生产,不再需要复杂的深化设计过程。

在复杂工程中的某些复杂区域,结构情况错综复杂,进行施工技术交底时无法对其特点、施工方法详尽说明,这时可采用三维可视化施工交底,但是有时三维可视化施工也不能满足要求,这时则需要进行复杂节点的施工模拟,使施工人员迅速了解施工过程与方法。节点的施工模拟需要定义操作过程的先后顺序,将其与节点的各个部件关联,通过施工动画的形式将节点的施工过程形象地展示在施工人员面前,使施工人员能够迅速了解并掌握施工方法。同时,节点的施工模拟也可以检验节点的设计是否能够进行实际施工,当不能施工时则需要进行重新设计,施工节点的模拟如图 6-16 所示。

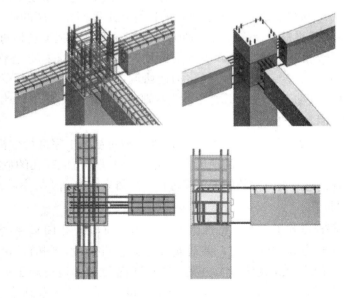

图 6-16　BIM 模拟施工节点

基于综合优化后的 BIM 模型，可对构件吊装、支撑、构件连接、安装以及机电其他专业的现场装配方案进行工序及工艺模拟及优化。

（2）工序模拟。可以通过 BIM 模型和模拟视频对现场施工技术方案和重点施工方案进行优化设计、可行性分析及可视化技术交底，进一步优化施工方案，提高施工方案质量，有利于施工人员更加清晰、准确地理解施工方案，避免施工过程中出现错误，从而保证施工进度、提高施工质量，如吊装施工工序模拟如图 6-17 所示。

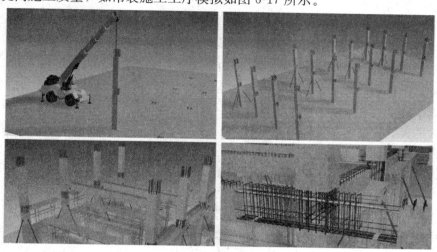

图 6-17 吊装施工工序模拟

■ 6.3.4 辅助施工交底 ···

传统的项目管理中的技术交底通常以文字描述为主，施工管理人员以口头讲授的方式对工人进行交底。这样的交底方式存在一定的弊端，不同的管理人员对同一道工序有着不同的理解，口头传授的方式也五花八门，工人在理解时存在较大困难，尤其对于一些抽象的技术术语，工人更是不能理解，在交流过程中容易出现理解错误的情况。工人一旦理解错误，就存在较大风险的质量和安全隐患，对工程极为不利。

通过改变传统的思路与做法，转由借助三维技术呈现技术方案，使施工重点、难点部位可视化、提前预见问题，确保工程质量，加快工程进度。三维技术交底即通过三维模型让工人直观地了解自己的工作范围及技术要求，主要方法有两种：一是虚拟施工和实际工程照片对比；二是将整个三维模型进行打印输出，用于指导现场的施工，方便现场的施工管理人员拿图纸进行施工指导和现场管理。

BIM 与传统 CAD 相比，具有可视化的显著特点。设备、电气、管道、通风空调等安装专业三维建模并碰撞检测后，BIM 项目经理组织各专业 BIM 项目工程师进行综合优化，提前消除施工过程中各专业可能遇到的碰撞。对于建筑中的复杂节点，利用三维的方式进行演示能更好地传递设计意图和施工方法，项目核算员、材料员、施工员等管理人员应熟读施工图纸、透彻理解 BIM 三维模型、吃透设计思想，并按施工规范要求向施工班组进行技术交底，将 BIM 模型设计意图灌输给班组，用 BIM 三维图、CAD 图纸书面形式做好交底，避免因施工人员的理解错误给工程带来不必要的损失。

6.3.5 商务信息化管控

工程项目的成本控制与管理，是指施工企业在工程项目施工过程中，将成本控制的观念充分渗透到施工技术和施工管理的措施中，通过实施有效的管理活动，对工程施工过程中所发生的一切经济资源和费用开支等成本信息进行系统地预测、计划、组织、控制、核算和分析等一系列管理工作，使工程项目施工的实际费用控制在预定的计划成本范围内。由此可见，工程施工成本控制贯穿于工程项目管理活动的全过程，包括项目投标、施工准备、施工过程中、竣工验收阶段，每个环节都离不开成本管理和控制。

1. 实现工程量的自动计算及各维度(时间、部位、专业)的工程量汇总

工程量是以自然计量单位或物理计量单位表示的各分项工程或结构构件的工程数量。工程造价以工程量为基本依据，工程量计算得准确与否，直接影响工程造价的准确性，以及工程建设的投资控制。工程量是施工企业编制施工作业计划，合理安排施工进度，组织现场劳动力、材料以及机械的重要依据，也是向工程建设投资方结算工程价款的重要凭证。传统算量方法依据施工图(二维图纸)存在工作效率较低、容易出现遗漏、计量精细度不高等问题。

使用 BIM 模型取代图纸，直接生成所需材料的名称、数量和尺寸等信息，通过此模型，系统能识别模型中的不同构件，并自动提取建筑构件的清单类型和工程量(如体积、质量、面积、长度等)等信息，自动计算建筑构件的资源用量及成本，用以指导实际材料物资的采购。而且 BIM 对于图纸的信息将始终与设计保持一致，在设计出现变更时，该变更将自动反映到所有相关的材料明细表中，造价工程师使用的所有构件信息也会随之变化，如图 6-18 所示。

分类	构件		X值	Y值	系数	公式	占比
主体结构和外围护结构预制构件Z1	预制外剪力墙板		0.00		0.55	Z1=X1/Y1 x0.55	19.0%
	预制夹心保温外墙板	✓	473.79	473.79			
	预制双层叠合剪力墙板		0.00				
	预制内剪力墙板	✓	178.92	1083.71			
	预制梁		0.00	492.05			
	预制叠合板	✓	306.72	1009.12			
	预制楼梯板	✓	53.46	53.46			
	预制阳台板		0.00				
	预制空调板		0.00				
	PCF混凝土外墙模板	✓	47.98	47.98			
	混凝土外挂板		0.00				
	预制混凝土飘窗墙板		0.00				
	预制女儿墙	✓	47.81	47.81			
	合计		X1=1108.68	Y1=3207.92			
装配式内外围护构件Z2	蒸压轻质加气混凝土外墙系统		0.00	7734.79	0.15	Z2=X2/Y2 x0.15	6.0%
	轻钢龙骨石膏板隔墙		0.00				
	蒸压轻质加气混凝土墙板	✓	5220.63	5220.63			
	钢筋陶粒混凝土轻质墙板		0.00				
	合计		X2=5220.63	Y2=12955.42			
内装建筑部品Z3	集成式厨房		0.00		0.3	Z3=X3/Y3 x0.3	26.72%
	集成式卫生间		0.00	1025.82			
	装配式吊顶	✓	3300.03	3300.03			
	楼地面干式铺装	✓	4867.32	4867.32			
	装配式墙板(带饰面)		0.00				
	装配式栏杆	✓	200.39	200.39			
	合计		X3=8367.74	Y3=9393.56			
创新加分项S	标准化、模块化、集约化设计	标准化的套型单元和公共空间	1%	1%			
		标准化门窗	0.50%	0.50%			
		设备管线与结构相分离					
	绿色建筑技术集成应用	绿色建筑二星	0.50%	0.50%			2%
		绿色建筑三星					
		被动式超低能耗技术集成应用					
		隔震减震技术集成应用					
		以BIM为核心的信息化技术集成应用					
	工业化施工技术集成应用	装配式铝合金铝合模板					
		组合成型钢筋制品					
		工地预制围墙(砌筑)					
	预制装配率=a1xZ1 + a2xZ2 + a3xZ3 + S						53.72%

图 6-18 工程量清单明细表

2. 实现主、分包合同信息的关联

工程合同管理是对项目合同的策划、签订、履行、变更以及争端解决的管理,其中合同变更管理是合同管理的重点。合同管理伴随着整个项目全生命周期的信息的传递和共享,BIM 在信息的存储、传递、共享方面的完整性和准确性,为合同管理带来了极大的方便。

此外,在进度款的申请与支付方面,传统模式下工程进度款申请和支付结算工作较为烦琐,基于 BIM 能够快速准确地统计出各类构件的数量,减少预算的工作量,且能形象、快速地完成工程量拆分和重新汇总,为工程进度款结算工作提供技术支持。

6.4 BIM 技术在施工实施阶段的应用

■ 6.4.1 施工现场管理内容 ··

1. 施工现场构件管理

装配式建筑预制构件生产过程中对预制构件进行分类生产、存储需要投入大量的人力和物力,并且容易出现差错。利用 BIM 技术结合 RFID 技术,在预制构件生产的过程中嵌入含有安装部位及用途信息等构件信息的 RFID 芯片,存储验收人员及物流配送人员可以直接读取预制构件的相关信息,实现电子信息的自动对照,减少在传统的人工验收和物流模式下出现的验收数量偏差、构件堆放位置偏差、出库记录不准确等问题的发生,可以明显地节约时间和成本。在装配式建筑施工阶段,施工人员利用 RFID 技术可直接调出预制构件的相关信息,对此预制构件的安装位置等必要项目进行检验,提高预制构件安装过程中的质量管理水平和安装效率。

2. 施工现场工作面管理

项目施工过程是一种多因素影响的复杂建造活动,往往在实施过程中参与方较多,甚至出现多工种、多专业的同时相互交叉运作,故在施工前期对其场地进行合理的优化布置很有必要。场地合理的功能分区划分及布置,有利于后期施工过程的准确高效进行,对施工安全质量的保障影响重大。

通过已经建立好的模型对施工平面组织、材料堆场、现场临时建筑及运输通道进行模拟,调整建筑机械(塔式起重机、施工电梯)等安排;利用 BIM 模型分阶段统计工程量的功能,按照施工进度分阶段统计工程量,计算体积,再将建筑人工和建筑机械的使用安排相结合,实现施工平面、设备材料进场的组织安排。具体应用组织如下所述:

(1)临时建筑:对现场临时建筑进行模拟,分阶段备工备料,计算出该建筑占地面积,科学计划施工时间和空间。

(2)场地堆放的布置:通过 BIM 模型分析各建筑以及机械等之间的关系,分阶段统计出现场材料的工程量,合理安排该阶段材料堆放的位置和堆放所需的空间。利于现场施工流水段顺利进行。

(3)机械运输(包括塔式起重机、施工电梯)等安排:塔式起重机安排,在施工平面中,以塔式起重机半径展开，确定塔式起重机吊装范围。通过四维施工模拟施工进度，显示整个施工进度中塔式起重机的安装及拆除过程，和现场塔式起重机的位置及高度变化进行对比。施工电梯的安排应结合施工进度，利用 BIM 模型分阶段备工备料，统计出该阶段材料的量，加上该阶段的人员数量，与电梯运载能力对比，科学计算完成的工作量。

在施工前对场地进行分析及整体规划，处理好各分区的空间平面关系，从而保障施工组织流程的正常推进及运行。施工场地规划主要包括承包分区划分、功能分区划分、交通要道组织等。基于 Revit 软件中的场地建模功能，可对项目整体分区及周边交通进行三维建模布置，通过三维高度可视化的展示，可对其布置方案进行直观检查及调整。

通过 5D－BIM 模拟工程现场的实际情况，有针对性地布置临时用水、用电位置，实现工程各个阶段总平面各功能区的(构件及材料堆场、场内道路、临建等)动态优化配置。可视化管理如图 6-19 和图 6-20 所示。

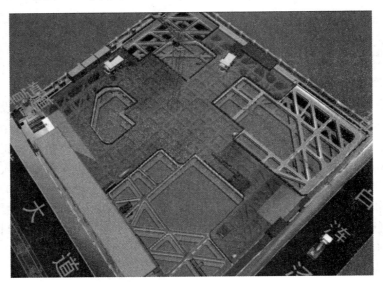

图 6-19　基坑鸟瞰图

图 6-20　主体正视图

3. 施工现场质量管理

在工程建设中，无论是勘察、设计、施工还是机电设备的安装，影响工程质量的因素主要有"人、机、料、法、环"五大方面，即人工、机械、材料、方法、环境。所以，工程项目的质量管理主要是对这五个方面进行控制。

工程实践表明，大部分传统管理方法在理论上的作用很难在工程实际中得到发挥。由于受实际条件和操作工具的限制，这些方法的理论作用只能得到部分发挥，甚至得不到发挥，从而影响了工程项目质量管理的工作效率，造成工程项目的质量目标最终不能完全实现。工程施工过程中，施工人员专业技能不足、材料的使用不规范、不按设计或规范进行施工、不能准确预知完工后的质量效果、各个专业工种相互影响等问题对工程质量管理产生一定的影响。

BIM技术的引入不仅提供一种"可视化"的管理模式，而且能够充分发掘传统技术的潜在能量，使其更充分、更有效地为工程项目质量管理工作服务。传统的二维管控质量的方法是将各专业平面图叠加，结合局部剖面图，设计审核校对人员凭经验发现错误，以进行全面分析。而三维参数化的质量控制，是利用三维模型，通过计算机自动实时检测管线碰撞，精确性好。二维质量控制与三维质量控制的优缺点对比见表6-2。

表6-2 传统二维质量控制与三维控制优缺点对比

传统二维质量控制缺陷	三维质量控制优点
手工整合图纸，凭借经验判断，难以全面控制	计算机自动在各专业间进行全面检验，精确度高
均为局部调整，存在顾此失彼的情况	在任意位置剖切大样及轴测图大样，观察并调整该处管线标高关系
标高多为原则性确定相对位置，大量管线没有精确确定标高	轻松发现影响净高的瓶颈位置
通过"平面＋局部剖面"的方式，对于多管交叉的复制部位表达不够充分	在综合模型中直观地表达碰撞检测结果

基于BIM的工程项目质量管理包括产品质量管理及技术质量管理。

(1)产品质量管理：BIM模型储存了大量的建筑构件、设备信息。通过软件平台，可快速查找所需的材料及构配件信息，如规格、材质、尺寸要求等，并可根据BIM设计模型，可对现场施工作业产品进行追踪、记录、分析，掌握现场施工的不确定因素，避免不良后果的出现，监控施工质量。

(2)技术质量管理：通过BIM的软件平台动态模拟施工技术流程，再由施工人员按照仿真施工流程施工，确保施工技术信息的传递不会出现偏差，避免实际做法与计划做法不一样的情况出现，减少不可预见情况的发生，监控施工质量。

4. 提高施工现场管理效率

装配式建筑吊装工艺复杂、施工机械化程度高、施工安全保证措施要求高，在施工开始之前，施工单位可以利用BIM技术进行装配式建筑的施工模拟和仿真，模拟现场预制构件吊装及施工过程，对施工流程进行优化；也可以模拟施工现场安全突发事件，完善施工现场安全管理预案，排除安全隐患，从而避免和减少质量安全事故的发生。利用BIM技术还可以对施工现场的场地布置和车辆开行路线进行优化，减少预制构件、材料场地内二次搬运，提高垂直运输机械的吊装效率，加快装配式建筑的施工进度。

■ 6.4.2　施工现场进度管理

施工进度可视化模拟过程实质上是一次根据施工实施步骤及时间安排计划对整体建筑、结构进行高度逼真的虚拟建造过程。根据模拟情况，可对施工进度计划进行检验，包括是否存在空间碰撞、时间冲突、人员冲突及流程冲突等不合理问题，并针对具体冲突问题，对施工进度计划进行修正及调整。计划施工进度模拟是将三维模型和进度计划集成，实现基于时间维度的施工进度模拟。可以按照天、周、月等时间单位进行项目施工进度模拟。对项目的重点或难点部分进行细致的可视化模拟，进行诸如施工操作空间共享、施工机械配置规划、构件安装工序、材料的运输堆放安排等。施工进度优化也是一个不断重复模拟与改进的过程，以获得有效的施工进度安排，达到资源优化配置的目的。

为了有效解决传统横道图等表达方式的可视化不足等问题，基于BIM技术，通过BIM模型与施工进度计划的链接，将时间信息附加到可视化三维空间模型中，不仅可以直观、精确地反映整个建筑的施工过程，还能够实时追踪当前的进度状态，分析影响进度的因素，协调各专业，制定应对措施，以缩短工期、降低成本、提高质量。施工进度模拟及控制流程如图 6-21 所示。

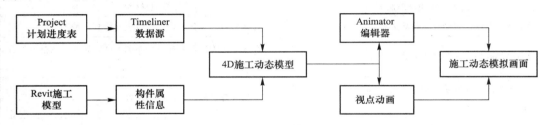

图 6-21　施工进度模拟及控制流程图

目前常用的 4D－BIM 施工管理系统或施工进度模拟软件很多。本节采用的是 Autodesk 系列的 Navisworks Manager 对整个结构、建筑施工进行可视化进度模拟。其模拟过程可大致分为以下步骤。

1. BIM 模型载入 Navisworks

根据施工图纸进行各专业的模型搭建；BIM 模型主要包含但不限于建筑、结构、机电、施工工艺模拟用的模板、脚手架、塔式起重机等 BIM 模型。所有 BIM 模型建立的流程都是一致的。通过 Reivt2014，我们需要把结构建筑以及设备专业模型导出 NWC 文件格式。Navisworks 提供了两种方法，即附加与合并，区别在于"合并"可以把重复的信息如标记删除掉，全部加进去后即可以进行 BIM 常说的专业协调工作。

2. 编写施工计划进度表

4D 施工模拟是在 3D 施工模拟的基础上加上时间轴，即进度信息，能够更直观、全面地为用户提供施工信息。首先导入 Project 或者 Excel 文件，在 Timeliner 属性栏里找到数据源添加 Project 或者 Excel 文件，如图 6-22 所示。

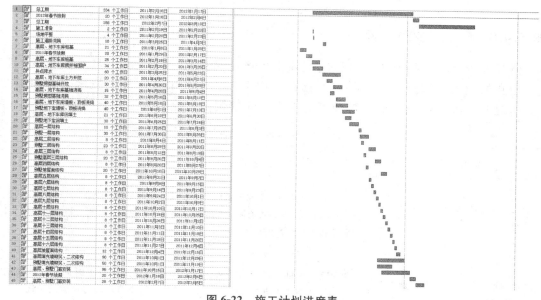

图 6-22　施工计划进度表

3. 将计划进度表与 BIM 模型链接

把时间进度表与导入 Navisworks 的 NWC 格式文件的模型进行关联，从而与时间节点相对应，使实际现场项目施工时间与 Navisworks 模型相对应。

4. 制定构件运动路径，并与时间链接

导入的 NWC 模型文件进行模报动画路径的编辑，建筑、结构可以按照自下而上或者逐层生长的方式进行路线的编辑。各专业模型依次进行编辑。最后编辑好的模型与时间点相对应，从而实现项目到指定的时间点，模型按照相应路径进行移动。

5. 设置动画视点并输出施工模拟动画

把已经实现好的模型进行动画的导出。Navisworks 动画包含场景动画和对象动画两种，场景动画就是常规的漫游，跟 Revit 中的漫游一样。根据相机的运动产生相机关键帧和运动时间关键帧；对象动画是指对象的角度。利用 BIM 技术进行进度管理和进度的优化，利用 BIM 模型、协同平台，以及现场结合 BIM 和移动智能终端拍照应用相结合提升问题沟通效率。同时，加入时间的模型，能对施工现场的进度实现更好的调控，增强了应付突发状况的能力，确保建筑按时完工。施工模拟动画如图 6-23 所示。

图 6-23　施工模拟动画

■ 6.4.3 施工现场安全管理 ··

相对于一般的工业生产，由于建筑施工生产的特殊性，工程施工具有其自身的特点。现在的建筑结构复杂、层数多，其在结构设计、现场工艺、施工技术等方面的要求有所提升，因此，施工现场复杂多变，安全问题较多。建筑施工安全问题见表6-3。

表6-3　建筑施工安全问题

施工特点	安全问题
施工作业场所的固定使安全生产环境受到限制	工程项目坐落在一个固定的位置，项目一旦开始就不可能再进行移动，这就要求施工人员必须在有限的场地和空间集中大量的人、材、机来进行施工，因而容易产生安全事故
施工周期长，露天作业使施工人员作业条件十分恶劣	由于施工项目体积庞大，从基础、主体到竣工，施工时间长，且大约70％的工作需露天进行，施工人员要忍受不同季节和恶劣环境的变化，工作条件极差，很容易在恶劣天气发生安全事故
施工多为多工种立体作业，施工人员多且工种复杂	施工人员大多数具有流动性、临时性的特点，没有受过专业的训练，技术水平不高，安全意识不强，施工中由于违规操作而容易引起安全事故
施工生产的流动性要求安全管理措施及时、到位	当一个施工项目完成后，施工人员转移到新的施工地点，脚手架、施工机械需重新搭建安装，这些流动因素都包含不安全性
生产工艺复杂多变	生产工艺的复杂多变要求有完善的配套安全技术措施作为保障，且建筑安全技术涉及高危作业、电气、运输、起重、机械加工和防水、防毒、防爆等多工种交叉作业，组织安全技术培训难度大

BIM技术能够很好应用于建筑全生命周期中的各个阶段，尤其是在施工阶段，BIM技术不仅能够建立真实的施工现场环境，其4D虚拟施工技术还能够动态地展现整个施工过程，这正是模拟施工人员疏散所需的模型环境。将建立好的施工场景导入疏散软件中作为疏散场景，通过参数的设定进行疏散模拟分析。从另一个角度考虑，BIM技术建立的施工动态场景正是进行动态疏散模拟的最佳环境，如果在BIM软件中进行二次开发，附加安全疏散模拟分析模块，将疏散仿真软件中的分析功能添加进去，就能以最真实的场景进行疏散模拟分析，其结果更加准确，极大地发挥了BIM技术优势。具体仿真疏散设计框架如图6-24所示。

建立基于BIM技术的施工人员安全疏散体系，基于BIM技术建立施工场景的静态场景和动态场景，将动态场景中的某阶段施工场景抽离出来和疏散仿真技术相结合，建立施工人员的安全疏散模型，将疏散模拟的结果进行分析并反馈到施工项目管理中，进行施工优化。

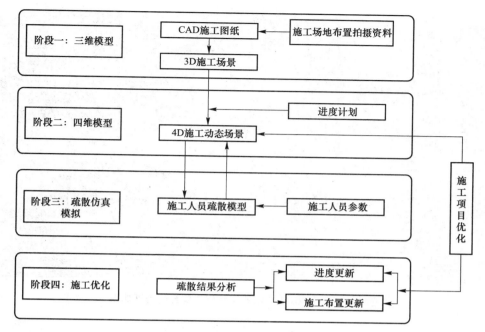

图 6-24　施工人员安全仿真疏散设计框架

■ 6.4.4　绿色建筑施工管理

绿色建筑是指在建筑的全生命周期内，最大限度地节约资源（节能、节地、节水、节材）、保护环境和减少污染，为人们提供健康、适用和高效的使用空间，与自然和谐共生的建筑。同样 BIM 技术的出现也打破业主、设计、施工、运营之间的隔阂和界限，实现对建筑全生命周期的管理。绿色建筑目标的实现离不开设计、规划、施工、运营等各个环节的绿色，而 BIM 技术则是助推各个环节向绿色指标靠得更近的先进技术手段。

施工场地规划利用 BIM 模型对施工现场进行科学的三维立体规划，板房、停车场、材料堆放场等构件均建立参数化可调族，配合施工组织进行合理的布置。

随着工程的进展施工场地规划可以进行相应的调整，直观地反映施工现场各个阶段的情况，提前发现场地规划问题并及时修改，保证现场道路畅通，消除安全隐患，为工程顺利实施提供了保障。在模拟过程中，根据施工进度和工序的安排，编制 Project，导入 Navisworks 进行施工进度模拟。结合 Revit 明细表对不同施工阶段各部位所需各种材料的统计，完成各施工阶段不同材料堆放场地的规划，实现施工材料堆放场地"专时、专料、专用"的精细化管理，避免因工序工期安排不合理造成的材料、机械堆积或滞后，避免了有限场地空间的浪费，最大化利用现场的每一块空地。

构建基于 BIM 技术的绿色施工信息化管理体系不仅要充分利用 BIM 技术的优势，最关键的是要融入绿色施工理念，实现绿色施工管理的目标。基于 BIM 技术的绿色施工信息化管理体系主要包括以下四个要素，如图 6-25 所示。

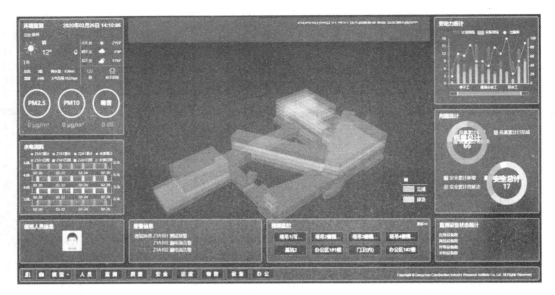

图 6-25　基于 BIM 技术的绿色施工信息化管理体系

1. 基于 BIM 技术的绿色施工信息化管理的目标

"BIM 能做什么"是建立基于 BIM 技术的绿色施工信息化管理目标的前提，结合绿色施工的要求主要达到的目标是：节约成本、缩短工期、提高质量、"四节一环保"。

2. 基于 BIM 技术的绿色施工信息化管理的内容

"应该用 BIM 做什么"。应该确定基于 BIM 技术的绿色施工信息化管理的内容，从绿色施工管理的角度可以划分为事前策划、事中控制、事后评价三个部分。

3. 基于 BIM 技术的绿色施工信息化管理的方法

绿色施工是一种理念、是一种管理模式，它与 BIM 技术相结合的管理方法主要体现在 BIM 技术在节地、节水、节材、节能与环境保护方面的具体运用。

4. 基于 BIM 技术的绿色施工信息化管理的流程

构建基于 BIM 技术的绿色施工信息化管理体系，实施有效的绿色施工管理，对管理流程分析和建立必不可少。涉及其中的流程，除了从总体角度建立整个项目的绿色施工管理流程，还应该根据不同的管理需要，将 BIM 技术融入成本管理、质量管理、安全管理、进度管理等流程之中。

■ 6.4.5　BIM 5D 应用 ···

利用 BIM 技术，在装配式建筑的 BIM 模型中引入时间和资源维度，将"3D－BIM"模型转化为"5D－BIM"模型，施工单位可以通过"5D－BIM"模型来模拟装配式建筑整个施工过程和各种资源投入情况，建立装配式建筑的"动态施工规划"，直观地了解装配式建筑的施工工艺、进度计划安排和分阶段资金、资源投入情况；还可以在模拟的过程中发现原有施工规划中存在的问题并进行优化，避免由于考虑不周引起的施工成本增加和进度拖延。利用"5D－BIM"进行施工模拟使施工单位的管理和技术人员对整个项目的施工流程安排、成本资源的投入有了更加直观的了解，管理人员可在模拟过程中优化施工方案和顺序、合理安排资源供应、优化现金流，实现施工进度计划及成本的动态管理，如图 6-26 所示。

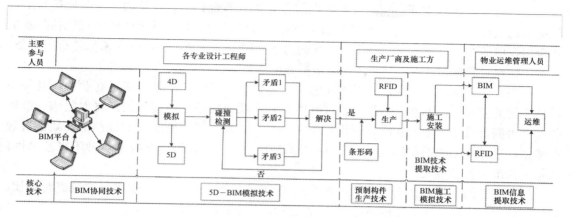

图 6-26 运用 BIM 技术的装配式建筑生产流程管理

基于 BIM 的 5D 动态施工成本控制即在 3D 模型的基础上加上时间、成本形成 5D 的建筑信息模型，通过虚拟施工看现场的材料堆放、工程进度、资金投入量是否合理，及时发现实际施工过程中存在的问题，优化工期、资源配置，实时调整资源、资金投入，优化工期、费用目标，形成最优的建筑模型，从而指导下一步施工，如图 6-27 所示。

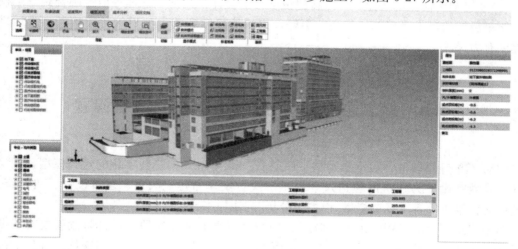

图 6-27 基于 BIM 的 5D 施工动态控制

6.5 BIM 技术在竣工交付阶段的应用

建筑作为一个系统，当完成建造过程准备投入使用时，首先需要对建筑进行必要的测试和调整，以确保它可以按照当初的设计来运营。在项目完成后的移交环节，物业管理部门需要得到的不只是常规的设计图纸、竣工图纸，还需要得到能正确反映真实的设备状态、材料安装使用情况等与运营维护相关的文档和资料。

BIM能将建筑物空间信息和设备参数信息有机地整合起来，从而为业主获取完整的建筑物全局信息提供途径。通过BIM与施工过程记录信息的关联，甚至能够实现包括隐蔽工程资料在内的竣工信息集成，不仅为后续的物业管理带来便利，还可以在未来进行的翻新、改造、扩建过程中为业主及项目团队提供有效的历史信息。

目前在竣工阶段主要存在着以下问题：一是验收人员仅从质量方面进行验收，对使用功能方面的验收关注不够；二是验收过程中对整个项目的把控力度不大，譬如整体管线的排布是否满足设计、施工规范是否满足要求、是否美观、是否便于后期检修等，缺少直观的依据；三是竣工图纸难以反映现场的实际情况，给后期运维管理带来各种不可预见性，增加运营维护管理难度。

通过完整的、有数据支撑的、可视化竣工BIM模型与现场实际建成的建筑进行对比，可以较好地解决以上问题。BIM技术在竣工阶段的具体应用如下：

（1）验收人员根据设计、施工阶段的模型，直观、可视化地掌握整个工程的情况，包括建筑、结构、水、暖、电等各专业的设计情况，既有利于对使用功能、整体质量进行把关，同时又可以对局部进行细致的检查验收。

（2）验收过程可以借助BIM模型对现场实际施工情况进行校核，譬如管线位置是否满足要求、是否有利于后期检修等。

（3）通过竣工模型的搭建，可以将建设项目的设计、经济、管理等信息融合到一个模型中，便于后期的运维管理单位使用，更好、更快地检索到建设项目的各类信息，为运维管理提供有力保障。

6.6　施工企业BIM应用中存在的主要问题

BIM不单纯是软件，更重要的是一种理念，利用BIM构建数字化的建筑模型，用最先进的三维数字设计为建筑的建造过程提供解决方案，为建筑决策、建筑设计、建筑施工、建筑的运营维护等各个环节提供"模拟与分析"的协作平台。

对于建筑项目的工程师来说，应用BIM技术需要在决策阶段、设计阶段就要有贯彻协同设计、可持续设计和绿色设计的理念，而不是仅仅把BIM技术作为实现从二维到三维甚至多维转变的设计工具。其最终目的是整个工程项目在全生命周期内能够有效地实现节约成本、降低污染、节省能源和提高效率。

现在，这一理念已经成为国际建设行业可持续设计的里程碑，但是对于施工企业来说，在应用BIM的过程中仍存在一系列问题。

1. 对信息化建设的意识淡薄

建筑企业信息化的建设是国家建筑业信息化的基础之一，同时也是企业转型和升级的关键性工作，是企业在管理方面的新鲜事物。但是在实际工作中，企业的决策层、管理层对这项工作普遍有着认识不到位、动力不强、行动缓慢等现象。

2. 企业对信息化建设的资金投入不够

建筑企业开展信息化建设，需要有大量的资金投入，才能满足硬件的建设和软件的开发，特别是在企业的首期建设中，要通过机房的改造、重建，硬件的升级，软件的采购、开发等，才能够形成真正的企业信息系统并发挥其作用。这就需要有很大的资金投入量，但对于大多数建筑施工企业来说，这都是一个不小的任务，难以付出大量的资金进行信息化建设。

3. 专业技术人员数量不能满足需要、高水平人员紧缺

在大多数的建筑施工企业内部，从事计算机的应用和管理专业属小众业务，人员配备不多、开发能力弱。特别是能够既懂计算机技术又懂建筑专业的复合型人才更为缺乏，不能满足企业信息化建设的需要。

4. 政府和行业主管部门的政策支持不到位

目前，对于建筑施工企业信息化的建设工作，政府和行业主管部门提要求多、政策扶持少、硬件升级、软件开发和系统维护等一系列资金投入均由企业自筹，打击了企业开展信息化建设的积极性。此外，政府和行业主管部门在软件开发和标准制定等方面行动尚不到位，仅靠企业自身难以开发易用性能好、兼容度高、运行稳定的信息化软件。

复习思考题

1. 什么是 BIM？你对 BIM 的理解是什么？
2. BIM 在建筑施工项目管理中的应用有哪些？
3. 施工模拟具有哪些优势？
4. BIM 技术在施工实施阶段的应用包括哪些？
5. BIM 在运维与设施管理中的应用有哪些？

参考文献

［1］中华人民共和国住房和城乡建设部．GB/T 50502—2009 建筑施工组织设计规范［S］．北京：中国建筑工业出版社，2009.

［2］中华人民共和国住房和城乡建设部．JGJ/T 121—2015 工程网络计划技术规程［S］．北京：中国建筑工业出版社，2015.

［3］中华人民共和国住房和城乡建设部．JGJ/T 188—2009 施工现场临时建筑物技术规范［S］．北京：中国建筑工业出版社，2009.

［4］中华人民共和国住房和城乡建设部．GB 50194—2014 建设工程施工现场供用电安全规范［S］．北京：中国计划出版社，2014.

［5］中华人民共和国住房和城乡建设部．GB 50720—2011 建设工程施工现场消防安全技术规范［S］．北京：中国计划出版社，2011.

［6］中华人民共和国住房和城乡建设部．GB 50300—2013 建筑工程施工质量验收统一标准［S］．北京：中国建筑工业出版社，2013.

［7］中华人民共和国住房和城乡建设部．JGJ/T 104—2011 建筑工程冬期施工规程［S］．北京：中国建筑工业出版社，2011.

［8］中华人民共和国住房和城乡建设部．JGJ 146—2013 建设工程施工现场环境与卫生标准［S］．北京：中国建筑工业出版社，2013.

［9］中华人民共和国住房和城乡建设部．GB 50204—2015 混凝土结构工程施工质量验收规范［S］．北京：中国建筑工业出版社，2015.

［10］《装配式混凝土结构工程施工》编委会．装配式混凝土结构工程施工［M］．北京：中国建筑工业出版社，2015.

［11］李源清．建筑施工组织设计与实训［M］．北京：北京大学出版社，2014.

［12］李强年．土木工程施工组织与概预算课程设计指南［M］．北京：中国建筑工业出版社，2010.

［13］周国恩，周兆银．建筑工程施工组织设计［M］．重庆：重庆大学出版社，2011.

［14］王晓初，李赢，王雅琴，等．土木工程施工组织设计与案例［M］．北京：清华大学出版社，2017.

［15］委道军．建筑施工组织［M］．北京：中国建筑工业出版社，2008.

［16］刘萍．建筑施工组织［M］．西安：西安电子科技大学出版社，2014.

［17］郭正兴．土木工程施工［M］．2 版．南京：东南大学出版社，2012.

［18］文渝，邵乘胜．装饰装修工程施工［M］．天津：天津大学出版社，2013.

［19］李思康，李宁，冯亚娟．BIM 施工组织设计［M］．北京：化学工业出版社，2018.

［20］刘占省．装配式建筑 BIM 技术应用［M］．北京：中国建筑工业出版社，2018.

［21］刘将．建筑施工组织设计［M］．大连：大连理工大学出版社，2019.